Rita Behrends
Haushaltspflege

Gut haushalten

Rita Behrends

Haushalts-pflege

vernünftig und umweltbewußt

140 Zeichnungen
Zahlreiche Tabellen

Verlag Eugen Ulmer

Alle Zeichnungen sind von Ingrid Hecht
nach Vorlagen der Autorin angefertigt.

Die Deutsche Bibliothek – CIP-Einheitsaufnahme

Behrends, Rita:
Haushaltspflege: vernünftig und umweltbewußt /
Rita Behrends. – Stuttgart: Ulmer, 1992
(Gut haushalten)
ISBN 3-8001-2141-7

Wollgrasweg 41, 7000 Stuttgart 70 (Hohenheim)
Printed in Germany
Lektorat: Ingeborg Ulmer
Herstellung: Stefanie Baumgartner und Otmar Schwerdt
Einbandentwurf: Salzer-Werbeagentur, Waiblingen
Satz: Steffen Hahn, FotoSatzEtc., Kornwestheim
Druck: Gutmann, Heilbronn
Bindung: Dollinger, Metzingen

Vorwort

Es steht außer Frage, Haushaltspflege ist notwendig. Aus ästhetischen, hygienischen und finanziellen Gründen – die Rangfolge kann von Fall zu Fall variieren – muß aufgeräumt und gesaugt, abgewaschen und geputzt werden.
Die nötigen Kenntnisse und Fertigkeiten wurden früher den jungen Frauen von ihren Müttern vermittelt. Heute absolvieren junge Frauen wie Männer eine Berufsausbildung oder ein Studium, in den seltensten Fällen Hauswirtschaft. Während dieser Zeit wird oft schon die erste eigene Wohnung eingerichtet, und erstmals stellt sich die Frage: Wie macht man das? Wie und womit reinigt und pflegt man Böden, Fenster, Möbel, Geräte und die vielfältigen, unterschiedlichen Materialien?
Selbst gestandene Hausfrauen und -Männer sehen sich gelegentlich mit speziellen Problemen konfrontiert oder fragen sich, wie diese oft leidigen und undankbaren Arbeiten reduziert werden können. Aus dieser Überlegung heraus wird in diesem Buch jede Reinigungsarbeit aus mehreren Perspektiven betrachtet:
Wie kann die Arbeit eingeschränkt, wie durch geeignete Vorsorgemaßnahmen vermieden werden? Wie und womit kann sie schneller, leichter und besser erledigt werden?
Schneller: durch Arbeitsabläufe, die so aufgebaut sind, daß Wartezeiten und Leerläufe vermieden werden.
Leichter: durch kraftsparende Arbeitsverfahren und -methoden.
Besser: durch umweltgerechten Mitteleinsatz und verträgliche Methoden.
Im Buch werden Reinigungsmittel und -methoden detailliert und konkret vorgestellt.
Es will Denkanstöße geben, Alternativen aufzeigen und Vorschläge machen zur vernünftigen und umweltbewußten Haushaltspflege.
Die Autorin dankt an dieser Stelle etwa 60 Firmen sowie vielen Institutionen für ihre Hilfe. Mit einer Fülle von Informationsmaterial und der bereitwilligen Beantwortung spezieller Fragen bei der Auswertung haben sie zur Entstehung des Buches beigetragen.

Im Herbst 1991 Rita Behrends

Inhaltsverzeichnis

Vorwort 5

Planung und Organisation der Arbeit 9
Notwendigkeit von Hauspflegearbeiten 11
Möglichkeiten der Arbeitsersparnis 11
Arbeitszeit und Arbeitseinteilung 15
Information und Warenkunde 21

Arbeitsgestaltung 25
Der Arbeitsplatz 25
Körperhaltung und Arbeitsbewegungen 28
Persönliche Hygiene 31
Arbeitskleidung 32
Unfallverhütung 32
Umweltschutz 34
Arbeitsablauf und Arbeitstechnik 35

Arbeits- und Reinigungsmittel 38
Anforderungen an Arbeitsmittel und Geräte
für Reinigungsarbeiten 38
Reinigungs- und Pflegemittel 38
Einkauf und Gebrauch von Reinigungsmitteln 39
Inhaltsstoffe von Reinigungsmitteln 43
Reinigungsmittel von A bis Z 49
Der Putzschrank 66

Reinigung und Pflege von Räumen 69
In allen Bereichen nötig: Entstauben 69
Zimmerdecken 72
Wände 74
Leuchten und Lampen 77
Fenster 79
Gardinen und Vorhänge 84
Rolläden und Jalousien 86
Heizkörper 87
Türen 89
Das Bad: Waschbecken, Wannen, WC 91
Glatte Fußböden und Fußbodenbeläge 94
Treppen 101
Textile Fußbodenbeläge und Teppiche 103

Fleckentfernung aus textilen Bodenbelägen
und Möbelstoffen 109

Reinigung und Pflege von Möbeln 112
Polstermöbel mit Stoffbezügen 112
Polstermöbel mit Lederbezügen 113
Möbelhölzer 116
Stühle 121
Tische 122
Schreibtische 123
Bücherregale 124
Küchenschränke aus Kunststoff 125
Kleiderschränke 126
Betten 128

Reinigung und Pflege von Elektrogeräten
für die Haus- und Wäschepflege 133
Staubsauger 133
Waschmaschinen 137
Wäschetrockner 140
Bügelmaschinen 142
Bügeleisen 144
Nähmaschinen 147

Reinigung und Pflege von Elektrogeräten
für Vorratshaltung und Nahrungszubereitung 150
Kühlschränke 150
Gefriergeräte 152
Geschirrspülmaschinen 155
Dunstabzugshauben 157
Elektroherde und Elektrokochstellen 158
Gasherde und Gaskocher 162
Backöfen 163
Mikrowellengeräte 166
Grillgeräte 167
Friteusen 170
Kaffeemaschinen 171
Toaster 173
Entsafter und Zitruspressen 173
Handrührgeräte 174
Küchenmaschinen 175
Allesschneider, Brotschneidemaschinen 178
Elektromesser 179

Spülen 180
Spülen von Hand 180
Spülen in der Maschine 183

Reinigung und Pflege verschiedener Materialien 189
Glas 189
Porzellan 192
Rohholz 195
Kunststoffe 197
Chrom und Nickel 200
Aluminium 201
Gußeisen 203
Edelstahl 204
Email 206
Weißblech und Schwarzblech 208
Silber 209
Kupfer 213
Messing 215
Zinn 216
Leder 217

Die Reinigung der Arbeitsmittel zur Haushaltspflege 221
Bürsten und Besen 221
Schwämme 225
Tücher 226
Sonstige Hilfsmittel und Reinigungsgeräte 229

Verzeichnisse
Anschriften von Verbraucherorganisationen
und Beratungsstellen 231
Literaturverzeichnis 233
Register 235

Planung und Organisation der Arbeit

Etwa 20 Prozent der täglichen Arbeitszeit im Haushalt wendet die Hausfrau oder der Hausmann für Reinigungsarbeiten auf; das ist fast der gleiche Zeitaufwand wie zur Nahrungszubereitung. Resultate sind, wenn überhaupt, nur kurzfristig sichtbar, und die erbrachte Leistung findet kaum Anerkennung. Kein Wunder also, daß Putzen und Saubermachen für die meisten eher ein notwendiges Übel als eine ausfüllende Tätigkeit ist. So ergibt sich beinahe zwangsläufig die Frage:

Welche Möglichkeiten gibt es, mit der Arbeit besser fertig zu werden?

Arbeitsbewältigung

Tausende von Ratschlägen zur besseren Arbeitsbewältigung lassen sich in vier Grundsätzen zusammenfassen, die übrigens auch für viele andere Arbeiten Gültigkeit besitzen:

vier Grundsätze

- Lassen Sie bestimmte Arbeiten erst gar nicht entstehen.
- Verteilen oder vergeben Sie Arbeiten.
- Verrichten Sie verschiedene Arbeiten weniger häufig.
- Erleichtern Sie sich die noch verbleibende Arbeit so weit wie möglich.

Voraussetzung für eine bessere Bewältigung der Arbeit ist eine gute Planung, denn:
Wie überall in der Wirtschaft, so ist auch im Haushalt ein gewisses Maß an Planung und Organisation notwendig, damit »der Betrieb läuft«.
Mit Sicherheit haben auch Sie schon oft versucht, Ihre Arbeit zu planen, indem Sie Überlegungen angestellt haben, was Sie an einem Tag arbeiten wollen, wann die Arbeit getan werden sollte und wie.

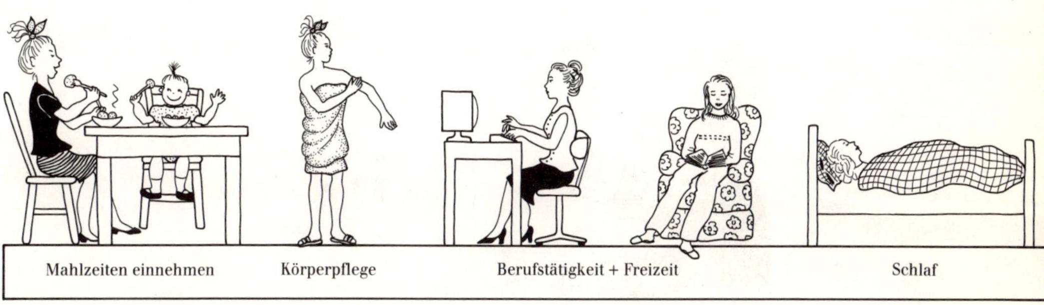

W-Fragen

Daraus lassen sich für die Planung wichtige Fragen ableiten:
Warum muß die Arbeit erledigt werden?
Was muß, was muß nicht getan werden?
Wer soll die Arbeit ausführen?
Wann und wie oft muß die Arbeit erledigt werden?
Womit wird die Arbeit verrichtet?
Wo soll die Arbeit verrichtet werden?
Wie soll die Arbeit ausgeführt werden?

Arbeitsplanung bezieht sich letztlich immer auf ein Ziel:

Minimalprinzip

- mit einem möglichst geringen Einsatz an Zeit, Kraft und Kosten ein gutes Ergebnis zu erreichen (ökonomisches Minimalprinzip),

Maximalprinzip

- oder aber mit einem bestimmten, meist gegebenen Aufwand an Zeit, Kraft und Kosten ein optimales Resultat zu erzielen (ökonomisches Maximalprinzip).

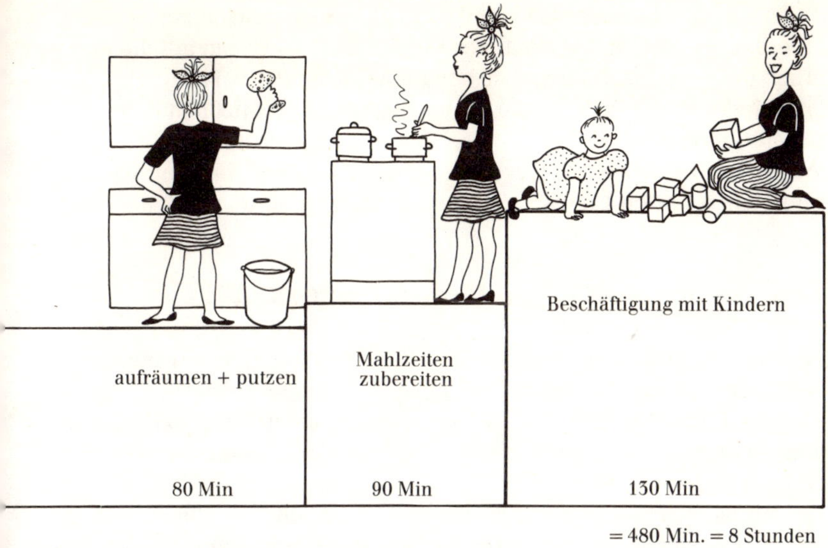

Notwendigkeit von Hauspflegearbeiten

Warum muß eigentlich gewischt und gefegt, gespült und geschrubbt werden? Weil es immer gemacht wurde, oder weil »man« es macht und irgendwelche Leute es erwarten?

Warum putzen und saubermachen?

Oder machen Sie sauber und putzen Sie,
- um die Lebensdauer von Gegenständen zu verlängern,
- um ihre Gebrauchstüchtigkeit zu verbessern oder wiederherzustellen,
- um Energie einzusparen (auch das gibt es),
- um die Sicherheit von Gegenständen zu verbessern oder wiederherzustellen,
- aus hygienischen Gründen?

Wenn diese Argumente für Ihren Entschluß ausschlaggebend sind, dann hat die Putzarbeit ihre Berechtigung. Und so ganz nebenbei sei Ihnen auch die Freude über das bessere Aussehen des Gegenstandes nach der Reinigung gegönnt.

Möglichkeiten der Arbeitsersparnis

Was getan werden muß, ist von vielen Faktoren abhängig. Standort und Lage der Wohnung oder des Hauses, die Wohnungsgröße und die Ausstattung spielen hinsichtlich des Reinigungsaufwandes ebenso eine

Rolle wie die Personenzahl und das Alter der Haushaltsmitglieder, insbesondere Alter und Anzahl der Kinder. Auswirkungen auf die Putzarbeit hat auch die Tatsache, ob einer oder beide (Ehe-)Partner berufstätig sind und welcher Art die Berufstätigkeit ist. Schließlich kann von Bedeutung sein, ob Hilfskräfte vorhanden sind oder nicht.
Was getan werden muß, aber viel mehr noch, was nicht getan werden muß, hängt letzten Endes ganz entschieden von Ihnen persönlich ab.

Eine eigene Norm für Sauberkeit und Ordnung

Regeln
Normen
Zwänge

Pfeifen Sie auf Regeln, Normen und künstlich erzeugte Zwänge, was bestimmte Grade von Sauberkeit angeht. Stellen Sie sich Ihre eigene Norm auf, unbeeinflußt von den Ansprüchen, die uns die Werbung als allgemeinverbindlich einreden möchte, wenn das Produkt xy verkauft werden soll.
Lassen Sie sich nicht blenden von den blitzblanken Fußböden Ihrer Nachbarin, von denen man essen könnte (Wer tut das schon?), oder von den Badezimmerkacheln in der Wohnung Ihrer Freunde, in denen Sie sich spiegeln können (Wozu, wenn doch ein Spiegel vorhanden ist?).
Sie sind doch nicht etwa selbst die Nachbarin, der Nachbar, bei denen man Hemmungen hat, einen Besuch abzustatten, weil man befürchtet, bei einem Gegenbesuch Ihrerseits im Erdboden, pardon, nicht blitzblanken Fußboden versinken zu müssen?

Die Trennung von Überflüssigem

Sich von überflüssigen Dingen zu trennen, ist angesichts schon bestehender Müllberge eine gewagte, aber berechtigte Forderung. Es ist ja hoffentlich das letzte Mal, daß Sie soviele Sachen, Plunder, Krempel, Kinkerlitzchen zum Müll, Sperrmüll, Sondermüll, zur Altpapiersammlung, Kleidersammlung und vielleicht noch auf den Komposthaufen geben, bevor Sie gelernt haben, keine unnötigen Dinge zu horten.

Verzicht auf den Erwerb unnötiger Dinge

Werbestrategien

Werbestrategen kennen die Wünsche und Ängste potentieller Kunden, sie verstehen es, Vorteile herauszustellen, die ein bestimmtes Produkt oder ein Gegenstand bietet. Mehr noch als das Produkt selbst preisen sie darum seine Vorteile, wie Gewinn und Nutzen, Ansehen, Sicherheit, Gesundheit, Freiheit, Abenteuer, Bequemlichkeit und vieles andere an. Häufig erwachsen Bedürfnisse aber auch aus eigenen Denkweisen. Wenn Freunde etwas erworben haben, entsteht die Überzeugung, das auch gebrauchen zu können oder haben zu müssen »was die sich leisten können . . .«

Dies sind Situationen, in denen Bedürfnisse geweckt werden; der vermeintliche Mangel zwingt zum Kauf. Bedürfnisse

Prüfen Sie, ob Sie ein Produkt, einen Gegenstand, wirklich benötigen und über einen längeren Zeitraum oft gebrauchen werden, denn jedes Produkt belastet bei seiner Herstellung und Beseitigung die Umwelt, vielfach aber auch noch bei seinem Gebrauch. Und es belastet auch Sie: Es muß gereinigt werden, und bei der Aufbewahrung nimmt es Platz weg. Oft entstehen zusätzlich Betriebskosten und Reparaturkosten.

Schaffung von Ordnungseinrichtungen

Gänzlich unbeachtet von der Öffentlichkeit findet er jeden Tag in Millionen Wohnungen statt, der Kampf gegen die Unordnung, der fortwährende Einsatz gegen die scheinbare Neigung der Dinge, sich dort zu befinden, wo sie nichts verloren haben. Also wird die Ordnung wiederhergestellt.

Bedingung dafür ist natürlich ein festgelegter Platz, wo die Dinge hingehören. Dieser Platz sollte sich da befinden, wo die Gegenstände gebraucht werden. fester Platz

Damit nervenaufreibendes Suchen entfällt, ist der vorgesehene Platz auch tatsächlich zu benutzen, um gebrauchte Gegenstände abzulegen oder abzustellen.

Oft reicht es vor allem bei kleineren Gegenständen nicht aus, wenn sie einfach an einem festen Platz deponiert werden, sondern es müssen Einrichtungen geschaffen werden, die eine übersichtliche und griffbereite Anordnung ermöglichen.

Das kann z. B. ein Wäscheschrank sein oder ein Schrank für Putzmittel, die Hausapotheke, ein Regal für Ziergegenstände oder ein Bücherregal. Der Nutzen solcher Einrichtungen läßt sich dadurch steigern, daß sie den speziellen Erfordernissen und den Gegenständen angepaßt werden, die aufbewahrt werden sollen.

Beispiele

- Ein Schrank wird einem bestimmten Zweck entsprechend aufgeteilt, etwa durch zusätzliche Zwischenböden oder durch das Herausnehmen von Böden; ausziehbare Körbe werden angebracht, an den Innentüren Halterungen oder Ablagen befestigt und die Schubladen unterteilt, damit auch kleine Dinge schnell zu finden sind.
- Wandhalterungen oder Haken sind unerläßlich zum Aufhängen von Besen und Schrubber im Putzschrank oder von Handtüchern und Waschhandschuhen im Bad, von Kinderkleidung in Diele oder Kinderzimmer;
- Holz- bzw. Magnetleisten zum Anbringen von Kochbesteck oder Messern, unterteilte Kunststoffbehälter zum Aufbewahren von Werkzeug, Bastelartikeln, sowie Näh-, Putz- oder Schuhputzutensilien.

Erziehung der Haushaltsmitglieder

Ordnung halten

Die besten Ordnungseinrichtungen sind umsonst, wenn sie nicht genutzt werden, und die besten Ratschläge sind nutzlos, wenn Sie mit Ihrem Wunsch nach mehr Ordnung allein bleiben und keiner mitzieht. Vermeiden Sie es, in dieser Situation einen folgenschweren Fehler zu machen, indem Sie für andere hinterher aufräumen.

Spielen Sie nicht die »Putzfrau« und den »Diener« Ihrer Familie.

Wenn Sie erst einen Hausstand gründen möchten oder gerade gegründet haben, ist die Sache noch recht einfach. Fangen Sie am besten gar nicht erst an, hinter anderen aufzuräumen. Liebe ist kein Grund, sich wegen vermeidbarer Arbeiten freiwillig in die Sklaverei zu begeben und andere von ihrer Verantwortung zu entheben. Dringen Sie konsequent darauf, Ordnung zu halten bzw. die selbstverursachte Unordnung zu beseitigen.
Schon bei Kleinkindern kann die Erziehung zur Ordnung einsetzen. Wenn Sie Ihrem zweijährigen Kind die Windel wechseln, ist das Pflegearbeit, aber wenn es schon groß genug ist, seine Bausteine im Zimmer zu verstreuen, sollte das Aufräumen eingeübt werden.
Besteht die Hausgemeinschaft schon ein wenig länger und sind gewisse Verhaltensweisen bereits eingefahren, gestaltet sich die Erziehung zur Ordnung meist problematischer. Der Hausfriede steht auf dem Spiel, wenn Sie die bisher selbstverständlich erbrachten und noch selbstverständlicher in Anspruch genommenen Dienstleistungen plötzlich verweigern. »Entwöhnen« Sie Ihre Familie, ohne Ihr Vorhaben groß zu proklamieren, denn sie könnte Verrat wittern.

Bitten
Aufforderungen
Lob

Unterstreichen Sie Ihr Ansinnen auf Entgegenkommen durch freundlich, aber bestimmt vorgetragene Bitten und Aufforderungen. Vielleicht haben Sie noch nie ernsthaft um etwas gebeten, und es klappt. Loben Sie überdurchschnittliche Einsätze, aber verkneifen Sie sich Lobeshymnen für das, was selbstverständlich sein sollte. Haben Sie Geduld.

Vergabe und Verteilung von Arbeit

Selbst wenn Angehörige und Mitbewohner in puncto Ordnung und Sauberkeit pflegeleicht sind, bleibt noch vieles zu tun. Aber wie lassen sich unvermeidbare Arbeiten, die beim besten Willen ein weiteres Aufschieben nicht mehr vertragen, ohne Ihr Zutun erledigen?

Haushaltshilfe
Zugehfrau
Familienangehörige

Im günstigsten Fall haben Sie eine Haushaltshilfe, eine Putz- oder Zugehfrau oder eine »Oma für's Grobe«.
Fremde Hilfen verursachen Kosten, und besagte Oma scheint ausgestorben zu sein.

Dienstleistungen

Wenn Sie Ihre Wäsche zur Reinigung geben oder Ihre Mahlzeiten außer Haus einnehmen, können Sie sich durch Inanspruchnahme von Dienstleistungen verschiedene Arbeiten ersparen. Auch bei Putzarbeiten besteht diese Möglichkeit, indem Sie beispielsweise Ihre Teppiche oder Teppichböden vom Fachmann säubern lassen. Die Vergabe von Putzarbeiten ist jedoch nicht die Regel. Vergabe

Es geht also darum, die Verantwortung zu delegieren, das heißt in der Wohngemeinschaft die Verteilung von Arbeiten auf ihre Mitglieder.

Ist nur einer der Partner berufstätig und der andere für die Hausarbeit zuständig, so ist es wünschenswert, wenn der berufstätige Teil an arbeitsfreien Tagen mithilft und seine bessere Hälfte, die ja keine arbeitsfreien Tage kennt, unterstützt. So kann erreicht werden, daß beide mehr gemeinsame Freizeit haben.

Wenn beide berufstätig sind mit gleich langer Arbeitszeit, muß es selbstverständlich sein, daß beide sich die Arbeit in Haus oder Wohnung teilen. Paschas, die sich von ihrer berufstätigen Frau bedienen lassen, sollten der Vergangenheit angehören. Voraussetzung dafür ist allerdings, daß Mütter und Väter ihre Söhne genauso zur Hausarbeit heranziehen und damit erziehen wie ihre Töchter und daß es keine typischen Jungen- oder Mädchenarbeiten gibt. Auch der Sohn kann den Fußboden saugen, während die Tochter den Gartenzaun streicht. So entsteht am ehesten Verständnis für die Arbeit des anderen.

Arbeitszeit und Arbeitseinteilung

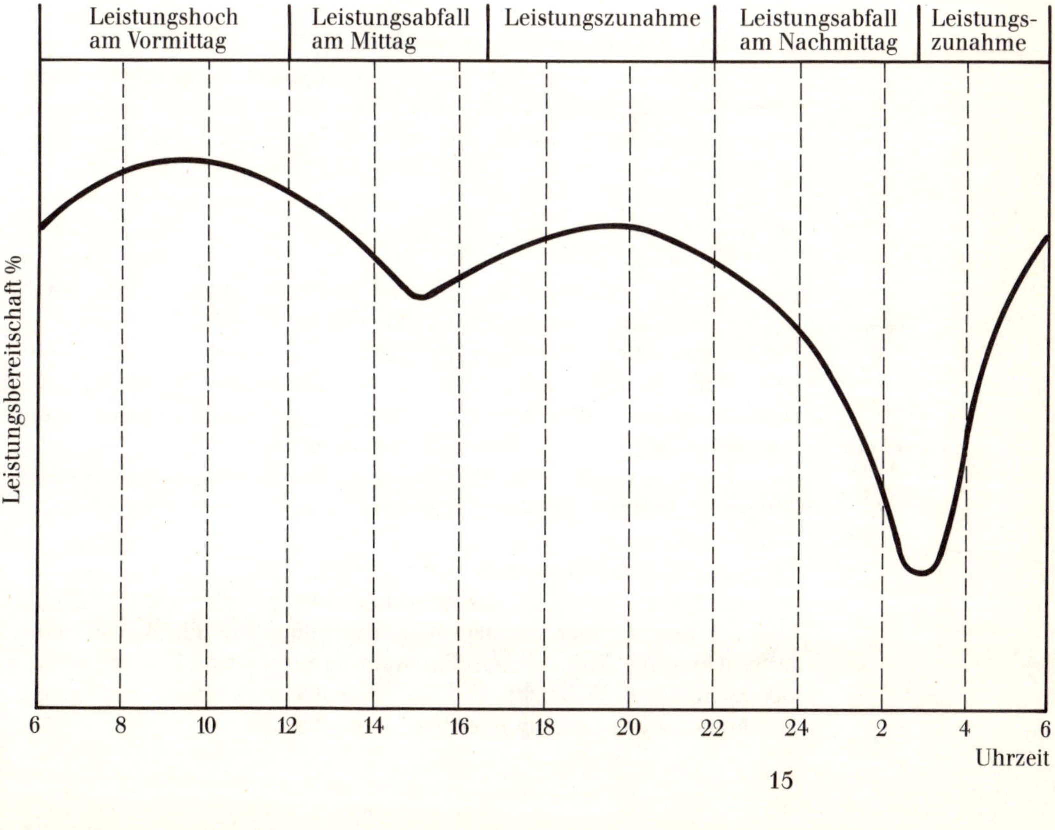

Wechsel von Arbeit und Entspannung

Als Folge körperlicher und geistiger Ermüdung stellen sich im Laufe des Tages Leistungsabfall und nachlassende Konzentrationsfähigkeit ein.
Bei der Hausarbeit, die Sie ja selber planen und einteilen können, lassen sich die Erkenntnisse über die Leistungsbereitschaft gut in die Praxis umsetzen.

Leistungskurve beachten

- Nutzen Sie das Leistungshoch am Vormittag für Arbeiten, die größere körperliche oder geistige Anstrengung erfordern. Vermeiden Sie aber Überforderung, indem Sie zwischendurch Pausen einlegen oder zu einer leichteren Arbeit überwechseln.
- Ideal wäre eine Mittagspause von 30 bis 60 Minuten innerhalb des Leistungstiefs zwischen 14 und 16 Uhr, z. B. von 14 bis 15 oder 15 bis 16 Uhr.
- Arbeiten, die etwas leichter sind, sollten für den Nachmittag eingeplant werden.

Pausen einplanen

Zwischendurch sind mehrere kleine Pausen von 5 bis 10 Minuten zum »Auftanken« neuer Kräfte vorteilhafter als eine große Pause, weil danach der Start wieder leichter gelingt.

zeitiger Feierabend

Der zeitige Feierabend soll dazu dienen, von der Arbeit der vergangenen Stunden zu entspannen und neue Kräfte für den kommenden Tag zu mobilisieren.

freier Nachmittag

Und wenn Sie schon als Hausfrau oder Hausmann keinen freien Arbeitstag haben, versuchen Sie doch wenigstens wöchentlich einen freien Nachmittag einzuplanen (notfalls kann es auch ein Vormittag sein), an dem Sie nur Ihren eigenen Bedürfnissen nachgehen.

Arbeitspläne

Tagesplan

Wochen-, Monats-, Jahresplan

Ein sorgfältig geplanter Tagesablauf ist ganz wesentlich, um die anfallenden Arbeiten zu bewältigen. Der Tagesplan auf Seite 17–18 kann nur ein Beispiel sein. Er sieht für jeden Haushalt anders aus, je nach Größe der Familie, Alter der Kinder, Arbeits- und Schulzeiten, Berufstätigkeit usw. Natürlich sollten Sie auch Vorstellungen darüber entwickeln, wann sich bestimmte Arbeiten innerhalb einer Woche, eines Monats oder auch eines Jahres am günstigsten einplanen lassen. Ihre Vorstellungen können Sie schriftlich in einem Tages-, Wochen-, Monats- oder Jahres-Arbeitsplan notieren.
Verplanen Sie nie Ihre gesamte, zur Verfügung stehende Zeit. Lassen Sie auf jeden Fall etwas Luft für unvorhersehbare Ereignisse. Vielleicht braucht Ihre Tochter im nächsten Augenblick ein Pflaster für ein aufgeschlagenes Knie oder ein Trostpflaster für die vom besten Freund beleidigte Seele. Vielleicht wird Ihre Arbeit unterbrochen von einem Telefonat oder von einem überraschenden Besuch.

Tagesplan

für einen Drei-Personen-Haushalt.

Sie: halbtags berufstätig von 8.15–12.15 h, Fahrzeit jeweils 25 Min. mit Pkw (liefert Kind unterwegs ab)

Er: ganztags berufstätig von 7.30–17.00 h, Fahrzeit jweils 15 Min. mit Bus

Es: Kleinkind, 3 Jahre, wird vormittags von 8.00–13.00 h betreut

h	Sie	h	Er	h	Es
6.00	steht auf, macht sich zurecht	6.00	steht auf, macht sich zurecht		
6.30	räumt Schlafzimmer, Bad auf	6.30	macht Frühstück weckt Kind	6.45	steht auf
6.50	– Frühstück –	6.50	– Frühstück –	6.50	– Frühstück –
7.10	macht Kind zurecht	7.10	deckt Frühstückstisch ab	7.10	wird zurechtgemacht
	↓	7.15	verläßt Wohnung, geht zum Bus		spielt
	↓	7.30	Arbeitszeitbeginn		↓
7.50	fährt Kind zur Betreuung		↓	7.50	wird zur Betreuung gefahren
8.00	verabschiedet Kind und fährt weiter zur Arbeitsstelle		↓	8.00	kommt bei Betreuung an
8.15	Arbeitszeitbeginn		↓		↓
	↓		↓		↓
12.15	Arbeitszeitende		↓		↓
12.30	holt Kind ab und fährt nach Hause		(ißt auswärts)	12.30	wird abgeholt
12.40	kommt mit Kind zu Hause an, bereitet Mittagessen, füllt Waschmaschine		↓	12.40	spielt
13.30	– Mittagessen –		↓	13.30	– Mittagessen –
13.45	bringt Kind zu Bett spült		↓	13.45	geht schlafen
14.05	macht Mittagspause		↓		↓
14.40	erledigt wechselnde Arbeiten, z. B. Küche putzen, Blumengießen, Wäsche aufhängen oder Trockner füllen		↓		↓
15.15	nimmt Kind vom Mittagsschlaf hoch		↓	15.15	steht auf spielt

h	Sie	h	Er	h	Es
15.20	erledigt weiter wechselnde Arbeiten, z. B. Diele, Wohnzimmer reinigen, Bügelarbeiten		↓		↓
15.40	– Kleiner Imbiß –		↓	15.40	– Kleiner Imbiß –
15.50	geht mit Kind spazieren, zum Spielplatz oder zu kleinen Einkäufen		↓	15.50	geht spazieren, zum Spielplatz o. ä.
17.00	bereitet Abendessen	17.00	Arbeitszeitende	17.00	spielt oder »hilft« Eltern
	↓	17.15	kommt zu Hause an, tätigt Erledigungen, z. B. Einkauf m. Auto, hilft im Haushalt		↓
18.00	– Abendessen –	18.00	– Abendessen –	18.00	– Abendessen –
18.30	spült, erledigt kleinere Arbeiten, z. B. Wäschepflege, Essensvorbereitung	18.30	hilft beim Spülen, spielt mit Kind	18.30	spielt
19.00	wünscht Kind gute Nacht, räumt auf	19.00	bringt Kind zu Bett	19.00	geht schlafen
19.20	Feierabend	19.20	Feierabend		

Ein Vorschlag zum Thema Putzen

Frühjahrsputz

Lassen Sie den leidigen, trotzdem alljährlich eingeplanten Frühjahrsputz ausfallen und reinigen Sie statt dessen alle zwei bis drei Monate ein anderes Zimmer, besser zwei gleichartige Zimmer, damit Sie Serienarbeit verrichten können.
Seien Sie flexibel und halten Sie nicht an alten Gewohnheiten fest.

Häufigkeit verschiedener Hauspflegearbeiten im Zeitplan

Es gibt große Meinungsunterschiede darüber, wie oft bestimmte Arbeiten gerade beim Putzen und Saubermachen einzuplanen sind. Manches muß sein und sollte auch umgehend erledigt werden, z. B. Spülen oder Backofenreinigung, weil längeres Hinauszögern nur Mehrarbeit zur Folge hätte. Aber viele Arbeiten kann man ruhigen Gewissens um Stunden, Tage oder sogar Wochen hinauszögern. Überlegen Sie selbst, welche Arbeiten Sie in Ihrem Haushalt ohne nennenswerte Folgen »auf die lange Bank schieben« können.
Einige Beispiele dafür könnten sein: Fensterputzen, Bettenabziehen und Neubeziehen, gründliche Reinigung von Teppichböden und,

und ... Logischerweise reduziert sich Ihre Arbeitszeit für das Fensterputzen um die Hälfte, wenn Sie statt zweimal im Monat Ihre Fenster nur noch einmal monatlich putzen. Sie sind frei für andere, notwendigere Arbeiten und haben letztlich mehr Freizeit. Ihre Kräfte werden geschont und Ihr Portemonnaie ebenfalls, weil Sie weniger Reinigungsmittel und bei vielen Arbeiten auch weniger Wasser und Strom verbrauchen.

Zeit, Geld und Energie sparen

Auch aus unserer Verantwortung für die Natur müssen wir umdenken und uns fragen, was ist uns wichtiger:

Hygienebewußtsein, das nur unseren eigenen Ansprüchen gerecht wird, das aber der Umwelt und damit vielen anderen Nachteile bringt;

Häufigkeit von Hauspflegearbeiten

täglich	etwa wöchentlich	14tägig oder seltener
aufräumen	Staubwischen	Möbel, Türen feucht abwischen
Sanitäreinrichtungen (je nach Benutzung)	Sanitäreinrichtungen gründlich	Betten beziehen
Fußböden entstauben	Spiegel	Fliesen in Küche und Bad
Teppichbeläge (je nach Benutzung)	Fernsehschirm	Lichtschalter
Betten machen	Telefon	
Geschirr spülen	Fensterbänke	
Kochstellen	Türklinken	
Allesschneider	Heizkörper während der Heizperiode	
Arbeitsflächen	Fußböden wischen	
Spüle	Teppiche, Teppichböden gründlich saugen	
Abfalleimer leeren	Polstermöbel saugen	
Blumen gießen	Küchenschränke außen	
	Kühlschrank	
	Spülmaschine	
	Kochstellen Backofen	

Häufigkeit von Hauspflegearbeiten

monatlich oder seltener	halbjährlich bis jährlich	jeweils bei Bedarf
Fenster Fensterrahmen	Rolläden, Jalousien	Zimmerdecken Wände
Gardinen absaugen	Gardinen waschen	Leuchten
Küchen- und Vorratsschränke gründlich	Türen gründlich	Grundreinigung Elektrogeräte
Heizkörper außerhalb der Heizperiode	Bilder Bilderrahmen	Staubsauger
Dunstabzugshaube	Heizkörper gründlich	Waschmaschine
Matratzen saugen wenden	Grundreinigung Teppiche, Teppichböden Polstermöbel Grundreinigung aller Möbel	Trockner
	Kleiderschränke	Bügelmaschine
	Wohnzimmer- und andere Schränke	Bügeleisen
	Bücher und Bücherregale	Nähmaschine
	Matratzen und Bettzeug lüften	Grillgeräte
	Bettgestelle	Toaster
	Gefriergeräte abtauen	Küchenmaschinen
	Ziergegenstände aus Kupfer, Zinn, Messing	
	Silber putzen	
	Taschen, Koffer durchsehen	

oder Umweltbewußtsein, dessen Verwirklichung relativ kleine Einschränkungen fordert, das aber vielen anderen, bzw. der Umwelt zum Guten gereicht?

So wird auch durch weniger Putzen und Saubermachen die Umwelt geschont, weil Rohstoffe eingespart und die Abwässer weniger belastet werden. Fatalerweise ist an der Abwasser-Belastung durch Haushalte gar nicht so sehr der wirkliche Schmutz schuld, der beseitigt werden soll, sondern es sind die Mittel zur Beseitigung und zum Lösen eben dieses Schmutzes.

Information und Warenkunde

Kaufentscheidung

Bei der Kaufentscheidung für einen Gegenstand sind Gesichtspunkte wie Eignung, Handlichkeit, Lebensdauer, Reparaturanfälligkeit, Umweltverträglichkeit, Unfallsicherheit, Preis und anderes mehr von Bedeutung.Aber auch, wenn es um die Pflegeleichtigkeit und damit um die schnellere Reinigung eines Gegenstandes geht, sollten Sie Möglichkeiten der Information nutzen.

Verbraucherberatung

Das riesige Warenangebot wirkt oft verwirrend. Hier wie auch bei Fragen zu Dienstleistungen und Verbraucherrechten können Verbraucherorganisationen Hilfe leisten, meistens zum Nulltarif. Anschriften der Verbraucherzentralen siehe Seite 231.

Informationsquellen

Die Verbraucherzentralen arbeiten auf Landesebene mit Beratungsstellen in allen größeren Städten. Ihre wichtigsten Aufgaben: Qualitäts- und Preisvergleiche, Ernährungsberatung, Budgetberatung, Energieberatung, Wohnberatung, Küchenplanung, Rechtsberatung, Beratung zu Fragen des Umweltschutzes.

Die Stiftung Warentest führt in Zusammenarbeit mit unabhängigen und wissenschaftlich anerkannten Prüfinstituten Qualitäts- und Preisvergleiche bei Waren und Dienstleistungen durch. Zunehmend wurde in den vergangenen Jahren Wert auf Prüfungen der Umweltverträglichkeit vieler Produkte gelegt. Die Ergebnisse der Untersuchungen werden in der monatlich erscheinenden Zeitschrift »test« veröffentlicht.

Außerdem gibt es eine Vielzahl von Verbänden (siehe Seite 232), die sich der Verbraucherberatung verschrieben haben. Sollten die genannten Stellen zu einem speziellen Problem keine erschöpfende Auskunft geben können, werden sicher gerne weitere Adressen genannt.

In den Medien werden vielfach Verbraucherfragen erörtert und Informationen zu Produktgruppen oder Einzelprodukten gegeben. Auch die Firmenwerbung hat unter anderem den Zweck, zu informieren, jedoch sollte der Informationsgehalt der Werbung besonders kritisch aufgenommen werden.

Prospekte sollten vor dem Kauf in Ruhe geprüft und mit anderen Firmenprospekten verglichen werden.

Wenn das Verkaufspersonal gut geschult ist, kann es eine wichtige weitere Informationsquelle sein. Im Geschäft sollte es möglich sein, die Qualität der Ware genau zu prüfen durch Anschauen, Anfassen, Vorführenlassen und eigenes Probieren, wenn es sich um Geräte handelt.

Garantie und Gebrauchsanweisung

Garantieschein

Achten Sie beim Kauf darauf, daß der Garantieschein vom Händler ausgefüllt wird und bewahren Sie ihn mit Rechnung, Kundendienstadressen und Notiz des Gerätetyps und der Gerätenummer auf.

Gebrauchsanweisung

Auch Gebrauchsanweisungen sollten Sie in einem Ordner sammeln oder bei selten genutzten Geräten in einer Sichthülle am Gerät anbringen. Fragen Sie Ihren Händler nach Reparaturmöglichkeiten (Kundendienst) und Ersatzteilbeschaffung.

Produktinformation

Die Produkt-Information (PI) bei allen Elektro-Großgeräten bietet eine schnelle Vergleichsmöglichkeit zwischen unterschiedlichen Fabrikaten und Modellreihen. Das orangefarbene Etikett ist auf der Vorderseite oben rechts angebracht.

Elektrobackofen Firmenname	xyz
Nutzvolumen	55 l
Energieverbrauch für Aufheizen auf 200 °C	0,45 kWh
für einstündige Temperaturhaltung auf 200 °C	0,75 kWh
INSGES.	1,2 kWh
Energieverbrauch für Reinigungsprozeß	——
Normen: CENELEC HD 376	

Typenschild

Das Typenschild informiert neben Angaben über Hersteller, Fabriknummer und Gerätetyp, über die Spannung in Volt (V) und die Leistung in Watt (W). Außerdem kann es weitere Kennzeichnungen und Prüfzeichen enthalten.

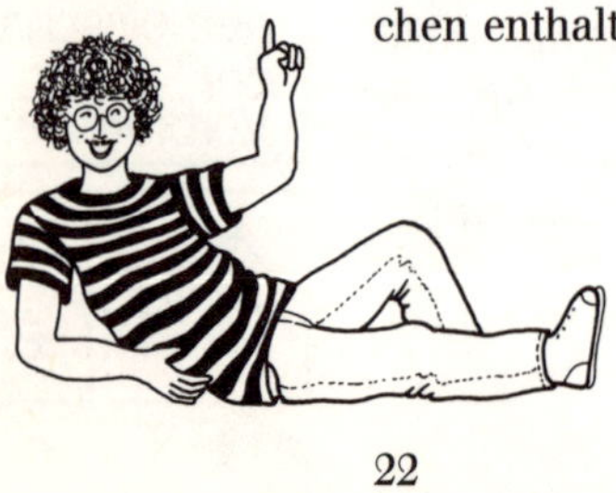

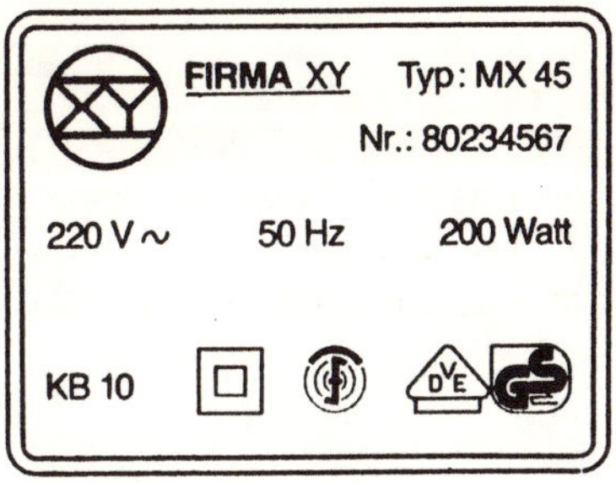

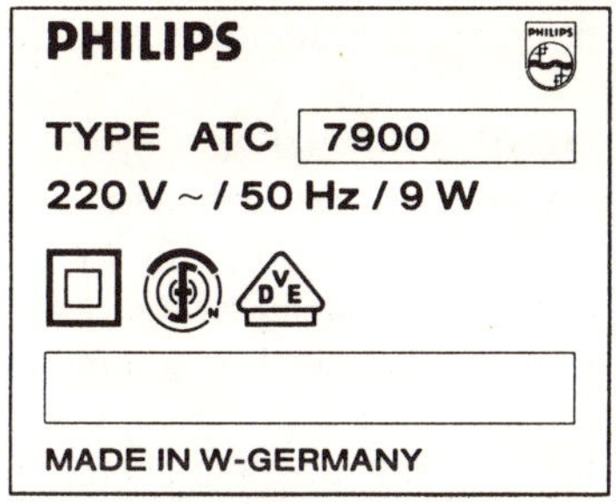

KB: Kurzzeit-Betrieb
Bei Geräten mit der Angabe KB und einer Zeitangabe darf eine bestimmte Betriebszeit nicht überschritten werden. KB 8 min oder KB 8 bedeutet beispielsweise, daß nach acht Minuten Dauerbetrieb das Gerät ausgeschaltet und eine Pause eingelegt werden muß, damit der Motor abkühlen kann.

Schutzisolierung (z. B. Schutzklasse II)
Das Gerät ist doppelt isoliert. In der fest mit dem Gerät verbundenen Stromzuleitung braucht wegen der doppelten Isolierung kein Schutzleiter mitgeführt zu werden. Deshalb benötigen diese Geräte keinen Schutzkontaktstecker (Schukostecker), sondern nur einen flachen, in jede Steckdose passenden Spezialstecker, der mit der Zuleitung fest vergossen ist (Euro-Stecker).

Funkschutzzeichen
Elektrogeräte mit dieser Kennzeichnung dürfen Rundfunk- und Fernsehgeräte beim Empfang nicht stören. Statt des Funkschutzzeichens kann auch eine FTZ-Nummer auf dem Typenschild angegeben sein.

VDE-Zeichen
Sicherheitsprüfzeichen des Verbandes Deutscher Elektrotechniker e. V. für Elektrogeräte. Es steht für die Einhaltung bestimmter sicherheitstechnischer Vorschriften und dient somit der Unfallverhütung.

GS-Zeichen (Geprüfte Sicherheit)
Bei Geräten mit diesem Zeichen wurden die gesetzlichen Bestimmungen des Maschinenschutzes eingehalten. Es kann sich, ebenso wie die TÜV-Plakette, auf Elektrogeräte beziehen oder auf andere Gerätearten. Neben diesem Symbol steht immer auch das Zeichen der jeweiligen Prüfstelle, z. B. VDE-GS oder TÜV-GS.

TÜV- oder VdTÜV-Prüfzeichen
Die Plakette des Technischen Überwachungsvereins oder der Vereinigung der Technischen Überwachungs-Vereine e. V. besagt für technisches Gerät, daß es den vorgeschriebenen Sicherheitsbestimmungen

entspricht, so daß bei bestimmungsgemäßem Gebrauch keine Gefährdung für den Benutzer ausgeht.

DVGW-Prüfzeichen
Prüfzeichen des Deutschen Vereines des Gas- und Wasserfaches e. V. Dieses Zeichen bürgt für die Sicherheit von Großgeräten zum Betreiben mit Wasser oder Gas und bescheinigt die Einhaltung bestimmter Vorschriften bei der Herstellung.

RAL – Prüf- und Gütezeichen
Diese Gütezeichen sind Ausweise ständig überwachter hoher Qualität, die festgelegten Anforderungen entspricht. Sie werden für ganze Waren- oder Leistungsgruppen vergeben, nicht aber für Einzelfirmen oder Einzelerzeugnisse. Alle Gütezeichen und die sie tragenden Gütegemeinschaften müssen vom Deutschen Institut für Gütesicherung e. V. (RAL) anerkannt sein, das auch für alle Fragen zur Gütesicherung zuständig ist.

Umweltzeichen
Das Umweltzeichen steht für weitgehende Umweltverträglichkeit und wird für Produkte vergeben, bei denen im Vergleich zu herkömmlichen Konkurrenzprodukten die Schadstoffmenge gesenkt wurde.
Häufige Kritik: Produkte, die von vornherein wirklich umweltfreundlich sind, werden nicht ausgezeichnet und gehen leer aus. Da das Umweltzeichen in der Regel für eine ganz bestimmte umweltfreundliche Eigenschaft des Produktes vergeben wird, könnte es sogar vorkommen, daß andere Eigenschaften sich umweltbelastend auswirken.
Produktionsstätten, die mit dem Umweltzeichen werben, müssen sich Kriterien unterwerfen, die von einer unabhängigen Jury festgelegt werden.
Fazit: Produkte, die mit dem Umweltengel ausgezeichnet wurden, haben anderen zumindest eine umweltverträgliche Eigenschaft voraus, sollten aber trotzdem nicht zum Mehrkonsum verleiten.

DIN-Zeichen (Deutsche Industrie-Norm)
Produkte mit diesem Zeichen entsprechen einheitlich festgesetzten Abmessungen.

Arbeitsgestaltung

Unter Arbeitsgestaltung ist alles zu verstehen, was die praktische Verwirklichung einer Arbeit betrifft. Jedes einzelne Kapitel dieses Buches befaßt sich damit im besonderen. Im allgemeinen gibt es jedoch eine Reihe von Leitlinien, die für fast alle Arbeiten Gültigkeit besitzen, ganz gleich, wie verschieden die einzelnen Arbeiten sein mögen.
Von übergeordneter Wichtigkeit sind die Beachtung von Unfallverhütungsvorschriften sowie Maßnahmen zum Umweltschutz. Gleichwohl sind von übergreifender Bedeutung Körperhaltung und Arbeitsbewegungen, Hygienemaßnahmen und gewisse Gesetzmäßigkeiten zum Arbeitsablauf sowie zur Arbeitstechnik.

Der Arbeitsplatz

Typisch für Hausarbeiten, insbesondere Putzarbeiten, sind wechselnde Arbeitsplätze, obgleich auch viele Arbeiten an einigen festen Arbeitsplätzen verrichtet werden, etwa auf einer Arbeitsfläche in der Küche oder an der Spüle, an einem Arbeitstisch im Hausarbeitsraum oder in der Waschküche.
Ganz gleich, um welchen Arbeitsplatz es sich handelt, immer sollte er gewisse Voraussetzungen erfüllen, um die nötige Sicherheit, einen reibungslosen Arbeitsablauf und ein gutes Arbeitsergebnis zu gewährleisten. Die Anforderungen, die an einen festen Arbeitsplatz gestellt werden, sind natürlich umfangreicher und meistens leichter zu bewerkstelligen als bei einem wechselnden Arbeitsplatz, wo auf gewisse erstrebenswerte Voraussetzungen oft verzichtet werden muß oder wo diese erst kurz vor Arbeitsbeginn geschaffen werden können.

Anforderungen an den Arbeitsplatz

Der richtige Arbeitsplatz sollte
- der arbeitenden Person optimal angepaßt sein,
- nicht mehr und nicht weniger Platz beanspruchen, als zur bequemen und ungehinderten Durchführung der Arbeit notwendig ist,
- eine übersichtliche und griffbereite Unterbringung und Anordnung der Arbeitsmittel zulassen,

- dem Bewegungsablauf der Arbeit entsprechen,
- einen durchgehenden Arbeitsablauf ermöglichen,
- arbeitsorientierte Umweltbedingungen aufweisen.

Äußere Bedingungen

Licht

Beleuchtung

Von großer Wichtigkeit bei der Arbeit ist eine ausreichende Beleuchtung. Sie hängt ab von der Feinheit der Tätigkeit, dem Sehvermögen des Arbeitenden und den Gegebenheiten des Arbeitsplatzes. Dunkle Wände und Möblierungen verlangen eine stärkere Beleuchtung.

Lichteinfall

Bedeutend für gutes Sehen und damit für geringere Ermüdung, Unfallsicherheit und ein zufriedenstellendes Arbeitsergebnis ist auch der richtige Lichteinfall. Das Licht sollte von links (bei Rechtshändern) oder von vorn auf die Arbeit fallen; es darf weder blenden noch darf es scharf kontrastierende Hand- oder Körperschatten werfen.

Farbgebung

Angenehme Farben können auf das Wohlbefinden des Arbeitenden einen positiven Einfluß haben und sollten deshalb bei der Einrichtung fester Arbeitsplätze Berücksichtigung finden.

Luft und Luftfeuchtigkeit

Die Entstehung von Staub, Rauch, Gasen und unangehmen Gerüchen ist soweit wie möglich zu vermeiden. Ursachen dafür sind nach Möglichkeit zu beseitigen und durch zugfreie Lüftung ist für eine Verbesserung der Raumluft zu sorgen. Auch bei zu trockener Luft oder zu hoher Luftfeuchtigkeit durch Dünste und Dämpfe sollte Abhilfe geschaffen werden, da sie die Arbeitsleistung beeinträchtigen.

Temperatur

Die Temperatur darf weder zu hoch noch zu niedrig sein. Ob eine Temperatur vom Arbeitenden als angenehm empfunden wird, ist von der Art der Tätigkeit, dem Arbeitstempo, dem Alter und Geschlecht der arbeitenden Person, der Bekleidung, der Jahreszeit und dem Wetter abhängig.

Nässe

Wenn sich Arbeiten in Nässe nicht ganz umgehen lassen, sollte die Kleidung so beschaffen sein, daß keine gesundheitlichen Schäden zu befürchten sind.

Lärm

Lärmbelastung ist bei der Arbeit nicht immer auszuschließen. Nach Möglichkeit ist Lärm aber grundsätzlich zu vermeiden, da er negative Auswirkungen auf Konzentration, Leistung und Hörvermögen hat.

Vorbereitung des Arbeitsplatzes

Arbeitsmittel

Bei festen Arbeitsplätzen ist es vorteilhaft, die Arbeitsmittel geordnet am Arbeitsplatz aufzubewahren, so daß sie jederzeit griffbereit sind.
Müssen die Arbeitsmittel erst herbeigeholt werden, vermeidet man planlose Lauferei durch Sammeln der benötigten Mittel in einem Eimer, auf einem Tablett oder in einem Putzmittelbehälter.
Arbeitsmittel sollen am Arbeitsplatz ohne Standortwechsel zu erreichen sein; sie sollen nicht behindern oder die Sicherheit gefährden. Deshalb werden sie übersichtlich und griffbereit so plaziert, daß ein Arbeiten von rechts nach links (Linkshänder umgekehrt) möglich ist.

Der Greifbereich

Eine rationelle Arbeitsweise verlangt die Beachtung des horizontalen inneren und äußeren sowie des vertikalen Greifbereiches bei der Arbeitsplatzgestaltung:

innerer Greifbereich

- Innerer Greifbereich: Aktionsradius der Arme bei herabhängendem Oberarm, aber abgestrecktem Unterarm in waagerechter Richtung.

Der innere Greifbereich bleibt weitgehend frei zum Arbeiten und damit auch für momentan oder häufig gebrauchte Arbeitsmittel.

äußerer Greifbereich

- Äußerer Greifbereich: Aktionsradius der Arme bei ausgestrecktem Ober- und Unterarm in waagerechter Richtung.

Im äußeren Greifbereich werden die übrigen Arbeitsmittel angeordnet.
Ein genügend großer Greifbereich bedingt natürlich eine gewisse Tiefe für Arbeitsflächen, nämlich mindestens 60 Zentimeter.

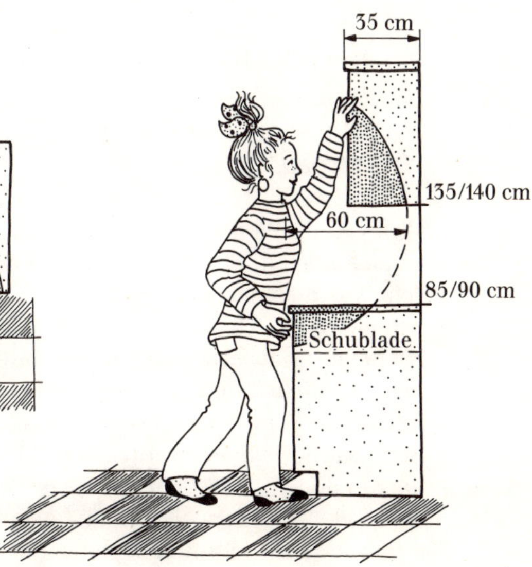

vertikaler Greifbereich

- Vertikaler Greifbereich: Aktionsradius der Arme in senkrechter Richtung nach oben und unten, wobei verständlicherweise der Greifbereich im Stehen größer ist als im Sitzen.

Ordnung und Sauberkeit des Arbeitsplatzes

Arbeitsmittel und -geräte, die nicht mehr benötigt werden, möglichst noch im Verlauf der Arbeit reinigen und wegräumen. Während der Arbeit sollte der Arbeitsplatz saubergehalten werden. Arbeitsfläche gelegentlich abwischen.

Arbeitsunterlage

Arbeitsflächen lassen sich leichter sauberhalten, wenn bei schmutzanfälligen Arbeiten eine Arbeitsunterlage verwendet wird. Das kann eine Plastikfolie sein, aber häufig ist eine alte Zeitung zweckmäßiger. Bei Schmutzansammlungen werden zwischendurch einfach ein oder zwei Lagen Papier abgehoben und in den Abfall gegeben, ebenso nach Arbeitsende. Bedingung: Abfallgefäß am Arbeitsplatz.

Abfallgefäß

Abfälle, deren Entstehung nicht zu vermeiden ist, werden umgehend beseitigt. Händewaschen nicht vergessen!

Verlassen des Arbeitsplatzes

Nach Beendigung der Arbeit wird der Arbeitsplatz aufgeräumt und gesäubert; verschmutzte Arbeitsmittel und -geräte werden gereinigt, bevor alle Gegenstände an ihren festgelegten Platz kommen, damit sie bei erneutem Gebrauch schnell auffindbar und einsatzbereit sind.

Körperhaltung und Arbeitsbwegungen

Richtige Körperhaltung und ökonomische Arbeitsbewegungen

Wenn Ihnen Verkrampfungen im Nacken- und Schulterbereich, Rükkenschmerzen, Schweregefühl in den Beinen und Fußschmerzen zu schaffen machen, überprüfen Sie doch einmal Ihre Haltung bei der Arbeit. Aber auch dann, wenn Sie (noch) keine Probleme haben, sollten Sie bei der Hausarbeit sozusagen Haltung bewahren. Dadurch vermeiden Sie nicht nur eine vorschnelle Ermüdung und Konzentrationsschwäche, sondern Sie arbeiten ausdauernder und sicherer.

Beim Saubermachen werden verschiedene Arbeiten auf dem Fußboden oder in Bodennähe verrichtet. Es ist vorteilhafter, bei diesen Arbeiten in die Hocke zu gehen, als sich zu bücken. Noch vorteilhafter ist es, wenn sich die Arbeit in aufrecht stehender Haltung von oben erledigen läßt oder auf eine günstige Höhe verlegt werden kann.

Arbeitshaltung im Bücken

Beispiel: Die Fußbodenleisten müssen am Boden gereinigt werden, weil sie sich nicht anders erreichen lassen. Der Fußboden selbst läßt sich mit Hilfe eines langstieligen Arbeitsgerätes gut in stehender Arbeitshaltung reinigen und ein kleines Möbelstück könnte man zur Reinigung hochnehmen auf eine Arbeitsfläche.

Stehende und sitzende Arbeitsweise

Arbeitshaltung im Sitzen

Arbeitshaltung im Stehen

Grundsätzlich sollten Sie nur solche Arbeiten im Stehen verrichten, die einen größeren Aktionsradius oder eine größere Kraftanstrengung erfordern.
Kleine, leichte Arbeiten werden nur dann stehend verrichtet, wenn ihre Ausführung voraussichtlich weniger als etwa drei Minuten dauert.

Sitzen

Bei allen anderen Arbeiten hinsetzen, wo es eben geht. Das gilt besonders für Tätigkeiten, die eine gewisse Präzision verlangen.

Der Arbeitsstuhl

Geeignet ist ein Stuhl, bei dem Sitzfläche und Rückenlehne höhenverstellbar sind und sich somit der arbeitenden Person und der jeweiligen Höhe der Arbeitsfläche anpassen lassen. Armlehnen oder eine zu breite Rückenlehne behindern bei der Arbeit. Der ideale Arbeitsstuhl hat fünf Sicherheitsrollen, die ein Kippen oder unbeabsichtigtes Wegrollen verhindern.

Arbeitsbewegungen von Armen und Händen

Auch Ihre Arme können Sie schonen durch richtige Arbeitshaltung. Bei sitzender Arbeitsweise ist die Stuhlhöhe so einzustellen, daß Ober- und Unterarme einen rechten Winkel bilden, wenn Sie in Arbeitsstellung das Arbeitsgerät in Händen halten.
Im Stehen bei aufrechter Körperhaltung muß der Winkel, den Ober- und Unterarm bilden, größer als 90 Grad sein; der Oberarm soll locker nach unten hängen, der Unterarm etwas angehoben sein. Das ist nur zu realisieren, wenn auch Arbeitsflächen die richtige Höhe haben: 85 cm und für große Personen 90 cm.

Gerät

Ihr unentbehrlichstes Werkzeug sind die Hände. Belasten Sie sie nicht mehr als notwendig. Prüfen Sie schon beim Kauf von Arbeitsgerät, ob die Gegenstände kein zu großes Gewicht haben. Wichtig ist auch, daß Arbeitsgeräte gut zu halten und zu bedienen sind, deshalb ist auf handliche, sichere Griffe, Stiele und Bedienungselemente zu achten.
Setzen Sie, wenn irgend möglich, bei der Arbeit beide Hände ein. Auch wenn Sie normalerweise Rechtshänder sind, können Sie die linke Hand beim Staubwischen, Fensterputzen, Blumengießen mitbenutzen.

Bewegungen

Arbeiten Sie mit durchdachten, fließend-harmonischen Bewegungen. Kreisende oder schlangenlinienförmige Bewegungen sind weniger anstrengend als solche im Zick-Zack-Kurs.

Entlastung

Eine Entlastung läßt sich auch erzielen durch das Aufstützen von Armen und Händen oder von Arbeitsgerät beim Arbeiten, etwa beim Putzen von Silberbesteck oder bei der Metallreinigung.

Dynamische und statische Arbeit

Wechseln Sie nicht nur die Arbeitshaltung bei anstrengenden Arbeiten, sondern auch häufiger die Arbeit selbst.

Dynamische Arbeit (Bewegungsarbeit) ist meistens weniger belastend als statische Arbeit (Haltearbeit). Statische Arbeit führt infolge von Bewegungsmangel zu einer Minderung der Durchblutung in den betroffenen Gliedmaßen, daher ist sie besonders ermüdend.

Bewegungsarbeit
Haltearbeit

Beispiel für dynamische Arbeit: Staubwischen
Statische Arbeiten: Überkopfarbeiten, z. B. Gardinen aufhängen, Tragearbeiten.

Überkopfarbeit

Überkopfarbeit

Vermeiden Sie Arbeiten gegen die Schwerkraft, bei denen Ihre Arme und Hände in nach oben gestreckter Haltung Arbeitsbewegungen ausführen müssen. Solche Überkopfarbeiten gehören zu den anstrengendsten Arbeiten überhaupt.

Tragearbeit

Tragearbeit

Als Haltearbeit erfordert das Tragen von Lasten einen großen Kräfteaufwand und kann im Extremfall sogar Gesundheitsschäden verursachen. Sofern sich die Lasten nicht durch Rollen, Schieben, Rutschen, Fahren oder sonstwie transportieren lassen, ist menschliche Arbeit vonnöten. Sie können bei Tragearbeiten eine bessere Auslastung erzielen, wenn dabei möglichst viele Muskelpartien eingesetzt werden. Das geschieht dann, wenn Sie die Last auf zwei Seiten verteilen, anstatt sie auf einer Seite zu tragen oder wenn die Last auf dem Rücken transportiert wird, statt vor dem Körper.
Achten Sie darauf, Lasten möglichst körpernah zu tragen und beim Anheben und Absetzen in die Hocke zu gehen.

Monotone Arbeiten

monotone Arbeiten

Sehr ermüdend sind auch Arbeiten, die eine stets wiederkehrende oder gleichbleibende Bewegung oder Haltung erfordern.
Um schneller Ermüdung vorzubeugen, ist eine gelegentliche Änderung der Arbeitshaltung oder des Umfeldes ratsam. Wechseln Sie beispielsweise die Arbeitshand oder lassen Sie bei Überkopfarbeiten ab und zu die Arme herunterhängen. Bei Arbeiten, die längeres Stehen erfordern, können Sie für eine Weile das Standbein wechseln oder zwischendurch etwas umhergehen. Es kann auch hilfreich sein, einstweilen eine andere Arbeit zu verrichten oder eine Pause einzulegen.

Persönliche Hygiene

Neben der Hygiene am Arbeitsplatz spielt auch die persönliche Hygiene eine Rolle. Natürlich hat sie beim Putzen nicht die Bedeutung wie etwa bei der Nahrungszubereitung, aber ein paar Dinge sollten auch hier beachtet werden.

Vor vielen Reinigungsarbeiten ist es angebracht, die Hände gründlich zu waschen, ganz besonders, wenn Geschirre oder Gegenstände gereinigt werden, die mit Lebensmitteln in Berührung kommen. Nach Erledigung von Reinigungs- und Putzarbeiten sollte aus hygienischen Gründen das Händewaschen ganz selbstverständlich sein.

Arbeitskleidung

Bei Verwendung scharfer Reinigungsmittel oder beim Verrichten von Schmutzarbeit sollten Sie Ihre Hände mit Gummihandschuhen schützen.

Kleidung

Die Kleidung muß zweckentsprechend sein, strapazierfähig, nicht allzu schmutzempfindlich, gut waschbar und bequem. Weite, lange Ärmel und Bänder können Arbeitsbewegungen behindern und die Sicherheit gefährden.

Schuhe

Schuhe sollten rutschfest und stolpersicher sein, außerdem luftdurchlässig, aber wasserdicht.

Schmuckstücke

Schmuckstücke an Händen und Armen können Unfallgefahren bergen, wenn Sie damit irgendwo hängenbleiben. Zudem könnte der Schmuck beschädigt werden, deshalb am besten vor Reinigungsarbeiten ablegen.

Unfallverhütung

Die wirksamste Maßnahme zur Unfallverhütung kann jeder ohne großen Aufwand leicht einsetzen, nämlich denken. Durch vorausschauendes Planen und Verhalten könnten die allermeisten Unfälle vermieden werden. »Gefahr erkannt – Gefahr gebannt«.

Ursachen erkennen

Vermeiden Sie Übermüdung und körperliche oder seelische Unannehmlichkeiten bei der Arbeit, weil dadurch die Konzentrationsfähigkeit leidet. Zeitdruck bei der Arbeit fördert ebenfalls die Unfallbereitschaft. Nicht zuletzt geschehen viele Unfälle aus Unkenntnis oder Nachlässigkeit, z. B. beim Umgang mit Elektrogeräten oder gefährlichen Chemikalien.

Hausapotheke

Eine Hausapotheke, in der Mittel zur Ersten Hilfe, wie etwa Verbandszeug extra in einem nicht verschlossenen Fach aufbewahrt werden, kann bei vielen Verletzungen Schlimmeres verhüten.

Erste-Hilfe-Kurs

Voraussetzung für eine sachgerechte Anwendung sind allerdings Kenntnisse in Erster Hilfe, die sich jeder in einem Kurs aneignen sollte.

Die häufigsten Haushaltsunfälle sind
- Stürze
- Wundverletzungen
- Verbrennungen
- Vergiftungen und Verätzungen
- Unfälle durch Elektrizität

Der Platz würde nicht reichen, alle erdenklichen Maßnahmen zur Unfallverhütung im Haushalt aufzuführen, deshalb beziehen sich die gegebenen Hinweise vorwiegend auf Unfallverhütung bei Reinigungsarbeiten im Haushalt.

Verhütung von Stürzen

- Sturz- und Stolperquellen beseitigen.
- Hindernisse an Treppen oder Wegen vermeiden.
- Arbeitsgerät beim Putzen und Saubermachen etwas abseits abstellen.
- Treppen nicht bohnern.
- An Treppen mit mehr als fünf Stufen Handlauf anbringen.
- Trittsichere Fußbodenbeläge verwenden.
- Teppiche rutschhemmend oder rutschfest ausrüsten.
- Alles umgehend vom Fußboden beseitigen, was zum Ausgleiten führen kann, z. B. Fett, Flüssigkeiten, Kartoffelschalen u. a.
- Bei Reinigungsarbeiten in der Höhe geprüfte Sicherheits-Trittleiter oder Tritthocker, keine Stühle benutzen.
- Für gute Beleuchtung sorgen, ganz besonders an Treppen.
- Beim Arbeiten keine Schuhe tragen, die ein Ausgleiten oder Stolpern begünstigen, wie Pantoletten, Schuhe mit glatter Sohle oder hohen Absätzen.

Verhütung von Wundverletzungen

Beachten Sie Gebrauchsanweisungen und Sicherheitshinweise für Geräte und Maschinen.
Holzgeräte, -griffe und -stiele sollen splitterfrei sein. Mit einem Kunststoffschlauch überzogene Stiele sind sicherer.
Beim Arbeiten mit spitzem, scharfem oder scharfkantigem Gerät ist besondere Vorsicht geboten. Nach Möglichkeit vom Körper weggewandt arbeiten.
Ins Spülwasser gehören keine scharfkantigen oder spitzen Gegenstände; behalten Sie diese beim Spülen in einer Hand.
Werfen Sie auch in Abfallgefäße keine scharfkantigen oder spitzen Gegenstände, wie Rasierklingen oder defekte Nähmaschinennadeln. Läßt sich das nicht vermeiden, die gefährlichen Gegenstände evtl. einwickeln oder in eine Verpackung geben. Aus diesem Grund Abfallgefäße besser nicht mit den Händen leeren, sondern auskippen.
Spitze oder scharfe Gegenstände (Messer, Scheren, Häkelnadeln, Schreibgerät u. ä.) nicht in Taschen stecken.
Schadhafte Teile von Eßgeschirr aus Glas, Porzellan, von Bestecken und anderem Geschirr nicht mehr verwenden.
Schließlich kann Ordnung auch zur Verhütung von Wundverletzungen beitragen. Bewahren Sie gefährliche Gegenstände getrennt von anderen auf, z. B. scharfe Messer nicht zusammen mit anderem Kochbesteck,

sondern in einem abgetrennten Fach der Schublade oder an einem Magnetband.

Verhütung von Verätzungen und Vergiftungen

Gebrauchsanweisungen von Reinigungsmitteln u. ä. beachten.
Beim Umgang mit ätzenden oder reizenden Mitteln Gummihandschuhe tragen und aufpassen, daß keine Spritzer auf die Haut, die Lippen oder in die Augen gelangen. Nicht essen, trinken oder rauchen. Fenster öffnen, wenn Sie mit Reinigungsmitteln arbeiten, die aggressive Dämpfe entwickeln können. Siehe auch Seite 40.

Verhütung von Unfällen durch Elektrogeräte

Zum Reinigen Elektrogeräte niemals unter fließendes Wasser halten, nie in Wasser eintauchen oder mit Wasser abspritzen. An Motor- und Getriebeteile darf keine Feuchtigkeit gelangen.
Bei Elektrogeräten zum Reinigen immer den Stecker aus der Steckdose ziehen. Nicht mit nassen Händen anfassen.

Umweltschutz

Das Motto »Nach uns die Sintflut« könnte für die Jetztzeit stehen, denn momentan ereignet sich in wenigen Jahrzehnten, was Abertausende von Generationen nicht fertigbrachten. Generationen, die sich mit wenig, oft sehr wenig begnügen mußten. Aber sie hatten und hinterließen eine saubere Umwelt.
Die derzeitigen Lebensumstände sind zwar besser und die hygienischen Bedingungen sind sehr gut: saubere Wohnung, reine Wäsche, gepflegte Körper. Aber der Preis ist hoch, den wir und künftige Generationen dafür zahlen müssen.
Es ist nicht damit getan, die Hersteller von Reinigungsmitteln und deren Profitgier verantwortlich zu machen, solange ihnen jeder auch noch so unsinnige Artikel abgenommen wird, den sie auf den Markt bringen.

verschmutzte Luft
Lärmbelästigung
Müllberge
Ressourcenknappheit
sterbende Gewässer

Gegen verschmutzte Luft, Lärmbelastung und Müllberge, Rohstoff- und Energieknappheit, aber mehr noch gegen sterbende Gewässer müssen wir etwas tun, und wir können es auch beim Saubermachen im Haushalt.
Was im einzelnen getan werden kann, wird in jedem Kapitel beschrieben.

Arbeitsablauf und Arbeitstechnik

Vorbereitungsarbeiten

Vor vielen Arbeiten sind erst einmal bestimmte Vorbereitungen zu treffen, bevor die eigentliche Arbeit beginnt, so auch beim Putzen und Saubermachen. Die Vorarbeiten können mehr oder weniger umfangreich sein. Umfangreich kann bedeuten, daß zusätzlich noch Ausräumarbeiten notwendig sind, bevor als übliche Vorarbeit das Herbeiholen und Bereitstellen der Arbeitsmittel erfolgt. Zur Arbeitsvorbereitung gehört auch, daß Sie sich mit Gebrauchsanweisungen und Dosiervorschriften vertraut machen, sofern Ihnen diese nicht geläufig sind. Übrigens fällt bei den Arbeiten, die eine größere Vorbereitung erfordern, meistens auch mehr Nacharbeit an.

Vorbereitungen

Ausräumen

Arbeitsmittel holen

Gebrauchsanweisungen beachten

Arbeitsdurchführung

»Viele Wege führen nach Rom« – das bedeutet, daß Sie ein Arbeitsziel auf vielerlei Wegen erreichen können.
Arbeitsverfahren unterscheiden sich darin, ob die Arbeit von Hand oder maschinell erledigt wird; ob dieses oder jenes Mittel Verwendung findet. Zusätzlich ergeben unterschiedliche Kombinationen von Mitteln und Wegen immer wieder neue Möglichkeiten.
Wirtschaftlich vernünftig ist es, mit einem geringen Aufwand an Zeit, Kraft und finanziellen Mitteln ein möglichst gutes Ergebnis zu erreichen. Da bleiben dann oft gar nicht mehr so viele Mittel und Wege, aber immer noch genug, um eingefahrene Methoden kritisch zu hinterfragen und neue, vorrangig umweltschonendere, zu erproben.

Arbeitsverfahren

Arbeitsmittel

Reihenfolge der einzelnen Arbeitsabschnitte

Je nach Verfahren und Methode kann auch die Reihenfolge der einzelnen Arbeitsabschnitte variieren. Bei vielen Arbeiten sind variable Reihenfolgen für einzelne Teilvorgänge denkbar, bei manchen Arbeiten hingegen gibt es nur eine logische Folge.
Die Reihenfolge der einzelnen Arbeitsabschnitte innerhalb einer Reinigungsarbeit wird häufig von der Überlegung bestimmt, daß vorher gereinigte Teile nicht beim Reinigen anderer Teile wieder verunreinigt werden, wodurch doppelte Reinigungsarbeit entstehen würde.
Aber bei der Festlegung einer sinnvollen Reihenfolge spielt ein weiterer Gesichtspunkt eine wichtige Rolle:

Teilvorgänge

Arbeitsabschnitte

Leerlauf und Wartezeiten

Bei vielen Arbeiten, so auch bei einer Anzahl von Reinigungsarbeiten, ist neben Arbeitsmitteln und Arbeitskraft die Zeit ein wichtiger Faktor.

Wartezeit muß nicht automatisch gleichbedeutend mit Leerlauf sein; sie braucht keinesfalls verlorene Zeit zu sein, sondern sie kann doppelt nützen, wenn sie sinnvoll ausgefüllt wird.
Beispiel: Lassen Sie die Zeit für sich arbeiten, indem Sie beispielsweise bei der Herdreinigung grobe, angetrocknete Verschmutzungen in Ihrem Backofen einweichen. In der Wartezeit können Sie eine andere Arbeit verrichten, beispielsweise Kochstellen und Schalterblende des Herdes reinigen. Sowie Sie damit fertig sind, wenden Sie sich wieder Ihrem Backofen zu, der sich jetzt mit bedeutend geringerem Kraftaufwand und Mitteleinsatz säubern läßt.

Systematisches Arbeiten

Arbeiten mit System setzt eine gewisse Planung voraus; Sie gehen bei der Arbeit folgerichtig und sinnvoll vor.

So sollten Sie arbeiten:

Arbeiten mit System

- von oben nach unten (bei senkrechten Flächen)
- Von hinten nach vorn (bei waagerechten Flächen)
- Von rechts nach links (bei allen Flächen), Linkshänder von links nach rechts
- Entgegen dem (oder im) Uhrzeigersinn

Beispiel: Eine größere waagerechte Fläche soll abgewaschen werden. In Gedanken teilen Sie diese Fläche in mehrere Teilabschnitte auf, wobei die Größe eines Abschnittes von der Reichweite Ihrer Arme bestimmt wird. Beginnen Sie mit der Reinigung bei dem am weitesten rechts liegenden Abschnitt, und wischen Sie schlangenlinienförmig von hinten nach vorn, wo Sie dann die Rückstände, wie Krümel u. ä. aufnehmen. Danach bearbeiten Sie den nächsten, links danebenliegenden Abschnitt usw.
Bei senkrechten Flächen arbeiten Sie von oben nach unten, je nach Flächengröße wieder in Teilabschnitten.

Konzept

Sind mehrere unterschiedliche Flächen (senkrechte und waagerechte) zu bearbeiten, beispielsweise beim Reinigen einer Gefriertruhe, so erstellen Sie sich gedanklich ein Konzept für systematisches Vorgehen bei der Reinigungsarbeit. Dieses könnte beim Reinigen der Gefriertruhe so aussehen, daß Sie die einzelnen Innenwände der Truhe nach den oben vorgegebenen Grundsätzen bearbeiten, zusätzlich aber noch bei der Reihenfolge der Innenwände im Uhrzeigersinn arbeiten: linke Seitenwand, Rückwand, rechte Seitenwand, Vorderwand. Natürlich kann es auch gelegentlich günstiger sein, gegen den Uhrzeigersinn zu arbeiten, etwa bei verschiedenen Arbeiten zur Fußbodenreinigung. Das Entscheidende ist letztlich, daß Sie nicht planlos arbeiten, einmal hier und einmal dort wischen, wobei manche Stellen mehrmals bearbeitet, andere aber übergangen werden.
Versuchen Sie ab sofort, nur noch systematisch zu arbeiten, dann werden auch einfache Putzarbeiten zu einer interessanten Tätigkeit.

Serienarbeit

Serienarbeit bedeutet, daß bestimmte Arbeiten oder Teilabschnitte einer Arbeit unmittelbar nacheinander verrichtet werden. Dadurch wird ein häufiger Wechsel von Arbeitsgerät vermieden, außerdem können Reinigungsmittel, Wasser und oft auch Strom eingespart werden. Natürlich können Sie noch etwas sparen, wenn Sie Serienarbeit ausführen, nämlich Zeit. In Serie geht es eben schneller.
Serienarbeit funktioniert bei fast allen Reinigungsarbeiten.

Beispiel Fensterputzen:
In allen oder zumindest mehreren Räumen werden die Fenster gleich nacheinander geputzt, so wird die einmal hergestellte Reinigungslösung optimal genutzt.

Beispiel Staubsaugen:
Mehrere Räume werden unmittelbar nacheinander gesaugt, sogar das öftere Ein- und Ausschalten des Gerätes kann entfallen.
Einige weitere Beispiele, bei denen Sie gut Serienarbeit anwenden können, sind:
Staubwischen, Reinigen von Heizkörpern, Leuchten, Türen, Möbeln, Decken, Wänden und Böden und das Pflegen der Zimmer- und Balkonpflanzen.

Arbeitstechnik

Eine rationelle Arbeitstechnik ist möglich durch die persönliche Geschicklichkeit, mit der zweckentsprechende Arbeitsmittel für eine optimale Arbeitsmethode eingesetzt werden.

Geschicklichkeit
zweckdienliche Mittel
optimale Methode

Individuelle Geschicklichkeit ist das bestimmende Element bei der Arbeitstechnik.
Jemand, der von sich behauptet, »zwei linke Hände« zu haben, will damit ausdrücken, daß er nicht besonders finger- und handfertig ist. Manuelle Fertigkeit ist aber eine Fähigkeit, die sich ausbilden läßt. Effektive Handgriffe und wirkungsvolle Arbeitsbewegungen lassen sich einüben; nur durch Üben und Tun werden Sie zum Meister, zur Meisterin.

Üben und Tun

Nacharbeiten

Arbeitsmittel wegbringen

Im günstigsten Fall brauchen Sie nur noch die gebrauchten Arbeitsmittel und -geräte an ihren festgelegten Platz zu bringen. Falls Arbeitsgerät verschmutzt wurde, sollte es vor dem Wegräumen gereinigt werden.

Ein- und Aufräumarbeiten

Bei manchen Arbeiten sind allerdings noch weitere Einräum- und Aufräumarbeiten zu erledigen.

Kontrolle

Zum Schluß sollten Sie ruhig noch einen Blick riskieren – zur Kontrolle des Arbeitsergebnisses.

Arbeits- und Reinigungsmittel

Anforderungen an Arbeitsmittel und Geräte für Reinigungsarbeiten

richtige Auswahl

Eine wichtige Voraussetzung für leichtes, schnelles und sicheres Arbeiten und für ein gutes Arbeitsergebnis ist die richtige Auswahl der Arbeitsmittel und Geräte, sowohl beim Kauf als auch bei der Verwendung für die jeweilige Reinigungsarbeit.
Staubsauger in unterschiedlichen Variationen und mit verschiedenerlei Zubehör sowie die vielfältigsten Arten von Besen, Bürsten, Schwämmen, Tüchern und sonstige Hilfsmittel sollen die Arbeit erleichtern. Um bei der Arbeit durch Zeit- und Kraftersparnis wirklich helfen zu können, müssen sie dem jeweiligen Zweck entsprechen, aus haltbarem Material gefertigt und gut verarbeitet sein.

Anforderungen

Weitere wünschenswerte Eigenschaften:
- leichte Handhabung,
- ein hohes Maß an Unfallsicherheit,
- Umweltverträglichkeit bei Herstellung, Gebrauch und Beseitigung,
- leichte Reinigung und Pflege.

Mehr zum Thema Arbeitsmittel und Geräte unter
- Besen, Bürsten Seite 221
- Schwämme Seite 225
- Tücher Seite 226
- Sonstige Hilfsmittel Seite 229
- Staubsauger Seite 133

Reinigungs- und Pflegemittel

Ganz allgemein lassen sich Putzmittel in drei Gruppen einteilen.

Reinigungsmittel
Sie dienen dazu, den Schmutz zu entfernen. Beispiele: Allzweckreiniger, Grundreiniger, Spülmittel, Scheuermittel.

Pflegemittel
Durch ihren Einsatz soll die Reinigungswirkung verstärkt und verlängert werden, indem sie die Oberfläche schützen, den Glanz erneuern oder die Farbe auffrischen. Beispiele: Selbstglanzemulsionen, verschiedene Möbelpflegemittel.

Reinigungs- und Pflegemittel in Kombination
Diese Mittel enthalten reinigende und pflegende Substanzen. Beispiele: Wischpflegemittel für Fußböden, Bohnerwachse, Möbelpflegemittel, Lederpflegemittel.

Reinigungswirkung

Die Reinigungswirkung der Putzmittel kann auf verschiedene Art und Weise erreicht werden.

Chemisch wirkende Mittel
Der Reinigungs- oder Pflegeeffekt wird überwiegend oder ganz durch den Einsatz einer chemischen Substanz erzielt.
Beispiele: Rohr- und Abflußreiniger, Silbertauchbäder.

Mechanisch wirkende Mittel
Die Reinigungswirkung wird vorwiegend durch mechanischen Einsatz, wie Scheuern oder Schleifen, in Verbindung mit dem Reinigungsmittel und einem Arbeitsmittel erreicht.
Beispiele: Scheuern von Holz- oder Aluminiumgegenständen mit einem mineralhaltigen Scheuermittel, Reinigen von Metallen mit einem verseiften Putzkissen

Chemisch und mechanisch wirkende Mittel
Reinigungs- oder Pflegeeffekt beruhen auf der Anwendung eines chemischen Mittels in Verbindung mit mechanischem Krafteinsatz wie Wischen, Reiben, Bürsten, Polieren.
Beispiele: Teppich- und Polsterreiniger, Möbelpolituren, Backofenreiniger, Fensterreiniger, Allzweckreiniger

Einkauf und Gebrauch von Reinigungsmitteln

Reinigungsmittel sind in dem Maße, in dem sich bei Verbrauchern ein Umweltbewußtsein entwickelt hat, ins Kreuzfeuer der Kritik geraten. Das ist gut so, denn oftmals wird zur Beseitigung einer bestimmten Schmutzmenge eine noch größere Menge an Wasch- oder Reinigungsmitteln eingesetzt, die dann ihrerseits die Umwelt belasten. Wirklich konsequent wäre, ganz auf Reinigungsmittel zu verzichten, doch das ist kaum zu realisieren. Trotzdem kann bei Kauf und Anwendung von Putzmitteln einiges getan werden.

Umweltbelastung

Kaufen Sie umweltverträgliche Mittel
Treffen Sie beim Kauf Ihre Entscheidung ganz bewußt für oder gegen bestimmte Mittel. Wo ein Verzicht nicht möglich ist, sollte die Wahl auf

bewußte Entscheidung

ein möglichst umweltverträgliches Putzmittel fallen. Umweltfreundliche Putzmittel gibt es entgegen anderslautenden Werbeaussagen nicht, weil alle Mittel die Umwelt mehr oder weniger belasten. Zudem können von praktisch allen Reinigern Gesundheitsgefährdungen ausgehen.

Gesundheitsgefährdungen

Laut Gesetzgeber müssen die wichtigsten Inhaltsstoffe deklariert werden. Machen Sie sich sachkundig, damit Ihnen keiner etwas vormacht.

Beachten Sie die Gefahrensymbole

Warnhinweise beachten

Besondere Vorsicht ist angebracht bei speziellen Mitteln, die giftige Substanzen in konzentrierter Form enthalten. Diese Mittel müssen mit Warnhinweisen versehen sein, die Sie in Ihrem Interesse stets genauestens beachten sollten, sofern Sie nicht ganz auf den Einsatz solcher Mittel verzichten.

Explosionsgefährlich | Brandfördernd | Leicht entzündlich | Giftig | Ätzend | Gesundheitsschädlich | Reizend

Achten Sie auf den pH-Wert

Konzentration Hautverträglichkeit

Informieren Sie sich beim Kauf auch über Konzentration und Hautverträglichkeit von Reinigungsmitteln.
Aus der Angabe des pH-Wertes können Sie ersehen, wie stark eine Säure oder eine Lauge konzentriert ist. Er hat Bedeutung für die Hautverträglichkeit eines Mittels.
Die Skala reicht von 0–14:
pH-Wert 0 bis 7: sauer
pH-Wert 7: neutral
pH-Wert 7 bis 14: alkalisch

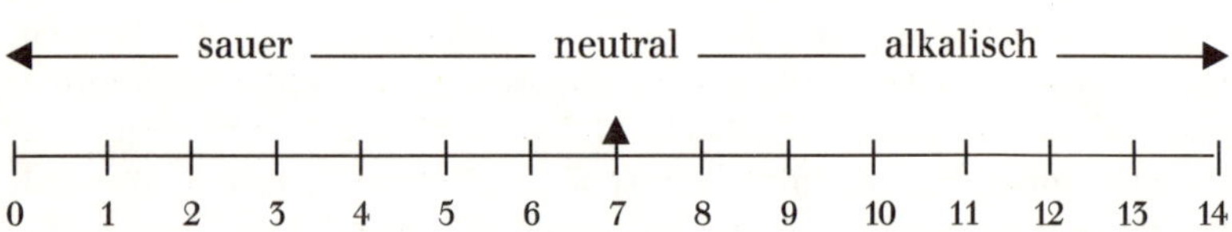

Starke Laugen und starke Säuren wirken ätzend. Seifen und Allzweckreiniger haben einen pH-Wert um 9 oder 10 (alkalisch), Neutralreiniger liegen im hautfreundlichen Bereich von etwa 7, aber auch schwach sauere Reinigungsmittel sind noch hautfreundlich.

Bei der Haushaltsreinigung werden stark säurehaltige Mittel vor allem zur Entfernung von Kalkablagerungen und Metalloxiden (beispielsweise Rost) eingesetzt: Säuren
Entkalkungsmittel, WC-Reiniger, Bad- und Wannenreiniger, Klarspüler für Spülmaschinen.

Starke Laugen (Alkalien) sind wirksam gegen fett- und eiweißhaltige Verschmutzungen: Alkalien
Maschinengeschirrspülmittel, Sanitärreiniger, Grill- und Backofenreiniger, Schmierseife, verschiedene Allzweckreiniger.

Achten Sie auch auf die Verpackung
Überflüssige und aufwendige Verpackungen, oft in doppelter oder gar dreifacher Ausfertigung, belasten bei Herstellung und Beseitigung unnötig die Umwelt. Dies kann auch zutreffen auf das Material der Verpackung. z. B. auf Kunststoffverpackungen sowie Spraydosen aus Aluminium oder Weißblech. Material
Unnötiges Verpackungsmaterial erstehen Sie auch beim oftmaligen Kauf von Reinigern in kleinen Verpackungseinheiten, wo eventuell eine Großpackung angebrachter wäre. Ist dagegen nur ein geringer Bedarf vorhanden, etwa in einem kleinen Haushalt, sollten Reinigungsmittel keinesfalls gehortet werden. Konzentrate reduzieren ebenfalls den Verbrauch an Verpackungsmaterialien. Konzentrate
Konzentrierte Reiniger, aber auch solche mit problematischen Inhaltsstoffen, sollten sicher verpackt sein. Ein kindersicherer Verschluß müßte für Behälter scharfer Mittel selbstverständlich sein, ebenso der Aufdruck von Warnhinweisen. Warnhinweise
Generell sollten Verpackungen ein leichtes Entnehmen ermöglichen und sich nach Gebrauch wieder einfach und dicht verschließen lassen.
Verzichten Sie auf Sprays. Ist dies nicht möglich, verwenden Sie Sprays ohne FCKW. Umweltverträglicher sind Sprühflaschen mit Pumpzerstäuber. Sprays

Achten Sie nicht auf Werbesprüche
Wenn Ihnen die Werbung suggeriert, daß Sie unbedingt das Desinfektionsmittel xy kaufen müssen, um den überall lauernden Viren Einhalt zu gebieten, oder daß Sie nur etwas Zisch-frisch versprühen müssen, um saubere Luft zu bekommen – lassen Sie sich nichts weismachen. Es ist kein Makel, auf bestimmte Mittel zu verzichten.

Treffen Sie die richtige Auswahl
- »Bio«-Produkte sind oftmals nicht umweltverträglicher als viele der üblichen Produkte. Tip: Inhaltsstoffe studieren.
- Billige Putzmittel sind häufig nicht schlechter als teuere.
- Verzichten Sie so weit wie möglich auf den Kauf von Spezialmitteln.
- Die Auswahl des Reinigungsmittels richtet sich nach Grad und Art der Verschmutzung sowie nach Material und Oberflächenbeschaffenheit des zu reinigenden Gegenstandes.

- Vor Anwendung eines scharfen Reinigungsmittels überlegen, ob nicht auch andere Faktoren eingesetzt werden können, wie
  Kraft/Mechanik (Abwischen, Abbürsten, Staubsaugen)
  Wasser (Abwischen, Abwaschen, Bürsten)
  Temperatur (warmes oder heißes Wasser)
  Zeit (Vorweichen, längeres Bearbeiten)

Sinnerkreis

Denkbar sind auch verschiedene Kombinationen, bei Bedarf in Verbindung mit einem Putzmittel.

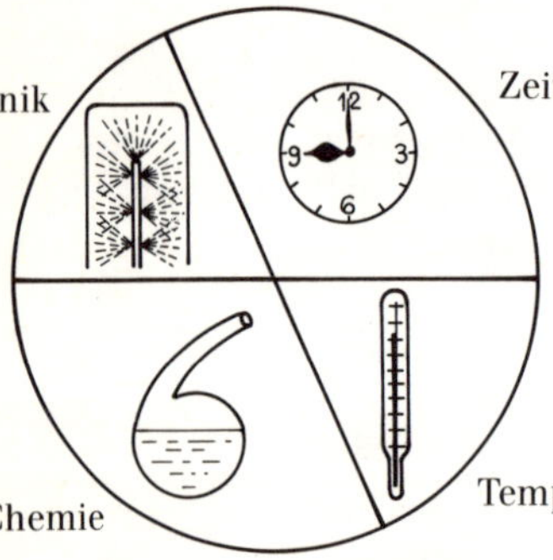

maschinelles Spülen

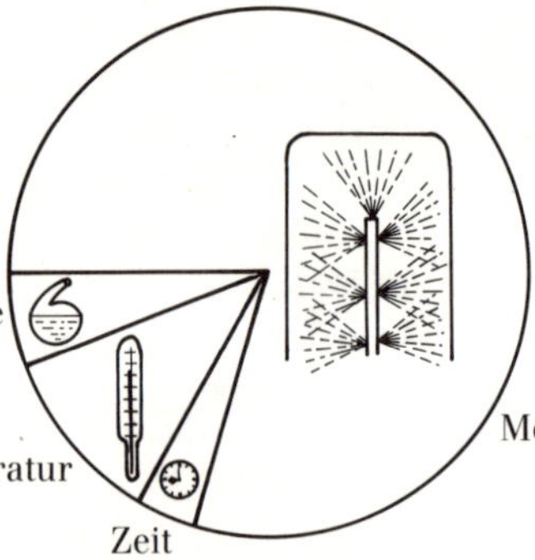

manuelles Spülen

Achten Sie auf Gebrauchsanleitung, Dosiervorschriften und Sicherheit

- Flüssige Reinigungsmittel vor Gebrauch schütteln, damit die Inhaltsstoffe sich gleichmäßig verteilen.
- Nie mehrere Mittel gleichzeitig anwenden oder mischen.
- Die Mittel nie überdosieren; im Zweifelsfall unter der angegebenen Menge bleiben. Auch bei Verwendung alternativer Reinigungsmittel nicht überdosieren.
- Putzmittel während der Arbeit nie offen und für Kinder erreichbar herumstehen lassen.
- Bei der Anwendung lösungsmittelhaltiger Produkte das Fenster öffnen.
- In geeigneter, schützender Kleidung arbeiten (Gummihandschuhe, geschlossene rutschfeste Schuhe).
- Beim Umgang mit Putzmitteln nach Möglichkeit nicht essen, trinken oder rauchen. Vor allem beim Umgang mit lösungsmittelhaltigen Produkten offene Flamme meiden.
- Nach Entnahme Dosen, Flaschen, Packungen und Tuben verschließen, um Austrocknen oder Verklumpen der Reinigungsmittel zu vermeiden.
- Putzmittel trocken und bei richtiger Temperatur lagern.
- In Originalverpackung und vor Kinderhänden geschützt aufbewahren; sollte Umfüllen erforderlich sein, keine Behälter verwenden, die

zu Verwechslungen mit anderen Putzmitteln oder gar Lebensmitteln führen können. Außerdem die neue Packung deutlich sichtbar beschriften.
- Auch leere Putzmittelpackungen Kindern nicht zum Spielen geben, sondern sofort beseitigen.

Inhaltsstoffe von Reinigungsmitteln

Tenside

reinigungsaktive Substanzen

Tenside sind als reinigungsaktive Substanzen die wichtigsten Bestandteile von Reinigungsmitteln. Das älteste und bekannteste Tensid ist die Seife, ein anionisches Tensid, hergestellt aus Fett und Natronlauge oder Kalilauge. Heute werden Tenside überwiegend synthetisch produziert aus Erdöl, Kohle und Calcium-Karbid.

Seifen

Gruppen

Es wird zwischen mehreren Tensid-Gruppen unterschieden: anionische Tenside, nichtionische Tenside, amphotere Tenside und kationische Tenside. Die beiden erstgenannten Gruppen kommen in Reinigungsmitteln am häufigsten vor, meist als Kombination.
Tenside setzen die Oberflächenspannung des Wassers herab, wodurch es die verunreinigte Oberfläche benetzen und durchdringen kann. Die Schmutzpartikel werden von der Oberfläche gelöst, abgehoben und in der Schwebe gehalten. Dadurch können selbst fetthaltige Schmutzteilchen nicht mehr auf die Oberfläche von gereinigten Gegenständen aufziehen.
Abbauprodukte bestimmter Tenside sind in höheren Konzentrationen fisch- und pflanzengiftig.
Das Problem der Umweltverträglichkeit scheint bei einer neuen Tensidgeneration gelöst. Sie basiert auf den Rohstoffen Kokosöl und Stärke. Ihr größter Vorteil ist, daß sie vollkommen abgebaut werden und keine nicht abbaubaren Zwischenprodukte entstehen.

Gerüststoffe

= Enthärter

Gerüststoffe (auch Komplexbildner, Builder) wirken als Enthärter, indem sie die für die Wasserhärte verantwortlichen Calcium- und Magnesium-Ionen binden. Außerdem verhindern sie Ablagerungen von Kalk und Schmutz und unterstützen so die Tenside in ihrer Funktion.

Die bekanntesten Gerüststoffe:

Phosphate
Sie wurden inzwischen weitgehend durch Ersatzstoffe abgelöst; wo auf ihren Einsatz nicht verzichtet werden kann, müssen festgelegte Höchstgrenzen eingehalten werden. Die an sich ungiftigen Phosphate führen

durch Überdüngung der Gewässer zu einem übermäßigen Wachstum von Wasserpflanzen (Eutrophierung). Diese entziehen beim Absterben und Zersetzen dem Wasser Sauerstoff, es kommt zum »Umkippen« des Gewässers und zum Fischsterben.

Natrium-Aluminium-Silikat
Natrium-Aluminium-Silikat, auch unter dem Begriff Zeolith bekannt, ist der bekannteste Phosphat-Ersatzstoff. Es übernimmt im Reinigungsmittel die wasserenthärtende Aufgabe der Phosphate, ohne jedoch die anderen Funktionen voll zu ersetzen. Dieser Mangel wird oft durch Zugabe anderer, manchmal problematischer Gerüststoffe kompensiert. Ähnlich gewässerbelastende Auswirkungen wie durch Phosphate treten bei Verwendung von Zeolith nicht auf, das feinkörnige Mineral lagert sich allerdings im Klärschlamm ab, bevor es langsam umgewandelt wird.

Polycarboxylate/Polycarbonsäuren
Sie dienen hauptsächlich in Waschmitteln als Phosphat-Ersatzstoffe, die das Wasser enthärten und Ablagerungen verhindern. Nach dem derzeitigem Stand der Forschung sind sie ökologisch unbedenklich für Wasserlebewesen, sie reichern sich aber im Klärschlamm an und bauen sich nur schwer ab.

Citrate
Die Salze der Zitronensäure haben ebenfalls die Eigenschaft, härtebildende Calcium- und Magnesiumionen zu binden. Sie besitzen eine sehr gute biologische Abbaubarkeit.

Carbonate
Das als Soda bekannte Natriumcarbonat und das als Pottasche bezeichnete Kaliumcarbonat, um zwei Beispiele zu nennen, unterstützen als alkalische Salze die Tenside in ihrer Wirkung. Zudem verbessern Carbonate die Eigenschaften pulverförmiger Reinigungsmittel. Carbonate sind im großen und ganzen für Gewässer unproblematische Stoffe, abgesehen von ihrem Beitrag zur Salzbelastung.

Alkalisch reagierende Salze, Alkalien

Zu diesen Mineralsalzen zählen außer den bereits erwähnten Carbonaten und den Natrium-Aluminium-Silikaten noch weitere Carbonate, Silikate, Borate und einige Phosphate.
Stark alkalisch wirken die wäßrigen Lösungen von Basen, beispielsweise Natronlauge (Base: Natriumhydroxid) und Kalilauge (Base: Kaliumhydroxid) sowie Ammoniakwasser = Salmiakgeist (Base: Ammoniak).

Je stärker diese Lösungen konzentriert sind, desto größer ist das Gefährdungspotential für Gesundheit und Umwelt (siehe auch unter pH-Wert, Seite 40). Auch Materialschäden durch Korrosion sind bei hohen Konzentrationen möglich.

Reinigungsverstärkung

Alkalisch wirkende Inhaltsstoffe verstärken bei Reinigungsmitteln deren Reinigungskraft, insbesondere gegenüber eiweiß- und fetthaltigen Verschmutzungen.

Säuren

Hierbei wird unterschieden zwischen anorganischen (mineralischen) Säuren (Phosphor-, Salz-, Schwefelsäure, u. a.) und organischen Säuren (wie Ameisen-, Milch-, Essig- und Zitronensäure).

Entfernung von Kalkablagerungen, Verfärbungen Metalloxiden

In käuflichen Haushaltsreinigern werden heute überwiegend Zitronensäure, Essigsäure und verschiedentlich Milchsäure verwendet. Säuren werden überall dort eingesetzt, wo es gilt, Kalkablagerungen, Verfärbungen (»Anlaufen«) und Metalloxide zu entfernen: in Entkalkungsmitteln, WC-Reinigern, in einigen Metallputzmitteln und in Maschinen-Klarspülmitteln. In Klarspülern verhelfen sie zu rückstandsfreiem und damit glänzendem Auftrocknen.

Bei unsachgemäßem Gebrauch können säurehaltige Reinigungsmittel zu schweren Verätzungen führen (siehe auch Seite 40, pH-Wert).

Aus ökologischer Sicht sind die heute für Reinigungsmittel üblichen Säuren bei vernünftiger Dosierung vertretbar, da sie biologisch gut abbaubar sind.

Abrasivkomponenten

Scheuerwirkung

Scheuermittel enthalten unterschiedliche wasserunlösliche Mineralmehle. Die Scheuerwirkung ist um so größer, je härter und gröber das Mineral ist. Der Verbraucher erwartet, daß Scheuermittel den Schmutz gut entfernen und trotzdem die Oberflächen von Gegenständen optimal schonen. Nicht immer lassen sich diese Forderungen vereinbaren, weshalb die Industrie Scheuermittel in pulverisierter und flüssiger Form anbietet. So kommt in der schonenderen Scheuermilch überwiegend das weichere Marmormehl zum Einsatz, während in pulverförmigen Mitteln das härtere Quarzmehl verarbeitet wird. Weitere Scheuermittel: Bimssteinpulver, Schlämmkreide, Wiener Kalk, Magnesia, Bolus, Pariser Rot.

Aus ökologischer Sicht gehören Scheuermittel zu den unproblematischen Reinigern, da sie sich in Kläranlagen zusammen mit dem Klärschlamm aus dem Abwasser entfernen lassen.

Bleichmittel

Für Haushaltsreiniger werden vornehmlich Bleichmittel auf Sauerstoffbasis (Natriumperborat), verschiedentlich noch Bleichmittel auf Chlorbasis (Natrium-Hypochlorit, Chlorbleichlauge) verwendet.

unterstützen Reinigungseffekt

Bleichende Mittel unterstützen den Reinigungseffekt bei Sanitärreinigern, Maschinen-Geschirrspülmitteln, Fleckentfernern und einigen Scheuermitteln, indem sie farbige Verfleckungen entfernen und unangenehme Gerüche beseitigen. Zusätzlich haben Chlorbleichen eine

desinfizierende Wirkung

desinfizierende Wirkung. Flüssige Chlorbleichen benötigen zu ihrer Haltbarkeit ein alkalisches Milieu, wodurch Sanitärreiniger und Maschinen-Geschirrspülmittel zu aggressiven Reinigern werden. Beim Zusammentreffen mit Säuren entwickeln diese Reiniger giftiges Chlorgas, wenn z. B. säurehaltige WC-Reiniger und chlorhaltige Sanitärreiniger zusammen angewendet werden.

Lösungsmittel

Grundsätzlich zählen hierzu auch Wasser und wasserlösliche Lösungsmittel, etwa Tenside. Nichtsdestoweniger sind im allgemeinen nur die organischen Lösungsmittel gemeint, wenn davon die Rede ist.

Erweichen, Ablösen von Verschmutzungen

Organische Lösungsmittel eignen sich besonders gut zum Erweichen und Ablösen fester und hartnäckiger Verschmutzungen, wie Fette, Öle, Lack- und Farbreste, Harze, Teer, Wachse und Klebstoffe.

Gruppen

Die in Reinigern und Fleckentfernern gebräuchlichen Lösungsmittel gehören zu folgenden Gruppen:
- Alkohole, z. B. Ethanol (Spiritus), Isopropanol
- Glykole
- Ester
- Aromatische Kohlenwasserstoffe (Aromaten), z. B. Toluol, Xylol
- Aliphatische Kohlenwasserstoffe (Aliphaten), z. B. Testbenzin (= Terpentinersatz)
- Benzin- und Terpenkohlenwasserstoffe, z. B. Benzin, Terpentinöl
- Chlorierte Kohlenwasserstoffe (CKW), z.B. Tetrachlorkohlenstoff (»Tetra«), Trichlorethylen (»Tri«), Perchlorethylen (»Per«)
- Ketone, z. B. Aceton

Lösungsmittelreiniger

Lösungsmittelreiniger bestehen entweder nur aus einem Lösungsmittel pur oder aus einer Mischung mehrerer Lösungsmittel.
Beispiele:
Spiritus, Testbenzin, Terpentinöl und Fleckenwasser.

In lösungsmittelhaltigen Reinigern dagegen sind die Lösungsmittel meist in einer wachshaltigen Mischung oder in einer wäßrigen Lösung emulgiert. Art und Konzentration der Lösungsmittel können dabei sehr unterschiedlich sein.

lösungsmittelhaltige Reiniger

Beispiele:
Bohnerwachse, Lederpflegemittel, Möbelpolituren, Metallputzmittel, Grundreiniger für Fußböden.

Bei der Anwendung ist zu beachten, daß Lösungsmittelreiniger und lösungsmittelhaltige Reiniger nicht auf lösungsmittelempfindlichen Oberflächen (PVC) zum Einsatz kommen dürfen.
Von Lösungsmitteln können beträchtliche Gefährdungen für Gesundheit und Umwelt ausgehen. Viele sind entzündlich und feuergefährlich. Außerdem verflüchtigen sie sich während und nach der Anwendung, so daß ihre Dämpfe in die Raumluft und damit über die Atmung in den Körper gelangen. Von Lösungsmitteln, die in wäßrigen Lösungen emulgiert sind, gehen im allgemeinen weniger Gefährdungen aus.
Aus ökologischer Sicht belasten alle Lösungsmittel Luft und Gewässer mehr oder weniger stark; gut abbaubar sind aber Alkohole und Glykole.

Gefährdungen für Gesundheit und Umwelt

Lösungsvermittler (Hydrotrope)

Lösungsvermittler werden in flüssigen Reinigungsmitteln eingesetzt, um die Löslichkeit und damit die Wirksamkeit verschiedener reinigungsaktiver Substanzen (z. B. Tenside und organische Lösungsmittel) untereinander zu verbessern oder überhaupt erst zu erreichen. Als Lösungsvermittler können sowohl Lösungsmittel wie Alkohole und Glykole, als auch andere Stoffe (Tenside, Sulfonate, Harnstoff) dienen. Es können die gleichen gesundheitlichen und ökologischen Nachteile auftreten wie bei Lösungsmitteln oder Tensiden.

verbessern Löslichkeit anderer Substanzen

Emulgatoren

Emulgatoren sind Hilfsstoffe bei der Herstellung von Emulsionen. Sie bewirken die feinste Verteilung einer Flüssigkeit in einer anderen, nicht mit ihr mischbaren Flüssigkeit. Bei Reinigungsmitteln handelt es sich meist um die Feinstverteilung von Fetten und Ölen, Wachsen und Kunststoffen in wäßrigen Lösungen.

vermischen Flüssigkeiten

Duftstoffe

Sie haben die Aufgabe, unangenehme Eigengerüche von Produkten und Fremdgerüche von Schmutz und Reinigungslösung zu überdecken. Außerdem sollen gereinigte Gegenstände einen Geruch von Sauberkeit

angenehmer Geruch

und Frische vermitteln. Mit wenigen Ausnahmen enthalten alle Reinigungsmittel Duftstoffe (Parfümöle), wenn auch zum Teil in sehr geringen Mengen. Negativbeispiel für diesen Zusatz sind WC-Produkte, für die meist größere Mengen verwendet werden, als Nase und Umwelt guttun.
Aufgrund ihrer Flüchtigkeit belasten Duftstoffe bei Entfaltung ihrer Wirkung die Umwelt kaum, aber es sollte auch bedacht werden, daß Gewinnung und Verarbeitung selbst harmloser Inhaltsstoffe die Umwelt belasten, und sei es nur durch Energieverbrauch.

Farbstoffe

ansprechendes Aussehen

Um Reinigungsmitteln ein ansprechendes Aussehen zu verleihen, kommen in relativ geringer Menge und Konzentration Farbstoffe zum Einsatz. Für den Reinigungseffekt sind sie ebensowenig von Bedeutung wie die Duftstoffe. In ihrer Summe tragen die Farbstoffe unnötig zur Umweltbelastung bei, zumal sie größtenteils nicht oder nur schwer abbaubar sind.

Konservierungsmittel

verbesserte Haltbarkeit

Die Haltbarkeit von flüssigen und pastösen Reinigern kann durch Pilze und Bakterien Einbußen erleiden. Damit diese Reinigungsmittel bis zum letzten Tropfen gebrauchstauglich bleiben, werden den Produkten Konservierungsstoffe zugesetzt. Das können Alkohole, Alkalien oder Säuren sein, aber auch andere Chemikalien (z. B. Formaldehyd) mit unterschiedlicher Abbaubarkeit.

Korrosionsinhibitoren

hemmen Rostbildung

Diese Stoffe hemmen die Bildung von Korrosionen, z. B. Rost. Die unter alkalischen Salzen aufgeführten Silikate fungieren in Maschinen-Geschirrspülmitteln als Korrosionsverhinderer, aber denkbar sind auch andere chemische Stoffe mit unterschiedlicher Abbaubarkeit.

Treibgas

Bei Reinigern in Spraydosen wird der ozonschädigende Fluorchlorkohlenwasserstoff (kurz FCKW) inzwischen zunehmend von Mischungen aus Propan und Butan abgelöst. Umweltverträglicher als Spraydosen sind Sprühflaschen mit Pumpvorrichtung.

Stellmittel, Hilfsstoffe

Sie verbessern bei pulverförmigen Reinigern die Eigenschaften des Produktes, wie etwa Rieselfähigkeit und Verhinderung von Staub- und Klumpenbildung. Bei pastösen und flüssigen Reinigungsmitteln wirken sie konsistenzgebend oder -verbessernd. Bekannte Vertreter sind Natriumsulfat (Glaubersalz) und Natriumchlorid (Kochsalz). Diese Salze sind in den üblichen Mengenanteilen relativ unbedenklich für Wasserorganismen, sie belasten aber in ihrer Gesamtheit das Wasser. Als Hilfsmittel kommen für die verschiedensten Erfordernisse noch eine Reihe weiterer Stoffe in Frage, wovon einige unter dem jeweiligen Reinigungsmittel aufgeführt sind.

verbessern Eigenschaften

Reinigungsmittel von A–Z

Bei der nachfolgenden Beschreibung der Reinigungsmittel ist zu bedenken, daß die Angabe der Inhaltsstoffe nur ungefähr möglich ist, denn die Rezepturen sind je nach Hersteller unterschiedlich. Überdies werden die Rezepturen laufend umgestellt, häufig den Erfordernissen der Zeit entsprechend, was dann positiv zu bewerten ist, wenn dadurch die Mittel verträglicher für Umwelt und Gesundheit werden.

Rezepturen

Nicht nur bei einigen Reinigungsmitteln mit problematischen Inhaltsstoffen wird in diesem Buch ein Verzicht empfohlen oder werden Alternativen aufgezeigt, sondern auch bei Mitteln mit relativ harmlosen Inhaltsstoffen, wenn deren Nützlichkeit fragwürdig ist. Auch zur Herstellung scheinbar harmloser Produkte werden Rohstoffe und Energie verbraucht, bevor sie nach Anwendung in irgendeiner Form die Umwelt mehr oder weniger belasten. Andererseits gibt es manchmal für Reinigungsmittel mit bedenklichen Inhaltsstoffen leider keine Alternativen.

Alternativen

Abfluß- und Rohrreiniger

nicht empfehlenswert

Die flüssigen oder pulverförmigen Mittel sollen Verstopfungen beseitigen und dabei Seifenrückstände, Haare, Kalkstein, Fett und Speisereste lösen. Um das zu schaffen, sind »schwere Geschütze« notwendig, die nicht nur umweltbelastend und gesundheitsgefährdend sind, sondern bei häufigerer Verwendung auch die Rohre angreifen.

Inhaltsstoffe: starke Alkalien oder Natriumhypochlorit, Tenside, Gerüststoffe, Hilfsstoffe, z. T. Aluminium, das mit Alkalien eine chemische Reaktion unter Gasbildung hervorruft, wodurch die Schmutzverbände mechanisch gelockert werden.

Abfallbehälter
Saugglocke
Reinigungsspirale

Alternativen: vorbeugend Abfallbehälter in Bad und Küche aufstellen und nutzen. Ist eine Verstopfung eingetreten, sollten Saugglocke oder Reinigungsspirale den aggressiven chemischen Mitteln vorgezogen werden. Evtl. Siphon auseinandernehmen.
Anwendung der Saugglocke siehe Seite 94.

empfehlenswert

Allzweckreiniger

Diese auch als Haushalts- oder Universalreiniger bezeichneten Mittel auf Tensid- oder Seifenbasis eignen sich für alle abwaschbaren Oberflächen wie Glas, Keramik, Kunststoffe, lackiertes Holz, Email und Stein. Angeboten werden sie meist in flüssiger Form, seltener als Pulver. Bei normaler Verschmutzung kommen sie als Reinigungslösung mit Wasser verdünnt zum Einsatz. Starke Verunreinigungen können auch mit dem Reiniger pur bearbeitet werden. Nur bei unverdünnter Anwendung braucht nachgewischt oder nachgespült zu werden.
Allzweckreiniger sind meist leicht alkalisch, seltener auch leicht sauer eingestellt. Neutral eingestellte Allzweckreiniger: siehe unter Neutralreiniger, Seite 61. Seifenreiniger Seite 64.
Inhaltsstoffe: Tenside, Gerüststoffe, Farb-, Duft- und Hilfsstoffe, z. T. Alkohole oder Salmiak oder Essigsäure.
Alternativen: Für vernünftig angewandte Allzweckreiniger keine, zumal sie die Abwässer relativ gering belasten.

nicht empfehlenswert

Backofen- und Grillreiniger

Um die in der Regel angebrannten und verkohlten Verkrustungen zu lösen, sind diese Mittel stark alkalisch eingestellt mit einem pH-Wert von 12–14 und damit ätzend. Es sollte bei ausreichender Belüftung und mit Gummihandschuhen gearbeitet werden. Die Reiniger kommen unverdünnt zur Anwendung, indem der Backofen- oder Grillinnenraum direkt angesprüht wird. Entgegen manchen Gebrauchsanweisungen ist es sicherer, den Backofen erst nach dem Aufbringen des Mittels zu erhitzen, da sich unter Hitzeeinwirkung schädliche Dämpfe bilden. Nach einer gewissen Einwirkzeit, in der die Verkrustungen aufquellen und sich lösen sollen, werden die Rückstände mit einem Tuch aufgenommen und mit klarem Wasser nachgewischt.
Inhaltsstoffe: Tenside, Alkalien, Lösungsmittel, Lösungsvermittler, Duftstoffe, zum Teil Treibgas.
Alternativen: geeignete Vorsorgemaßnahmen, wie unter Backofenreinigung (siehe Seite 166).

Mechanische Reinigung mit Scheuermilch und -schwamm oder Bürste (mit Spülmittel- oder Schmierseifenlösung vorweichen), ist vorzuziehen. Häufig müssen ohnehin nach Anwendung von Backofen- und Grillreinigern noch vorhandene Verkrustungen mit Scheuerschwamm oder Bürste nachbehandelt werden.

Bad- und Wannenreiniger

bedingt empfehlenswert

Bad- und Wannenreiniger sind meist als Schäume konzipierte Mittel, die Verschmutzungen und Kalkbeläge von Kacheln, Armaturen und Becken entfernen sollen. Bei der Anwendung werden auch schwer zugängliche Stellen erreicht; außerdem haftet der stabile Schaum insbesondere an senkrechten Flächen besser als eine flüssige Reinigungslösung, wodurch das Mittel länger auf Verschmutzungen einwirken kann.
Inhaltsstoffe: Tenside, Säure, Gerüststoffe, Lösungsmittel, Farb-, Duft- und Hilfsstoffe, Treibgase.
Alternativen: Reinigerlösung mit Allzweckreiniger, gegen Kalkablagerungen ein Schuß Essig (30–50 ml auf 5 l Wasser) als Zusatz.
Säurehaltige Mittel (Bad- und Wannenreiniger, Reinigungslösungen mit Essigsäure-Zusatz) eignen sich nicht für säureempfindliche Oberflächen (z. B. Marmor) oder bereits beschädigte, verchromte Armaturen, weil sich Grünspan bilden kann.

Desinfektionsmittel, Sterilisationsbäder

nicht empfehlenswert

Nach Ansicht des Bundesgesundheitsamtes ist die routinemäßige Anwendung von Desinfektionsmitteln oder desinfizierenden Reinigern im normalen Haushalt nicht sinnvoll.
Die meisten Mikroorganismen sind harmlos, der Mensch braucht die Auseinandersetzung mit ihnen, um ein intaktes Immunsystem auszubilden und zu erhalten. Eine vollkommene Desinfektion ist niemals und erst recht nicht auf Dauer möglich und auch nicht nötig.
Mögliche Inhaltsstoffe: Natriumchlorid, Natriumhypochlorit, Formaldehyd, Tenside, Jod, Kresol

Sauberkeit, Hygiene

Alternativen: allgemeine Sauberkeit, wie Händewaschen, Handtuchwechsel und Beachtung von Hygienemaßnahmen in der Küche (Arbeitsplätze, Gerät und Geschirr sauberhalten, Wechsel von Spül- und Küchentüchern usw.), Babyflaschen mit heißem Wasser spülen, Sauger auskochen. (Siehe auch unter Sanitärreiniger, Seite 62.)

Entkalkungsmittel

bedingt empfehlenswert

Beim Erhitzen kalkhaltigen Wassers entstehen Kalkablagerungen. Sie setzen sich als harter Belag, »Kesselstein«, im Innern von Elektrogerä-

ten wie Kaffeemaschinen und Dampfbügeleisen fest. Um diese Ablagerungen zu entfernen, sind stark säurehaltige Mittel notwendig. Teilweise werden stark ätzende Säuren in Entkalkungsmitteln verwendet.
Inhaltsstoffe: organische oder anorganische Säuren, Duft- und Farbstoffe, Hilfsstoffe.
Alternativen: Verwendung von verdünntem Essig bei weit geöffnetem Fenster oder im Freien, z. B. auf dem Balkon.
Ungefährlicher und damit empfehlenswerter ist das Entkalken mit einem käuflichen Mittel auf der Basis von Zitronensäure, weil hierbei keine aggressiven Dämpfe entstehen (Anwendung bei Dampfbügeleisen siehe Seite 146, Kaffeemaschine siehe Seite 172.)

empfehlenswert

Essig

Essigsäure ist ein wirksames Mittel gegen Kalk- und Urinsteinablagerungen. Wenn Essig als Reinigungsmittel angegeben wird, bezieht sich diese Angabe auf 5%igen Essig. Zu empfehlen ist einfacher Tafelessig (Branntweinessig) ohne geschmacksverbessernde Zusätze.
Essigessenz mit einem Säuregehalt von 25% wird, verdünnt mit der vierfachen Menge Wasser, zu 5%igem Essig.
Der Zusatz von »einem Schuß« Essig zu einer Reingigungslösung meint etwa 30–50 ml auf 5 l Wasser; bei geringerer Wassermenge weniger nehmen. Keinesfalls großzügig dosieren in der Annahme, Essig sei umweltfreundlich.

bedingt empfehlenswert

Fensterputzmittel

Diese Spezialreiniger kommen in Betracht für alle Glas- und Glaskeramikflächen, Spiegel und glasierte Fliesen. Sie sollen gegen Staub und fettige Verschmutzungen ebenso wirksam sein wie gegen Tropfenränder, Fliegenschmutz und Fingerabdrücke. Es finden sich zwei Handelsformen:

Sprühreiniger und sogenannte Fensterwäschen

Erstere werden einfach auf die obere Scheibenhälfte aufgesprüht, dann wird die ganze Scheibe mit einem nichtfusselnden Tuch (Vlies- oder Halbleinentuch, Haushaltskrepp) so lange nachgerieben, bis alle Verschmutzungen aufgenommen sind. Soll der Rahmen auch gereinigt werden, so geschieht dies vorher, jedoch ist zu beachten, daß der Reiniger nie direkt mit lackiertem Holz oder lackierten Oberflächen in Berührung kommen darf. Vielmehr wird das Mittel auf ein feuchtes Tuch gesprüht, bevor der lackierte Gegenstand damit abgewischt wird. Sprühreiniger sind allenfalls für die »Zwischendurch«-Reinigung akzeptabel.

Fensterwäschen werden nach Dosiervorschrift in warmes Wasser gegeben, wodurch eine gebrauchsfertige Reinigungslösung entsteht. Sie eignen sich für Glas, Rahmen und Fensterbänke, außerdem für Fliesen, Glas- und Kunststoffmöbel.
Inhaltsstoffe: Alkohole (Spiritus), Glykole, Tenside, zum Teil Essig, Ammoniak, Farb- und Duftstoffe, Hilfsstoffe.
Alternativen: Fenster nicht zu häufig putzen, nicht zuviel Reinigungslösung herstellen. Selbstherstellung von Reinigungslösung (Warmwasser, einige Tropfen Spülmittel und ein Schuß Essig oder Spiritus).

Fleckentferner

bedingt empfehlenswert

Manchmal kann auf den Einsatz dieser Mittel auch bei der Haushaltspflege nicht verzichtet werden, denn es ist immerhin sinnvoller, Flecke aus Polstern oder Teppichen zu entfernen, als die Textilien schließlich wegzuwerfen. Überdies werden Fleckenmittel nur sporadisch und flächenmäßig begrenzt angewandt.
Alle Mittel zur Fleckentfernung enthalten Substanzen, die für die Gesundheit und die Umwelt nicht ungefährlich sind, deshalb bei geöffnetem Fenster oder im Freien arbeiten (siehe auch Seite 110).
Inhaltsstoffe: Fleckenwasser besteht aus einem Lösungsmittelgemisch, seltener aus einem einzigen Lösungsmittel pur. Bei Stiften, Seifen und Pasten sind die Inhaltsstoffe oft sehr verschieden, da die Mittel häufig auf die Entfernung spezieller Flecke abgestimmt sind. Fleckenwasser
Fleckensprays (Flecklöser) speziell für Polsterstoffe und Teppiche enthalten Tenside, Polymere, Treibgas und einen Konservierungsstoff. Die Polymere bilden nach der Fleckentfernung und dem Trocknen auf Polster oder Teppich einen Film, der schnelles Wiederanschmutzen verhindern soll. Fleckenspray
Alternativen: Klares Wasser oder warmes Wasser plus Seife, z. B. bleichende Gallseife oder spezielle Fleckenseife (siehe dazu auch S. 54).

empfehlenswert

Gallseife

Diese Spezialseife ist ein altbekanntes Mittel mit bleichender Wirkung zur Entfernung von Fett-, Obst-, Wein- und Tintenflecken aus farbechten Teppichen, Polstern und Textilien. Wegen der Bleichwirkung sollte vor der Anwendung die Farbechtheit von Polster oder Teppich geprüft werden (siehe Seite 110).
Zur Fleckentfernung wird die Stelle mit der angefeuchteten Seife abgerieben, bevor mit möglichst warmem, klaren Wasser nachgerieben wird. Bei Bedarf wiederholen.
Inhaltsstoffe: Seife, konzentrierte Rindergalle.

bedingt empfehlenswert

Fußboden-Reinigungs- und -Pflegemittel

Nicht wenige Verbraucher verwirrt die Vielfalt der angebotenen Mittel zur Reinigung und Pflege von Fußböden. Dabei genügt für die Reinigung normal verschmutzter Fußböden meist Wasser, oder Wasser plus Neutralreiniger bzw. neutraler Allzweckreiniger. Ausnahme: unversiegeltes Parkett, das nicht mit Wasser gereinigt werden sollte.

Grundreiniger (Speziallöser)

Vor allem, wenn alte Pflegemittelschichten zu entfernen sind, aber auch bei sehr starken Verschmutzungen, kann manchmal nicht auf scharfe, lösungsmittelhaltige Grundreiniger verzichtet werden.
Sie eignen sich für alle Böden mit Ausnahme von Holzböden und Asphalt-Fliesen. Bei empfindlichen Böden wird der Grundreiniger verdünnt angewendet. Mittels Schrubber wird er auf dem nassen Fußboden verteilt. Nach einer mindestens zehnminütigen Einwirkzeit, in der das Mittel nicht auftrocknen darf (mit nassem Schrubber überbürsten oder abschnittweise arbeiten), werden die aufgeweichten Schichten mit dem Schrubber bearbeitet, danach mit einem Putztuch aufgenommen. Stets mit klarem Wasser nachwischen.
Inhaltsstoffe: Tenside, Lösungsmittel, Alkalien, z. B. Ammoniak, Duftstoffe.
Alternativen: geeignete Vorsorgemaßnahmen, wie Verzicht auf schichtenbildende Pflegemittel, Anwendungshäufigkeit einschränken.

Wischpflegemittel

Diese Mittel haben reinigenden und pflegenden Effekt, wobei der Schwerpunkt auf der Reinigung liegt. Sie eignen sich für alle Böden, außer für unversiegeltes Parkett. Zur Anwendung wird das Mittel ins Aufwischwasser gegeben, wobei die Wassermenge möglichst knapp bemessen sein sollte. Leider gelangt trotzdem nach Gebrauch ein großer Teil der pflegenden Substanzen ins Abwasser. Es gilt zu beachten, daß nicht mit klarem Wasser nachgewischt werden darf, damit der

dünne Pflegemittelfilm erhalben bleibt, der vor schnellem Wiederanschmutzen schützt.
Inhaltsstoffe: Tenside, Wachse oder Polymere, Farb-, Duft- und Hilfsstoffe, Konservierungsmittel, zum Teil Lösungsmittel.
Alternativen: Zur Reinigung Seifenreiniger, die ebenfalls einen dünnen Schutzfilm hinterlassen. Zur Pflege Wischpflegemittel unverdünnt auftragen, Nachteil: Schichtenbildung.

Wischglanzmittel

Wischglanzmittel enthalten außer Pflegekomponenten einen Zusatz an reinigungsaktiven Substanzen (Tenside) und können sowohl pur als auch mit Wasser verdünnt zur Anwendung kommen; der Wirkungsschwerpunkt liegt auf der Pflege. Nach einer gründlichen Reinigung und Entfernung alter Pflegemittelschichten werden Wischglanzmittel beim erstenmal unverdünnt (mit einem feuchten Putztuch oder Schwammüberzug um das Schrubberende) gleichmäßig aufgetragen. Nach dem Trocknen entsteht Glanz ohne Nachpolieren. Fernerhin wird zur Pflege ein Schuß des Mittels ins knapp bemessene Aufwischwasser gegeben, zwischendurch kann es auch pur verwendet werden. Die Schichtenbildung ist um so geringer, je seltener das Mittel pur eingesetzt wird.
Wischglanzmittel sind für fast alle Böden geeignet: PVC, Linoleum, versiegeltes Parkett, Kunst- und Naturstein.
Eine Variante sind Wischglanzmittel speziell für Steinböden.
Inhaltsstoffe: Tenside, Polymere, z. T. Wachse, Farb- und Duftstoffe, Hilfsstoffe, Konservierungsmittel.

Selbstglanzemulsionen

Im Unterschied zu Wischglanzmitteln kommen die meist wachshaltigen Selbstglanzemulsionen nur unverdünnt auf vorher gereinigten Böden zur Anwendung und sind demnach reine Pflegemittel. Nachpolieren ist nicht notwendig. Bei öfterem Gebrauch entstehen Schichten, die ab und zu mit Hilfe eines Grundreinigers entfernt werden müssen. Deshalb Selbstglanzemulsionen nicht zu häufig und nur hauchdünn auftragen.
Inhaltsstoffe: Wachse, Polymere, Emulgatoren, Farb-, Duft- und Hilfsstoffe, Konservierungsmittel.

Polymerdispersionen

Polymerdispersionen sind kunststoffhaltige Selbstglanzemulsionen, die keine oder nur minimale Wachsanteile enthalten. Dementsprechend besitzen sie meist nur eine geringe Pflegewirkung. Wie die wachshaltigen Selbstglanzemulsionen werden sie pur auf dem gereinigten Boden verteilt. Wegen ihres hohen Kunststoffanteiles bilden diese klaren Flüs-

sigkeiten einen äußerst strapazierfähigen, farblosen und elastischen Schutzfilm. Häufiger angewandt, bilden Polymerdispersionen Schichten, deren Entfernung auch unter Zuhilfenahme eines Grundreinigers einigen Einsatz erfordert, deshalb sollten sie nur höchst selten aufgetragen werden.
Inhaltsstoffe: Polymere, Wachse in geringen Mengen.

Bohnerwachse

Maßgeblich für die Qualität eines Bohnerwachses sind Härte und Glanz des Wachsfilmes.
Die sog. Hartwachse sind qualitativ hochwertige Wachse, wobei die Konsistenz flüssig oder pastös sein kann. Bohnerwachse sind praktisch unentbehrlich zur Reinigung und Pflege lösungsmittelbeständiger Böden wie Rohholzdielen und unversiegeltes Parkett, die ja eine Behandlung mit Wasser nicht vertragen und sich verziehen würden. Bohnerwachs wird (bei geöffnetem Fenster) mit einem Tuch dünn und gleichmäßig in Holzmaserrichtung oder kreisförmig aufgetragen. Eine zu dicke Wachsschicht führt zu schnellerem Wideranschmutzen und ist schwerer aufzubohnern. Durch Verdunsten des Lösungsmittels bildet sich ein harter Wachsfilm, der nach 20 bis 30 Minuten aufgebohnert werden muß.
Selbstglanzwachse ersparen den Vorgang des Aufpolierens, neigen aber mehr zur Schichtenbildung. Die Emulsion, die Wachs und Schellack (Harz) enthält, wird auf den zuvor gereinigten Boden aufgetragen. Sowie das Lösungsmittel verdunstet, zieht ein Glanzfilm auf.
Wachsschichten brauchen sich nicht zu bilden, wenn Bohnerwachs nicht zu oft und maßvoll angewendet wird. Das Wachs wird vom Holz aufgenommen; vorhandene Rückstände lassen sich notfalls mit Hilfe von Metallspänen beseitigen. Die Entfernung alter Wachsschichten mit einem Grundreiniger ist wegen der bereits angesprochenen Wasserempfindlichkeit unversiegelter Holzböden nicht empfehlenswert.
Inhaltsstoffe: verschiedene Wachse und Lösungsmittel (meist Testbenzin), Farbstoffe.

empfehlenswert

Hand-Geschirrspülmittel

Spülmittel sind universell einzusetzen, dabei sollen sie auch hartnäckige Verunreinigungen lösen bei gleichzeitiger Hautschonung. Als reinigungsaktive Substanz enthalten alle Spülmittel 10 bis 40% Tenside (siehe auch Seite 43). Trotzdem sind sie in der Praxis unverzichtbar und auch aus ökologischer Sicht ist ihr Einsatz zu vertreten, wenn die Dosierung stimmt. »Ein Spritzer genügt« – und das für ein volles Spülbecken. Bei Überdosierung bildet sich zuviel Schaum, der die Reinigungswirkung bremst. Er läuft beim selbsttätigen Trocknen zu langsam ab, und das Resultat ist streifiges Geschirr. Gesundheitliche

Nachteile durch Spülmittelrückstände auf dem Geschirr sollen bei vernünftiger Dosierung zwar nicht zu befürchten sein, aber es ist sicherer, klar nachzuspülen.
In fast allen Spülmitteln sind hautschützende Bestandteile, z. B. Proteine oder Fettsäureamide, eine hautpflegende Wirkung kann aber von einem fettlösenden Mittel grundsätzlich nicht erwartet werden.
Inhaltsstoffe: Tenside, Hilfsstoffe, Duft- und Farbstoffe, Stabilisatoren, Proteine, Fettsäureamide und in schwach sauer eingestellten Spülmitteln Zitronensäure.

Herdputz- und Pflegemittel

bedingt empfehlenswert

Von einem Herdputzmittel erwartet der Anwender, daß es auch mit eingebrannten Verkrustungen fertig wird. Dazu werden zum Teil gesundheitlich bedenkliche Lösungsmittel eingesetzt. Wo dies nicht der Fall ist, leisten spezielle Herdputzmittel kaum mehr als sauer eingestellte Allzweckreiniger.
Inhaltsstoffe Herdputzmittel: Tenside, Lösungsmittel, Säure, Abrasivkomponenten.
Reiniger für Glaskeramik-Kochfelder werden mit Küchenkrepp sparsam auf der abgekühlten Fläche verrieben, bis die Verkrustung entfernt, bzw. der Schmutz aufgenommen ist. Nachpolieren.
Inhaltsstoffe Glaskeramik-Reiniger: Tenside, Säure, Silikon-Öl (ergibt Pflegefilm), Poliermittel, Lösungsmittel, Duftstoffe.
Pflegemittel für Elektroherd-Kochplatten werden mittels Schwamm-Applikator in kreisenden Bewegungen aufgetragen. Kochplatte ganz kurz auf kleiner Einstellung erwärmen, wieder ausschalten und mit Küchenkrepp polieren. Dabei wird überschüssiges Pflegemittel aufgenommen, das aufgrund des Graphitgehaltes die Topfböden schwärzen könnte.
Alternativen zu allen Herdputzmitteln: Verkrustungen vorweichen mit Spülmittellösung, Reinigen mit Scheuermilch oder Wiener Kalk bzw. Schlämmkreide und Scheuerschwamm, Vorbeugemaßnahmen siehe Seite 161.

Lederpflegemittel

bedingt empfehlenswert

Für die Vielzahl unterschiedlich be- und verarbeiteter Leder wird eine unüberschaubare Menge verschiedenster Reinigungs- und Pflegemittel angeboten. Die Handelsformen:

Sprays oder Pumpzerstäuber

Sie dienen hauptsächlich der Imprägnierung. Das gereinigte, trockene Leder aus 20–25 cm Entfernung ansprühen, dabei für ausreichende Belüftung sorgen. Glatte Leder nach dem Trocknen nachpolieren.

Lotionen und Tubencremes

Sie eignen sich besonders für feine und empfindliche Leder. Etwas Lotion oder Tubencreme auf ein sauberes Tuch geben und das Mittel kreisförmig auf der gereinigten Oberfläche verteilen, dünn und gleichmäßig auftragen. Nach dem Trocknen evtl. polieren.
Tubencreme mit Schwammapplikator: Wenig Creme in den Schwamm drücken und gleichmäßig verteilen. Trocknen lassen und nachpolieren.

Selbstglanz-Pflegemittel mit Applikator

Den Schwamm kurz gegen das Leder drücken, bis das flüssige Mittel austritt, verreiben. Nachpolieren ist bei Mitteln dieser Art aufgrund ihres Gehaltes an Kunstharzdispersionen nicht mehr erforderlich.

Dosenware

Die wachshaltigen Pasten sind geeignet für weniger empfindliche Leder. Mit einem Tuch oder weicher Bürste etwas Schuhcreme aufnehmen und auf dem gesäuberten Leder verreiben. Nach 15 bis 20 Minuten das Leder aufpolieren.
Grundsätzlich sollen die Mittel das Leder reinigen, Farbe und Glanz auffrischen, pflegen und imprägnieren.
Inhaltsstoffe: Lösungsmittel, Öle, Wachse und Lanolin zur Pflege, Emulgatoren, Farb- und Duftstoffe, Konservierungsmittel, Hilfsstoffe, Silicon (erleichtert das Auspolieren) und Polymere (wirken imprägnierend).
Alternativen zu Lederpflegemitteln gibt es nicht, aber durch die richtige Auswahl und eine sparsame Verwendung lassen sich auch hier Gesundheits- und Umweltbelastungen reduzieren. Benutzen Sie Produkte auf der Basis von Bienenwachs und verzichten Sie ganz auf Ledersprays. Durch Einatmen können schwere Gesundheitsschäden entstehen, außerdem sind sie brennbar und feuergefährlich.
Siehe auch Ledermöbel Seite 113 und Lederwaren Seite 217.

nicht empfehlenswert

Luftverbesserer

Vielfach tragen sie diesen Namen zu Unrecht, denn sie schaffen es allenfalls, Gerüche zu überdecken. Es wäre wirklich zu schön, könnte man mit Hilfe von etwas Chemie verschmutzte Luft verbessern.
Inhaltsstoffe: Stellmittel, Duft- und Farbstoffe, zum Teil Treibgase.
Alternativen: Ursache unangenehmer Gerüche beseitigen, z. B. Kleiderschrank lüften, Kühlschrank, Spülmaschine, Mülleimer reinigen, WC sauber halten. Hier hilft mit Sicherheit und völlig chemiefrei einfaches Öffnen des Fensters.
Oder etwas Parfüm auf eine kalte Glühbirne geben, bei eingeschaltetem Licht werden durch die Wärme ätherische Öle frei.

Maschinen-Geschirrspülmittel

bedingt empfehlenswert

Chemie, das heißt Wasser mit einem stark alkalischen Reiniger, muß beim maschinellen Spülen fast vollständig die mechanische Wirkung ersetzen, die beim Spülen von Hand die Hauptrolle spielt. Die Mittel sollen Verkrustungen aufquellen und lösen, sie müssen flüssige, wasserunlösliche Stoffe (Öle, Fette) emulgieren sowie feste, wasserunlösliche Stoffe (Stärkepartikel, Eiweißstoffe) dispergieren. Außerdem wird erwartet, daß sie Flecke entfernen, das Wasser enthärten, Korrosion verhindern und das Geschirr trotzdem schonend spülen. Um diese Erfordernisse in Einklang zu bringen, ist neben der richtigen Dosierung durch den Anwender eine gut abgestimmte Rezeptur notwendig.
Inhaltsstoffe: Alkalien (Metasilikat), Gerüststoffe (Phosphat), Chlorbleichmittel und Perborat, Tenside, Korrosionshemmer, Duft- und Farbstoffe, Schaumregulatoren, Stabilisatoren.
Die aggressiven Reiniger können schwere Verätzungen verursachen, wenn sie mit Schleimhäuten oder Augen in Berührung kommen oder gar in den Körper gelangen. Kindersicher aufbewahren und nicht achtlos herumstehen lassen.
Alternativen: Leider gibt es bisher kaum brauchbare, unproblematischere Mittel. Ein Schritt in Richtung Umweltverträglichkeit sind Spülmittel ohne Phosphat und ohne Chlor.

Maschinen-Klarspülmittel

bedingt empfehlenswert

Während Reiniger für die Spülmaschine stark alkalisch eingestellt sind, enthalten Klarspülmittel Säuren. Die meistverwendete Zitronensäure hat die Aufgabe, Kalkablagerungen auf Geschirr und Maschine zu verhüten und Laugenreste zu neutralisieren. Zudem enthalten die Mittel Tenside, die bekanntlich die Oberflächenspannung des Wassers herabsetzen, so daß es als dünner Film abläuft und das Geschirr schneller und fleckfreier trocknet. Da die Zugabe der Klarspülmittel in der Regel automatisch erfolgt, ist die richtige Dosiereinstellung in Abstimmung mit der Wasserhärte besonders wichtig.
Inhaltsstoffe: Zitronensäure, Tenside, Lösungsmittel (Alkohole)
Alternativen: Wenn Sie keine Tensid-Rückstände, dafür aber ein paar Wassertropfen mehr auf Ihrem maschinengespülten Geschirr in Kauf nehmen möchten, sind Klarspüler entbehrlich.
Unerwünschte Kalkablagerungen lassen sich auch durch Verwendung von Essig vermeiden (Pro Spülgang 2 Eßlöffel 5%igen Haushaltsessig).

Spülmaschinen-Pflegemittel

nicht empfehlenswert

Bis vor einigen Jahren gab es spezielle Maschinen-Pflegemittel nicht, sie sind eine relativ neue Erfindung der Industrie.
Inhaltsstoffe: Tenside, Alkohole, Lösungsvermittler, Zitronensäure, Duftstoffe

Alternativen: Verzicht ohne nachteilige Folgen für Ihre Maschine. Wie Sie im übrigen Ihre Spülmaschine reinigen und pflegen können, ist auf Seite 155 bis 156 nachzulesen.

empfehlenswert

Spülmaschinen-Regeneriersalz

Weiches Wasser ist wichtig für eine gute Reinigungsleistung des Geschirrspülers ohne Ablagerungen. Störende Kalkablagerungen auf dem Geschirr, vor allem aber an den empfindlichen Düsen und anderen Maschinenteilen lassen sich durch Regenerieren vermeiden.
In der Erhärtungsanlage der Spülmaschine befindet sich eine Enthärtermasse, in der sich die Calcium- und Magnesiumionen anlagern, die für die Wasserhärte verantwortlich sind. Diese müssen in gewissen Abständen beseitigt werden, damit die Enthärtungsanlage erneut aufnahmefähig für die härtebildenden Ionen wird. Eine Kochsalz-Lösung, eingeleitet aus dem Salzvorratsbehälter in die Enthärtungsanlage, verdrängt die härtebildenden Calcium- und Magnesiumionen, indem sich die Enthärtermasse mit den Natriumionen des Kochsalzes auflädt.
Zum Regenerieren sollte nur Spezialsalz oder reines Kochsalz verwendet werden, denn normales Speisesalz kann Zusätze zur Verbesserung der Rieselfähigkeit enthalten.

bedingt empfehlenswert

Metallputzmittel

Es gibt eine Fülle verschiedenster Metallputzmittel: Universalmittel für mehrere Metallarten und Spezialmittel für jeweils ein bestimmtes Metall - und dies in unterschiedlichster Form: Flüssigkeiten, Suspensionen, Pasten, Pulver, Tücher und Watte.
Am gebräuchlichsten sind Suspensionen, die wie alle flüssigen Mittel nie direkt auf metallene Gegenstände gebracht werden sollen. Vielmehr wird das Mittel auf ein feuchtes Tuch gegeben und auf dem Metall kreisförmig oder in Schliffrichtung verrieben. Anschließend wird trokken oder feucht nachgewischt oder gespült (Koch- und Eßgeschirr), bevor mit einem weichen Tuch poliert wird. Die in Metallputzmitteln enthaltenen, sehr feinkörnigen Abrasivstoffe (siehe Seite 45) verursachen keine Kratzer auf dem Metall.
Inhaltsstoffe: Universalmittel enthalten Abrasivstoffe (Polierkörper), Alkalien oder Säure, Lösungsmittel (Alkohole), Seife, Hilfsstoffe, Duft- und Farbstoffe.
In Stahlputzmitteln werden die Alkalien meist durch eine Säure ersetzt, die gegen kalkhaltige Verfleckungen und Verfärbungen wirkt. Da Aluminium, Zink und Zinn säureempfindlich sind, sollten zu ihrer Reinigung keine Stahlputzmittel genommen werden.
Alternativen: Die meisten flüssigen Scheuermittel sind so feinkörnig, daß sie auch empfindliche Oberflächen nicht angreifen oder zerkratzen. Gut geeignet ist auch Schlämmkreide, die Sie mit Spiritus vermischen

können. Viele weitere Möglichkeiten finden Sie unter dem jeweiligen Metall, Seite 200 bis 217.
Erfreulicherweise gibt es gerade zur Pflege von Metallen preiswerte, umweltverträgliche und ebenbürtige Alternativen, denn in vielen Metallputzmitteln sind unnötigerweise belastende Inhaltsstoffe wie Lösungsmittel, in Silbertauchbädern der problematische Thioharnstoff (Silberputzmittel siehe Seite 64).

Möbelpflegemittel

bedingt empfehlenswert

Von Möbelpflegemitteln erwartet der Benutzer, daß sie in einem Arbeitsgang reinigen und pflegen. Zur Reinigung dienen vorwiegend Lösungsmittel, während Wachse oder Öle pflegenden Glanz erzeugen sollen. Für offenporige Holzoberflächen besitzen Lotionen im allgemeinen die bessere Eignung, weil diese Hölzer sehr aufnahmefähig sind. Auf geschlossenporigen Oberflächen angewandt, kann hingegen bei großzügiger Dosierung schnell ein klebriger, staubanziehender Film zurückbleiben. Deshalb die Empfehlung der Hersteller, für geschlossene Holzoberflächen sprayförmige Produkte zu verwenden. Unangenehme Überraschungen in Form von Flecken können insbesondere bei offenporigen Hölzern durch unmittelbares Ansprühen oder Auftragen vorkommen. Deshalb sollte in die Flüssigkeiten nur ein Tuchende getaucht werden und sprayfrömige Mittel sind vorzugsweise in ein Tuch zu sprühen, bevor die Möbeloberfläche damit abgerieben wird.
Inhaltsstoffe: Emulgatoren, Lösungsmittel, Paraffinöl oder Siliconöl, Konservierungsmittel, Farbstoffe, Duftstoffe, Wachse, Treibgas.
Alternativen: Geschlossenporige Möbeloberflächen bedürfen im allgemeinen keines besonderen Pflegemittels; zur Reinigung genügt trokkenes oder feuchtes Abwischen, auch unter Zugabe von wenig Spülmittel zum Abwischwasser. Bei offenporigen Oberflächen reicht im allgemeinen trockenes Abwischen. Spezielle Möbelpflegemittel können hierfür gelegentlich eingesetzt werden.

Neutralreiniger (Neutralseifen)

empfehlenswert

Neutralreiniger sind eine Variante der üblichen Allzweckreiniger. Genau wie in diesen übernehmen synthetisch hergestellte Tenside die reinigende Funktion, die Umweltverträglichkeit (z. B. Abbaubarkeit) ist demnach bei beiden etwa gleich. Günstiger zu bewerten ist bei Neutralreinigern die Hautverträglichkeit; bei einem pH-Wert von etwa 7 sind sie recht hautfreundlich.
Neutralreiniger sind vielseitig einsetzbar: zum Reinigen fast aller abwaschbaren Oberflächen, wie Türen, Kunststoff- und Holzmöbel, Fußböden (einschließlich für das gegenüber Alkalien empfindliche Linoleum), zum Shampoonieren von Teppichen und Polstermöbeln, als

Spülmittel. Sie sind auch geeignet für lackierte Flächen, wo alkalische Reiniger die Lackschicht angreifen können.
Wie Allzweckreiniger kommen sie in Wasser verdünnt zur Anwendung, lediglich bei starker Verschmutzung auch pur. Außer bei unverdünnter Anwendung braucht nicht mit klarem Wasser nachgewischt zu werden. Neutralreiniger bringen auch bei unterschiedlichen Wasserhärten gute Ergebnisse und verleihen den gereinigten Gegenständen staub- und schmutzabweisende Eigenschaften.
Inhaltsstoffe: anionische Tenside, Duft- und Farbstoffe, Konservierungsstoffe.

nicht empfehlenswert

Rohrreiniger (siehe Abflußreiniger, Seite 49)

nicht empfehlenswert

Sanitärreiniger

Die stark alkalisch reagierenden Reiniger haben bleichende und desinfizierende Wirkung und eignen sich für nicht säurebeständige Oberflächen.
Inhaltsstoffe: Bleichmittel auf Sauerstoff-Basis (Wasserstoffperoxid) oder (zunehmend seltener) auf Chlor-Basis als Natriumhypochlorit, Tenside, Duft- und Farbstoffe.

Vorsicht! Hypochlorithaltige Reiniger nie zusammen mit säurehaltigen Mitteln (WC-Reinigern, Essig) verwenden, da sich durch die Reaktion giftiges Chlorgas bildet. Diese Gefahr besteht bei Sauerstoffbleichen nicht.
Alternativen: Verzicht auf gesundheitlich und ökologisch belastende Sanitärreiniger, statt dessen Allzweckreiniger, Seifenreiniger oder Schmierseife benutzen.

empfehlenswert

Scheuermittel

Scheuermittel gehören zu den relativ verträglichen Putzmitteln, denn die Reinigungswirkung wird überwiegend auf mechanischem Weg erreicht.
Die Produkte sind geeignet zur Beseitigung hartnäckiger Verunreinigungen von unempfindlichen Oberflächen. Scheuerpulver enthält meist Quarzmehl und eignet sich für Rohholz und unempfindliche Metalle, während die flüssige Scheuermilch das weichere Marmormehl enthält und damit eine schonende Scheuerwirkung auch bei Keramik, Glaskeramik, Email und Kunststoffen erzielt. Im Zweifelsfall ist die mildere Scheuermilch dem Pulver vorzuziehen. Da die Scheuerkomponenten nicht wasserlöslich sind, muß nach der Anwendung dieser Produkte in jedem Fall klar nachgespült oder nachgewischt werden.
Inhaltsstoffe Scheuermilch: Abrasivkomponenten, Tenside, Stabilisatoren, Konservierungsmittel, Duft- und Farbstoffe, teilweise Lösungsmittel.

Inhaltsstoffe Scheuerpulver: Abrasivkomponenten, Tenside, Sauerstoffbleiche, Duft- und Farbstoffe, Hilfsmittel, z. T. Komplexbildner. **Alternativen** sind Schlämmkreide, Wiener Kalk.

Schlämmkreide, Wiener Kalk

empfehlenswert

Schlämmkreide (Calciumcarbonat) ist ein gereinigtes, feingemahlenes Kreidegestein und wird als feines Scheuerpulver verwendet.
Wiener Kalk (Calcium-Magnesiumcarbonat) ist chemisch ähnlich aufgebaut und ist feinstgemahlener, gebrannter Dolomit. Als sehr feines Scheuerpulver eignet sich Wiener Kalk auch für empfindlichste Oberflächen.
Anwendungsgebiete für Wiener Kalk und Schlämmkreide sind: Glaskeramik, Spezialglas, Chrom, Nickel, Aluminium, Edelstahl, Silber, Kupfer, Messing, Kochplatten, Badewannen und Waschbecken. Das Mittel wird auf ein feuchtes Tuch gegeben und auf der verunreinigten Oberfläche verrieben, bis der Schmutz aufgenommen ist. Nachspülen oder nachwischen, abtrocknen oder trockenpolieren.
Die Mittel können zur Metallreinigung auch mit Spiritus zu einer wirksamen Paste vermischt werden. (Siehe unter dem jeweiligen Metall.)

Schmierseife

empfehlenswert

Größter Pluspunkt der echten Seifen auf natürlicher Basis ist die problemlose Abbaubarkeit der Fettsäuren, aus denen Seife besteht. Dafür müssen allerdings bei ihrer Anwendung einige Nachteile in Kauf genommen werden. Seifen sind stark alkalisch und sehr härteempfindlich.
Durch die hohe Alkalität (Schmierseife hat einen pH-Wert von 11–14) wirkt unverdünnte Schmierseife ätzend und damit hautreizend. Da Schmierseife verdünnt zur Anwendung kommt, sinkt der pH-Wert auf ein hautverträgliches Maß.
Härteempfindlichkeit bedeutet, daß Seifen mit den härtebildenden Substanzen des Wassers (Calcium und Magnesium) eine Verbindung eingehen. Dadurch fällt je nach Wasserhärte ein mehr oder weniger großer Teil der Seife als Kalkseife aus, diese besitzt aber keine Reinigungswirkung mehr. Dem läßt sich entgegenwirken durch eine Erhöhung der Dosierung, was für den Anwender bedeutet, so hoch zu dosieren, daß die Lauge leicht schäumt.
Flüssige Schmierseifen lösen sich meist schneller auf als pastöse, wobei der Vorgang in heißem Wasser unter Zuhilfenahme eines Schneebesens beschleunigt werden kann.
Schmierseifenlösungen eignen sich zur Reinigung unempfindlicher Materialien, wie Rohholz- und Steinfußböden, Kunststoffgegenständen, wie Kunststoff-Fensterrahmen und -Möbel, bei denen so die elektrostatische Aufladung herabgesetzt wird.

Bei Verwendung von Schmierseife zur Bodenreinigung entsteht ein hauchdünner Fettfilm, der sich auspolieren läßt.
Schmierseife sollte nicht eingesetzt werden zur Reinigung von alkaliempfindlichen Gegenständen: eloxierten und verzinkten Metallteilen, Aluminium, lackierten Oberflächen sowie Bodenbelägen aus Linoleum, Gummi und verschweißtem PVC. Nicht unbedingt empfehlenswert sind Seifenprodukte zur Reinigung von Glas- und Spiegelflächen sowie glasierten Fliesen, weil damit ein streifenfreier Glanz nur aufwendig zu erreichen ist.
Inhaltsstoffe: Seife, Duftstoffe, Stellmittel.

empfehlenswert

Seifen-Allzweckreiniger

Diese Reiniger sind eine Variante der anfangs beschriebenen Allzweckreiniger, allerdings mit dem Unterschied, daß hierbei Tenside natürlichen Ursprungs die reinigungsaktive Substanz darstellen, nämlich Seife. Ihre Alkalität ist geringer als die der Schmierseifen, so daß sie auch zur Reinigung von verschweißtem PVC, Gummi und Linoleum verwendet werden können. Die Verhinderung der Kalkseifenbildung bei hartem Wasser wird meist durch Zugabe eines Enthärters erreicht. Wo dies nicht der Fall ist, muß das Problem über eine Erhöhung der Dosierung gelöst werden, ähnlich wie bei Schmierseife.
Inhaltsstoffe: Seife, Duftstoffe, Enthärter (Komplexbildner 1).

bedingt empfehlenswert

Silberputzmittel

Das Angebot an Mitteln zur Reinigung von Silber umfaßt Putztücher und -watte, pastöse, pulverförmige und flüssige Mittel sowie Tauchbäder.
Inhaltsstoffe üblicher Pasten und Bäder: Tenside, Lösungsmittel (Glykol, Alkohol) anorganische Säuren, Abrasivstoffe, Thioharnstoff.
Alternativen: Verzicht auf Mittel mit dem gesundheitlich bedenklichen Thioharnstoff (in Tauchbädern), statt dessen eignet sich sehr gut ein Tauchbad mit Alufolie in heißem Salzwasser, siehe Seite 211. Statt teurer Poliermittel bietet sich als verträgliche Alternative Schlämmkreide oder Wiener Kalk an. Akzeptabel sind Poliertücher und -watte.

empfehlenswert

Spiritus

Brennspiritus, kurz auch Spiritus genannt, ist ein Ethylalkohol und als solcher biologisch gut abbaubar. Spiritus besitzt eine gute Wirkung gegenüber fetthaltigen Verschmutzungen, deshalb ist er ein idealer Zusatz zu Reinigungslösungen, wie sie etwa zur Glas- und Fliesenreinigung verwendet werden (30–50 ml auf 5 l Wasser).

Auch zur Reinigung von Edelmetallen ist Spiritus geeignet, wobei er als Bestandteil einer Paste mit Schlämmkreide oder Wiener Kalk dient oder mit einem Tuch pur auf einer Oberfläche verrieben zu neuem Glanz verhilft.
Inhaltsstoffe: 92–94% Ethylalkohol. Vorsicht, als reines Lösungsmittel ist Spiritus entzündlich und feuergefährlich.

Teppich- und Polsterreiniger

bedingt empfehlenswert

Die Palette der Teppich- und Polsterreiniger umfaßt Flüssigshampoos, Sprays und Pulver.
Zum Shampoonieren mit Flüssigshampoos wird das Konzentrat mit Wasser verdünnt zu Schaum geschlagen (von Hand oder mittels Shampooniergerät) und auf dem gesaugten Polster, Teppich oder Teppichboden in Längs- und Querrichtung verrieben.
Sprays sind trockene, stabile Schäume, die aus etwa 50 cm Entfernung auf die gesaugte Fläche gesprüht und mit einem Spezialschwamm in gesaugte Polster, mit einem Schrubber in den gesaugten Flor von Teppichen oder Teppichböden einmassiert werden. Die Gefahr übermäßiger Durchfeuchtung ist hierbei geringer als bei Shampoos.
Pulverreiniger sind Garanten für eine trockene Reinigung, bei der keine Nässeschäden zu befürchten sind. Das Pulver wird gleichmäßig auf der zuvor gesaugten Fläche verteilt und mit Handbürste oder Schrubber eingearbeitet.
Es empfiehlt sich, vor der Erstanwendung die Farbechtheit von Polstern und Teppichen zu prüfen (siehe Seite 104). Grundsätzlich während der Arbeits- und Einwirkzeit für gute Belüftung sorgen.
Inhaltsstoffe von Shampoo und Spray: Tenside, Polymere, Korrosionshemmer, Konservierungsmittel, Duftstoffe, Lösungsmittel, Treibgas.
Inhaltsstoffe von Pulver: Tenside, Konservierungsmittel, Duftstoffe, Cellulose (die Partikel wirken schmutzaufsaugend wie kleine Schwämme), teilweise Lösungsmittel.
Alternativen: Verwenden Sie die Mittel selten und richtig dosiert, sofern Sie nicht ganz darauf verzichten und auf Seifenprodukte oder Essigwasser ausweichen (siehe auch Seite 104, 107, 112, 113).

WC-Beckensteine (Duftspüler)

nicht empfehlenswert

Die Sticks werden über den inneren WC-Beckenrand gehängt und schäumen unter starker Geruchsentwicklung das WC-Spülwasser auf.
Inhaltsstoffe: Tenside, Cellulose, Duft- und Farbstoffe, Konservierungsmittel, Gerüststoffe, Hilfsstoffe.
Alternativen: Zwar enthalten Beckensteine inzwischen nicht mehr den gefährlichen Geruchsstoff para-Dichlorbenzol, dafür aber andere,

Abwasser und Gesundheit unnötig belastende Stoffe, so daß darauf verzichtet werden sollte.
Öfteres Bürsten mit Scheuermittel, unter Zugabe von einem Schuß Essig, wirkt reinigend und geruchsverbessernd. Fenster öffnen zur Beseitigung unangenehmer Gerüche.

bedingt empfehlenswert

WC-Reiniger

Die flüssigen WC-Reiniger sollen ebenso wie die pulverförmigen Granulate Ablagerungen von Urin- und Kalkstein entfernen, desinfizieren und desodorieren, wobei sie allenfalls Gerüche übertönen.
Sauere Reiniger sind geeignet für sanitäre Anlagen aus Porzellan, Keramik und Kunststoff, nicht hingegen für Marmor und gewöhnliches Email.
Inhaltsstoffe: Säure, Tenside, Duft- und Farbstoffe, Hilfsstoffe, Gerüststoffe.
Alternativen: Die Zahl der WC-Reiniger mit problematischen Inhaltsstoffen, wie aggressiven Säuren, hat stark abgenommen. Trotzdem sind WC-Reiniger entbehrlich und können durch WC-Bürste, Scheuermittel und Essig ersetzt werden (siehe Seite 91). Werden säurehaltige WC-Reiniger und hypochlorithaltige Sanitärreiniger gleichzeitig verwendet, wird durch die Säure aggressives Chlorgas freigesetzt. Die Folge können schwere Verätzungen von Augen, Haut und Atemwegen sein.

nicht empfehlenswert

WC-Wasserkastenautomaten

Diese Würfel versprechen Frische und Sauberkeit, indem sie bereits im Wasserkasten geruchsübertönende Stoffe kontinuierlich an das Spülwasser abgeben. Spezielle Wirkstoffe sollen gegen Kalk- und Rostablagerungen wirken.
Inhaltsstoffe: Tenside, Duft- und Farbstoffe, Gerüststoffe, Konservierungsmittel, Hilfsstoffe.
Alternativen: Diese Mittel belasten nur unnötig das Abwasser. Verzichten Sie darauf.
Scheuermittel und Essig wirken ebenfalls gegen Ablagerungen und neutralisieren Gerüche; Fenster öffnen.

empfehlenswert

Der Putzschrank

In den Putzschrank des umweltbewußt geführten Haushalts gehören nur wenige Reinigungsmittel:
- wahlweise Schmierseife, Neutralreiniger, Allzweckreiniger
- Scheuermittel ohne chlorhaltiges Bleichmittel
- Geschirrspülmittel

- Essig oder Zitronensäure
- Spiritus
- Schlämmkreide oder Wiener Kalk
- Gallseife

bedingt empfehlenswert

Dazu kommen für gelegentliche sparsame Verwendung Spezialmittel, wie
- Fleckenmittel für Möbelstoffe
- Teppichreiniger
- Möbelpflegemittel
- Lederpflegemittel

nicht empfehlenswert

Aus ökologischer Sicht ist die Verwendung folgender Mittel heute nicht mehr zu rechtfertigen:
chemische Rohr- und Abflußreiniger, WC-Beckensteine, WC-Wasserkastenzusätze, Mittel zur Geruchsübertönung und Desinfektionsmittel.

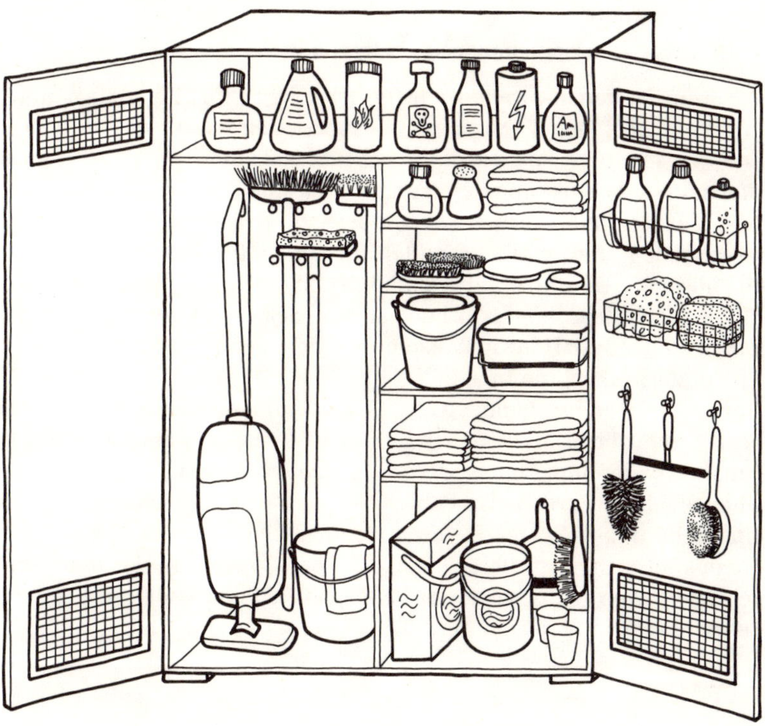

In den Putzschrank gehören:
Schmierseife, Neutralreiniger
Allzweckreiniger
Scheuermittel
Handspülmittel
Essigreiniger oder Essig oder Zitronensäure
Spiritus
Schlämmkreide oder Wiener Kalk
Gallseife
1 bis 2 unterschiedliche harte Handbürsten
Heizkörperbürste
1 bis 2 Besen
Besenkratzer
Handfeger und Schaufel
1 bis 2 Schrubber
Gummiabzieher, kurz- und langstielig
Staubpinsel oder Mob
Staubtücher
Wischtücher
Schwämme
Abtrockentücher
1 großer Eimer
1 bis 2 kleine Eimer
1 Wanne
Folie als Arbeitsunterlage
Abfallbehälter
Gummihandschuhe
Staubsauger mit Zubehör

Arbeitsmittel

Arbeitsgeräte

Als Arbeitsmittel und -geräte werden benötigt:
- 1 bis 2 unterschiedlich harte Handbürsten
- Heizkörperbürste,
- 1 bis 2 Besen
- Handfeger und Schaufel, Besenkratzer
- 1 Schrubber zum Putzen

- Gummiabzieher, lang- und kurzstielig für Boden und Fenster
- 2 bis 3 Staubtücher, Poliertücher
- Ledertuch, Wisch-, Schwamm-, Vliestücher
- 1 bis 2 Scheuerschwämme, 1 bis 2 Viskoseschwämme
- Trockentücher
- 1 großer Eimer
- 1 bis 2 kleine Eimer
- Folie oder Zeitungen als Arbeitsunterlage
- Abfallbehälter
- Gummihandschuhe
- Staubsauger mit Zubehör (siehe dazu Seite 133).

Dazu können eventuell einige weitere Dinge hilfreich und arbeitserleichternd sein:
- Spezialschrubber zur Teppichpflege
- Spinnenbesen mit Teleskopstiel
- Staubpinsel oder Mop
- kleine Wanne
- tragbarer Sammelbehälter für Putzmittel

Die ordnungsgemäße Aufbewahrung der Arbeits- und Reinigungsmittel in einem geeigneten Putzschrank erspart beim Gebrauch unnötige Zeitverluste durch Suchen.

Einteilung

Oft benutzte Arbeits- und Reinigungsmittel sollten schnell greifbar sein, jedoch ohne die Sicherheit von Kindern zu gefährden. Deshalb ist es zweckmäßig, die Reinigungsmittel im oberen Teil des Putzschrankes einzuordnen. Damit sie für Kleinkinder unerreichbar sind, sollen die Mittel mindestens 1,5–1,6 m hoch stehen. Selbst in kinderlosen Haushalten sollte diese Höhe eingehalten werden, denn fast überall können Kinder zu Besuch kommen.
Durch eine ausreichende Anzahl von Aufhängevorrichtungen für Besen, Schrubber und Tücher läßt sich deren Gebrauchstüchtigkeit länger erhalten und eine bessere Übersicht erreichen.
Unangenehme Gerüche im Putzschrank lassen sich vermeiden, wenn eine Belüftungsmöglichkeit vorhanden ist.
Wenn auf einer weiteren Etage Arbeits- und Reinigungsmittel gebraucht werden, ist sicher auch die Einrichtung eines zusätzlichen Putzschrankes überlegenswert.

Reinigung und Pflege von Räumen

In allen Bereichen nötig: Entstauben

Eine der häufigsten Arbeiten beim Saubermachen ist das Entfernen von Staub und Spinnweben. Das geschieht auf unterschiedliche Weise, je nachdem, wo der Staub liegt oder haftet: an Decken und Wänden, Gardinen, Heizkörpern, auf Oberflächen, an Seitenflächen und Unterseiten von Möbeln und Gegenständen, auf dem Fußboden - eigentlich überall und immer wieder.

Es soll Hausfrauen (-männer?) geben, die einen Großteil ihres Potentials an Kraft und Ausdauer damit verbringen, jedes Staubkörnchen, das sie entdecken, umgehend zu beseitigen. Darüber vergessen sie vermutlich, daß es erstrebenswertere Dinge gibt, als eine jederzeit staubfreie und blitzblanke Wohnung. Wer interessiert sich schon dafür, ob unter der Couch auch wirklich kein Krümel Staub liegt? Und wem liegt daran, ob Ihre Gardinen nicht nur sauber, sondern rein sind? Aber ob Sie etwas für sich, für Ihre Familie, Ihre Freunde oder Nachbarn tun, das ist wichtig.

Entstauben ist zwar eine der gewöhnlichsten Arbeiten, aber eine alltägliche muß es deshalb nicht sein. Tägliches Staubwischen und Staubsaugen ist nur selten wirklich notwendig, im allgemeinen können ruhig zwei, drei oder mehr Tage dazwischen verstreichen. Kein Zustand von Sauberkeit läßt sich ewig aufrechterhalten, aber er läßt sich unterschiedlich lange in einem erträglichen Maß erhalten.

Vorsorgemaßnahmen

Wie lange, das hängt auch von vorbeugenden Maßnahmen ab, die das Verstauben verhindern oder verzögern:

- Nur kurz, aber intensiv lüften und Fenster nicht den ganzen Tag geöffnet lassen, wenn Sie an einer vielbefahrenen Straße oder in Industrienähe wohnen; Fensterritzen eventuell abdichten.
- Beim Betreten der Wohnung Schuhe abputzen. Fußmatten sind Schmutzbremsen.
- Abfallbehälter, Papierkörbe in jedem Raum aufstellen.
- Erziehung der Familie
- Erziehung von Haustieren

Staubwischen

Beginnen Sie mit hohen oder hochhängenden Möbelstücken und Gegenständen und entstauben Sie niedrige Teile zuletzt. Wischen Sie mit dem Staubtuch den Gegenstand, das Möbelstück systematisch von

oben nach unten ab. Arbeiten Sie mit ruhigen, fließenden Bewegungen. Das Staubtuch zwischendurch öfters zusammenfalten, damit der aufgenommene Staub nicht wieder aufgewirbelt wird.
Wenn das Staubtuch mit Schmutz gesättigt ist, im Freien ausschlagen, wenn dies ohne Belästigung der Nachbarn möglich ist. Bei stärkerer Verschmutzung waschen.

Staubsaugen

Beim Entstauben von Möbeln und Gegenständen mit dem Staubsauger (Staubpinsel) wird in gleicher Weise systematisch vorgegangen wie beim Staubwischen von Hand.

Fußböden saugen

Borstenkranz

Zunächst Kleinmöbel hoch- bzw. zur Seite stellen. Fenster öffnen. Staubsauger holen und vorbereiten. Zum Saugen glatter Fußböden den Borstenkranz der Bodendüse ausfahren, Teppichböden und Teppiche mit eingefahrenem Borstenkranz saugen (zu Staubsauger siehe auch Seite 133).

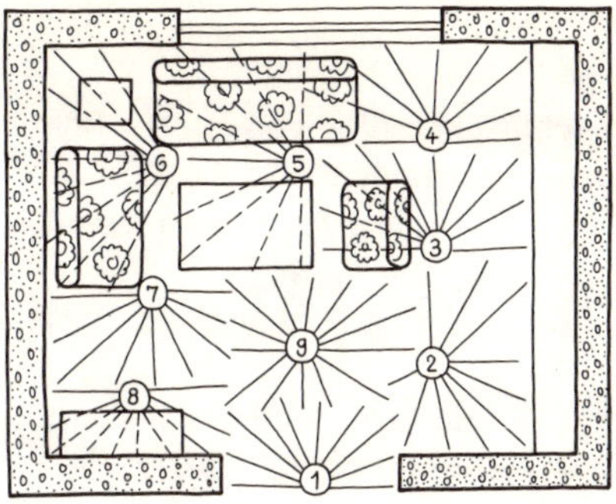

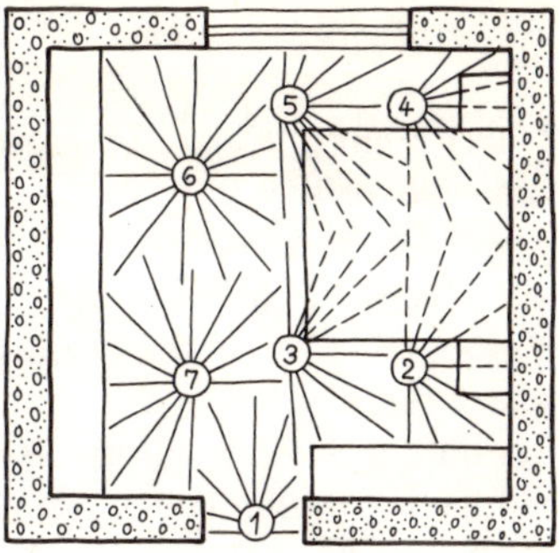

Durch das sternförmige Absaugen des Bodens (Inselsaugen) wird jede Stelle im Raum erreicht.

Inselsaugen

Ecken und schwer zugängliche Stellen, z. B. unter tiefstehenden Möbeln, lassen sich besser erreichen, wenn Sie die Bodendüse abnehmen (evtl. auch noch das Saugrohr) und dann direkt mit dem Saugrohr (oder dem Handstück) die Stelle absaugen.

In Räumen mit Teppichen auf glatten Böden sollten auch die nichttextilen Flächen gesaugt werden (Borstenkranz ausfahren).

Arbeitsgeschwindigkeit

Bewegen Sie den Staubsauger langsam und ohne Druck über den Boden, die Saugluft muß Gelegenheit erhalten, den Staub anzusaugen. Günstig ist eine Arbeitsgeschwindigkeit von 0,5 m in der Sekunde.

Körperhaltung

Führen Sie den Staubsauger in aufrechter Körperhaltung, das Teleskoprohr sollte auf Ihre Körpergröße eingestellt sein.

Moppen

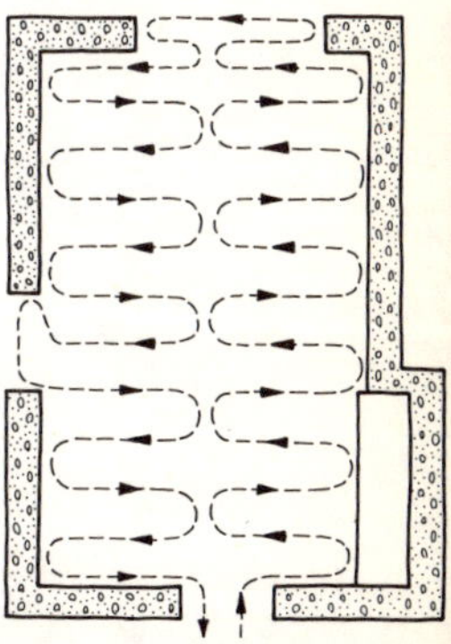

Wenn der Fußboden nur wenig verstaubt ist, können Sie ihn mit einem Mop trocken oder feucht entstauben. Dazu den trockenen oder feuchten Mop in aufrechter Haltung schlangenlinienförmig über den Boden führen (wedeln), möglichst ohne abzusetzen (siehe auch Seite 96).

Es gibt mehrere Mop-Arten: Die kleineren, sogenannten Wischmops werden überall in Haushaltsgeschäften und -abteilungen angeboten. Außerdem gibt es größere Exemplare mit Gelenkhalterung, die meist nur über den Fachhandel oder über Reinigungsfirmen zu beziehen sind. Diese Geräte bestehen aus einem Stiel und einem Metallrahmen mit Baumwollbezug, der in nebelfeuchtem Zustand verwendet werden soll. Dazu wird der trockene Bezug mit Wasser besprüht (Sprühflasche). Oder der Bezug wird gewaschen bzw. befeuchtet und in der Waschmaschine gut ausgeschleudert. Er wird nicht getrocknet, sondern zusammengerollt aufbewahrt und ist einen Tag später einsatzbereit.

Kehren oder Fegen

Durch Kehren sollen lose, gröbere Schmutzpartikel von glatten Böden entfernt werden, z. B. vor dem Wischen des Bodens.
Zunächst werden die Arbeitsmittel geholt: Kehrgerät (Besen, Handfeger, Kehrschaufel), Staubtuch.
Bewegliche Kleinmöbel reinigen und hoch- bzw. beiseitestellen, Fenster öffnen.
Damit der Staub nicht unnötig aufgewirbelt wird, muß der Besen mit ruhigen Bewegungen so geführt werden, daß er möglichst nahe am Boden bleibt. Die Besenbreite sollte voll ausgenutzt werden. Führen Sie den Besen so, daß Sie vom Körper weg arbeiten.
Ein genügend langer Besenstiel ermöglicht das Arbeiten in aufrechter Körperhaltung. Länge des Stieles: Körpergröße minus 15 cm.
Fegen Sie zuerst den Schmutz unter den Möbeln und aus den Ecken heraus zur Raummitte, von dort in Richtung Tür.
Zuletzt Staub und Schmutz mit dem Handfeger auf die Schaufel kehren und zum Abfall bringen.
Kehrgeräte säubern und aufhängen.

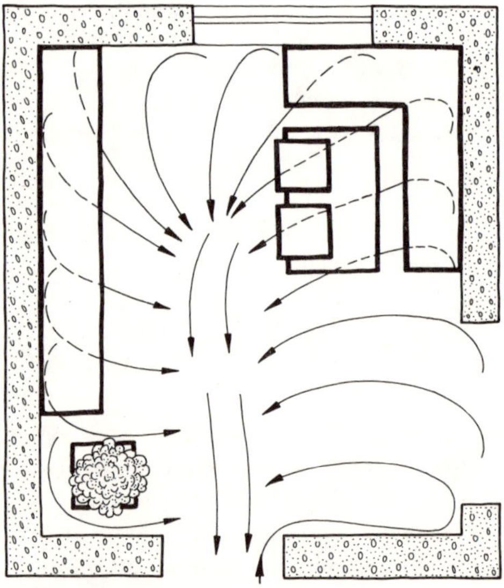

Zimmerdecken

Die Entdeckung, daß die Zimmerdecken in puncto Sauberkeit nicht mehr Ihrer Vorstellung entsprechen, muß nicht gleich der Anstoß zu einem Neuanstrich sein. Der ist allenfalls dann in Erwägung zu ziehen, wenn die Decken großflächig verschmutzt oder rauchgeschwängert sind oder wenn sich überall Fliegenschmutz erkennen läßt.

Bei leichten oder weniger großflächigen Verschmutzungen sollte nicht gleich mit Kanonen auf Spatzen geschossen werden.

Arbeitsmittel und Arbeitsablauf

Plastikfolie oder Zeitungspapier zum Abdecken von Möbeln und Fußboden,
Spinnenbesen, ersatzweise normalen Kehrbesen mit sauberem, weißen Tuch umwickelt,
trittsichere Leiter.

Kleinere Gegenstände und Wandschmuck aus dem Raum entfernen oder in die vordere Raumhälfte stellen, deren Decke dann im zweiten Arbeitsgang gereinigt wird.
Größere Möbelstücke und eventuell die Teppichböden abdecken.
Mit dem Spinnenbesen die Decke systematisch säubern, in der hinteren Raumhälfte beginnen. Ecken, Winkel, Gardinen- und Lichtleisten sowie Lampenbefestigungen besonders beachten.
Arbeitsmittel wegbringen, Zimmer einräumen.

Spezielle Reinigungshinweise

Weiß gestrichene Decken und weiße Styropor-Deckenplatten
Vereinzelte Schmutzstellen können Sie vorsichtig mit einem feuchten Tuch (klares Wasser) abwischen.
Gegen Fliegenschmutz hilft das Betupfen mit einem in weiße Deckenfarbe oder weiße Schuhpolitur getauchten Wattestäbchen. Diese Methode funktioniert gut, wenn die Anwendung wirklich nur punktuell erfolgt, bei großflächiger Anwendung würden sich die behandelten Stellen farblich abheben.

Fliegenschmutz

Kunststoff-Deckenplatten und -paneele:
Trockenreinigung wie oben, bei stärkerer Verschmutzung mit feuchtem Tuch (schwache Seifenlösung) systematisch reinigen und nach Bedarf abtrocknen. Gelegentlich mit Spezialmittel für Kunststoff behandeln.

Holzdecken
Trockenreinigung wie oben, bei stärkerer Verschmutzung Fachmann befragen oder je nach Holzart reinigen (siehe Pflege von Möbelhölzern, Seite 118).

Tapezierte Decken
wie oben, weitere Reinigung siehe Tapeten, Seite 76.

Treppenhaus
Voraussetzung zur Deckenreinigung ist meist ein langstieliges Arbeitsgerät, am besten mit Teleskopstiel. Wird die Verwendung einer Leiter

notwendig, sollte sie den Sicherheitsbestimmungen entsprechen. Vermeiden Sie weitere Unter- oder Aufbauten, die Ihre Sicherheit gefährden könnten.

Übrigens . . .

Schimmelbildung

Schimmelbildung wird verhindert durch gute Belüftung der Räume und ausreichend Licht. Ist es bereits passiert, helfen meist nur Spezialmittel aus dem Tapetenhandel. Vorsicht ist geboten wegen der meist problematischen Inhaltsstoffe.

Wände

Wenn Sie schon den Entschluß gefaßt haben, die Zimmerdecken zu reinigen, sollten Sie in diese Aktion auch gleich Ihre vier (oder mehr) Wände einbeziehen. Beim Reinigen der Decke bleibt nämlich der herunterschwebende Staub zum Teil an den Wänden haften. Wenn schon alles abgedeckt ist und die Arbeitsgeräte bereitstehen, ist es naheliegend, auch die Wände zu reinigen.

Arbeitsmittel und Arbeitsablauf

Plastikfolie oder Zeitungen zum Abdecken von Fußboden und Möbeln,
Wandbesen oder Kehrbesen mit sauberem, weißen Tuch umwickelt, bei Anstrichen und Tapeten,
Staubsauger für Wandbeläge, Wandbekleidungen, Tapeten,
trittsichere Leiter.
Bei Bedarf: Schwache Allzweckreiniger-, Spülmittel- oder Seifenlösung, Viskoseschwamm, weiche Bürste oder Wischtuch, Trockentuch.

Bilder, Wandschmuck usw. von den Wänden abnehmen und aus dem Raum bringen, ebenso kleinere Einrichtungsgegenstände wegbringen.
Empfindliche Möbel abdecken.
Fußboden schützen, je nach Empfindlichkeit und vorgesehener Reinigungsart.
Wände systematisch entstauben durch strichweises Abbürsten von oben nach unten oder durch Absaugen.
Wasserunempfindliche Anstriche, Tapeten und Wandbeläge sowie Fliesen mit einem in Reinigungslösung getauchten feuchten bis nassen Schwamm abwaschen (Symbole beachten)
Schwamm oder Tuch zwischendurch öfter in der Lösung ausdrücken.
Abschnittweise vorgehen, wobei die Größe des jeweiligen Abschnittes von der Reichweite Ihrer Arme abhängt.
Es ist empfehlenswert, von oben nach unten zu arbeiten, nicht umgekehrt, denn wenn Ihnen Abwaschwasser von oben herab über die bereits gereinigte Fläche läuft, haben Sie doppelte Arbeit.

Nachdem ein Abschnitt gereinigt wurde, diesen sofort mit dem Tuch abtrocknen, das griffbereit sein sollte. Dann folgt der darunterliegende Abschnitt usw.
Zuletzt die Fußleisten (systematisch) feucht abwischen, nachtrocknen. **Fußleisten**
Trockenzeit nutzen zur Reinigung des Wandschmuckes.
Arbeitsmittel wegbringen, Zimmer nach dem völligen Trocknen einräumen.

Spezielle Reinigungshinweise

Sichtmauerwerk und Innenputze

Mit einem langborstigen, mittelharten bis weichen Besen oder einem Handfeger von oben nach unten abkehren oder mit dem Saugpinsel des Staubsaugers absaugen.

Anstriche

Leim- und Kalkfarbenanstriche
Einfache Leimfarben- und Kalkfarbenanstriche dürfen nur trocken abgefegt oder abgewischt werden, nie feucht reinigen. Bei starker Verschmutzung neu streichen.

Dispersionsfarbanstriche
Diese häufig vorkommenden Anstriche können wisch-, wasch- oder bei Latex-Zusätzen sogar scheuerbeständig sein.
Eine feuchte Reinigung mit oder ohne Reinigungsmittel wird praktisch immer vertragen.

Lackfarbenanstriche
Sie sind abwaschbar bis scheuerfest (milde Reinigungslösung), anschließend trockenwischen.

Tapeten

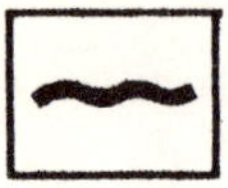

Wasserbeständige Tapeten
Diese Tapeten vertragen zwar das Abwischen von frischen Kleisterflekken mit einem feuchten Schwamm. Im allgemeinen sind diese Tapeten aber relativ wasserempfindlich, deshalb sollten sie nur mit einem feuchten Schwamm abgewischt oder trocken gereinigt werden (Wandbesen, tuchumwickelter Besen, Mop oder Staubsauger).

Waschbeständige Tapeten
Eine Reinigung mit einem nassen, etwas ausgedrückten Schwamm wird fast immer vertragen, jedoch sollte auf den Zusatz von Reinigungsmitteln verzichtet werden.

Hochwaschbeständige Tapeten
Sie vertragen zum Entfernen von Verschmutzungen (außer Fetten und Ölen) einen Zusatz von Reinigungsmittel in lauwarmem oder kaltem Wasser (Neutral- oder Allzweckreiniger).
Zum feuchten bis nassen Abwischen einen Schwamm benutzen.

Scheuerbeständige Tapeten
Gegen mechanische Beanspruchung sind diese Tapeten so unempfindlich, daß sie sogar eine Reinigung mit Reinigungslösung, notfalls sogar mit Scheuermilch, und das Abreiben mit einer weichen Bürste vertragen.
Für die trockene Tapetenreinigung gibt es im Fachhandel ein spezielles Tapetentuch.

Wandbekleidungen

Holzbekleidungen
Holzbekleidungen nur trocken entstauben. Geschlossene Oberflächen bei Verschmutzungen mit einem feuchten Tuch abwischen. Offenporige Oberflächen je nach Material mit einem Spezialpflegemittel reinigen (siehe Seite 116).

Kunststoffbekleidungen
Zur Reinigung mit einem feuchten Ledertuch abreiben und abtrocknen. Gelegentliche Behandlung mit einem Spezial-Kunststoffpflegemittel ist möglich.

Korkbekleidungen
Im allgemeinen nur trocken entstauben. Lediglich behandelte Korkoberflächen (lackierte oder gewachste) können auch feucht mit lauwarmer, milder Reinigungslösung abgewischt werden.

Textile Wandbespannungen

Sie werden mit dem Staubsauger bei niedrig eingestellter Saugkraft abgesaugt oder mit einer weichen Bürste von oben nach unten abgebürstet.

Keramische Fliesen

Die meist glasierten Fliesen sind ausgesprochen pflegeleicht: Sie werden einfach mit einer Lösung aus Allzweckreiniger oder Spülmittel, bei stark kalkhaltigem Wasser unter Zugabe von etwas Haushaltsessig, abgewischt und bei Bedarf mit einem Ledertuch getrocknet.
Verwenden Sie zur Reinigung von Fliesen keinesfalls Scheuermittel, die Oberfläche wird durch feinste Kratzspuren aufgerauht, und in Zukunft setzt sich dort der Schmutz immer mehr fest.

Übrigens ...

Tapeten altern schneller durch Einwirkungen von Zigarettenrauch, Luftfeuchtigkeit und Sonnenlicht.
Die meisten Tapeten sind heute lichtecht. Wenn Sie Möbel umstellen oder Wandschmuck umhängen, sind keine hellen Stellen sichtbar, die sich von der übrigen Oberfläche abheben.

Einkaufstips

Damit Sie weniger Reinigungsarbeiten haben, achten Sie auf die Kennzeichnung qualitativ guter Tapeten und wählen Sie unempfindliche Tapeten und schmutzabweisende Anstriche.
Glatte Tapeten halten Staub und Schmutz weniger fest und sind einfacher zu reinigen als Struktur- und Rauhfasertapeten.
An glatten Fliesen haften Schmutz und Staub ebenfalls weniger und sie lassen sich leichter reinigen als profilierte oder strukturierte.
Wenn Sie mit Putzen nichts mehr erreichen können, müssen Sie neu streichen oder tapezieren. Verwenden Sie schadstoffarme Anstriche und Tapeten aus Recyclingpapier, erkennbar am Umweltengel.

Leuchten und Lampen

Wenn Staub, Spinnweben und Fliegenschmutz das Aussehen von Leuchten beeinträchtigen, ist eine Reinigung in Erwägung zu ziehen; ist aber das Licht getrübt, führt kein Weg mehr daran vorbei.
Lampen haben die unterschiedlichsten Formen und Größen und sowohl bei den Leuchten, als auch bei deren Aufhängungen, Armen, Kronen, Füßen usw., sind fast immer verschiedene Materialien kombiniert.

Deshalb sei für die Reinigung spezieller Materialien, wie Glas, Keramik, Kunststoff, Holz und Metalle auf die Beschreibung an den entsprechenden Stellen verwiesen.
Reinigen Sie Ihre Leuchten immer bei Tageslicht, denn aus Sicherheitsgründen sollte dazu stets die Sicherung ausgeschaltet werden. So kann auch dann nichts passieren, wenn jemand aus Versehen den Lichtschalter betätigt. Bei Lampen mit Kabelanschluß reicht es natürlich aus, den Stecker aus der Steckdose zu ziehen.
Die Lichtquellen müssen zum Reinigen vollkommen erkaltet sein, deshalb das Licht nicht erst kurz vor der Reinigung ausschalten.

Arbeitsmittel und Arbeitsablauf

Sicherer Tritthocker,
Staubtuch,
milde Reinigerlösung (Spülmittel, Allzweck- oder Neutralreiniger),
Ledertuch oder Schwammtuch,
Trockentuch.
Weitere Arbeitsmittel dem Material der Leuchten entsprechend.

Mit einem feuchten, gut ausgewrungenen Tuch zunächst den sogenannten Baldachin, den dosenähnlichen Behälter zur Abdeckung von Klemme und Haken unter der Zimmerdecke reinigen, dann das zur Leuchte herabführende Kabel abwischen.
Leuchte materialgerecht reinigen (siehe dazu unter dem jeweiligen Werkstoff).
Glühbirne oder Leuchtstoffröhre (eigentliche Lichtquelle) trocken abwischen, ggf. Fliegenschmutz mit feuchtem, gut ausgewrungenem Tuch vorsichtig abwischen.
Sicherung erst dann wieder einschalten, wenn mit Sicherheit alles vollkommen trocken ist.

Spezielle Reinigungshinweise

Stoffschirme vorsichtig absaugen oder abbürsten.
Lampenschirme lassen sich häufig abnehmen, was die Reinigung wesentlich erleichtert.

Übrigens ...

Schalten Sie beim Wechsel der Glühbirne grundsätzlich die Stromzufuhr ab.
Ständiges Ein- und Ausschalten von Lichtquellen erhöht den Stromverbrauch und verkürzt die Lebensdauer der Leuchtstofflampen.
In Leuchten ohne Wärmeauslaß oder mit kleiner Auslaßöffnung keine zu starke Glühlampe eindrehen.
Beachten Sie, daß in Leuchten, die materialbedingt die Wärme sehr stark abstrahlen, nicht beliebig starke Glühlampen verwendet werden

dürfen (Herstellerangaben für die maximale Lampenstärke beachten). Leuchtstofflampen sind energiesparender als Glühlampen. Wenn Leuchtstofflampen flackern, sollten sie ausgewechselt werden. Ausgebrannte Leuchtstofflampen gehören nicht in die Abfalltonne. Sie enthalten Quecksilber und sollten deshalb nicht zusammen mit dem Hausmüll, sondern unbeschädigt als Sonder- oder Problemmüll entsorgt werden.

Einkaufstips

Prüfzeichen

Sichere Leuchten sind mit dem VDE- und dem GS-Prüfzeichen versehen. Das ist besonders wichtig, wenn Leuchten auf entflammbarem Untergrund oder in Naßräumen, bzw. im Freien angebracht werden sollen.
Lassen Sie sich fachkundig beraten, welche Leuchte für Ihren Zweck am besten geeignet ist.
Achten Sie auf blendungsfreies Licht und leichte Bedienbarkeit (Auswechseln von Lampen, Handhabung von Schaltern) und bei Tisch- und Stehleuchten auf sichere Kabelführung und ausreichende Standfestigkeit.
Denken Sie beim Kauf auch an die spätere Reinigung: Soll es lieber eine schlichte Leuchte von guter Qualität sein oder eine aufwendig verarbeitete, die u. U. schwieriger zu reinigen ist?
Befragen Sie beim Kauf den Fachhändler nach der Reinigungsmöglichkeit, wenn Ihre Wahl auf ein außergewöhnliches Material fällt.
Energiesparlampen sind insbesondere dort empfehlenswert, wo häufiges Ein- und Ausschalten entfällt. Sie haben dann eine recht lange Brennzeit, sind aber für Lichtregler nicht geeignet.
Halogen-Leuchten sind besonders leistungsfähig und besitzen auch Eignung für spezielle Halogen-Lichtregler.

Fenster

Damit Sie klar sehen: Fensterputzen muß sein, aber in Maßen. Überblick, Durchblick und Weitblick hängen keineswegs davon ab, ob Ihre Fenster jede Woche geputzt werden. Putzen Sie Ihre Fenster erst, wenn sie wirklich schmutzig sind.

Beachten Sie:
Fenster nicht putzen bei Regen, stärkerem Frost oder direkter Sonneneinstrahlung.

Arbeitsmittel und Arbeitsablauf

Staubtuch,
Handfeger, Kehrschaufel.

Für den Rahmen:
Warme, schwache Seifenlösung, Wischtuch oder Schwammtuch, Trockentuch.

Für das Glas:
Warmes Wasser mit einem Spritzer Spülmittel und einem Schuß Essig oder Spiritus,
Viskoseschwamm,
Gummiabzieher, Ledertuch oder nicht fusselndes Trockentuch.
Zeitung oder Folie zum Schutz empfindlicher Fußböden oder Möbel,
Standfeste Trittleiter oder Hocker,
Staubsauger mit Fugendüse,
Zahnstocher zum Reinigen der Ecken.

Möbel vom Fenster abrücken, Gardinen zur Seite ziehen oder abnehmen, Fensterbank abräumen und empfindlichen Boden und Möbel abdecken.
Falls erforderlich, Fensternische, Rahmen und Fensterbank innen entstauben.
Fenster öffnen, äußeren Fensterrahmen, Nische und Fensterbank entstauben mit Handfeger oder Staubtuch.
Schmutz aus dem Falz heraussaugen (Staubsauger-Fugendüse).
Gardinenstange oder Schienensystem einschließlich Blende mit Seifenlösung feucht abwischen, nach Bedarf abtrocknen.

Fensterrahmen

Fensterrahmen (aus Kunststoff, eloxiertem Aluminium oder lackiertem Holz) von innen mit Seifenlösung systematisch abwaschen, Griff reinigen, Ecken kann man gut mit einem Zahnstocher säubern, Scharniere, Beschläge und Falze nicht vergessen.
Dann Fensterrahmen außen ebenso reinigen.
Tuch je nach Verschmutzung zwischendurch auswaschen.
Abtrocknen in gleicher Reihenfolge wie Reinigung.

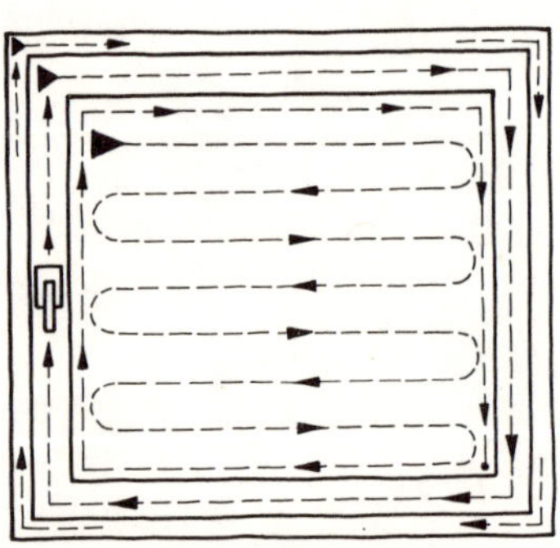

Fensterscheiben

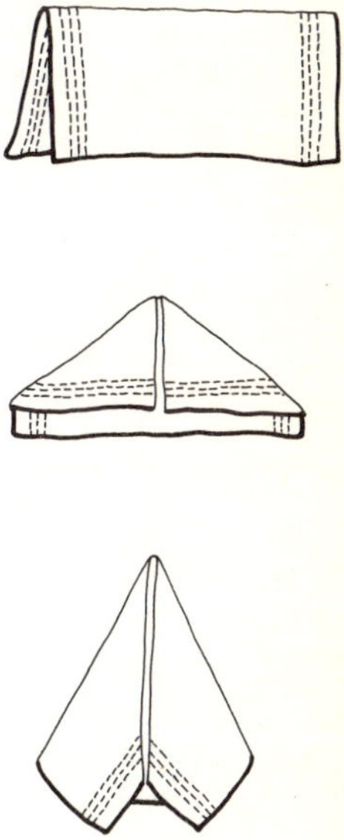

Nach dem Fensterrahmen wird das Fensterglas mit der anderen Reinigungslösung gesäubert, erst innen, dann außen.
Mit dem feuchten (nicht nassen) Viskoseschwamm die Fensterscheibe in schlangenlinienförmigen, waagerechten Bewegungen von oben nach unten abwaschen, zuletzt im oder gegen den Uhrzeigersinn am Rahmen entlangwischen, Ecken besonders beachten.

Um die Fensterscheibe zu trocknen, können Sie zwischen verschiedenen Methoden wählen:

- Trockenwischen mit einem trockenen, fusselfreien Tuch oder mit dem feuchten Fensterleder, zu einem Keil gefaltet. Arbeitsweise wie beim Abwaschen der Scheibe.
- Trocknen mit dem Gummiabzieher.
  Gummi vor Beginn und zwischendurch mit feuchtem Tuch abwischen, dann den Gummiabzieher in der linken oberen Ecke ansetzen und leicht schräg in waagerechter Richtung am oberen Rand bis in die rechte obere Ecke entlangziehen. Dann senkrechte, sich überlappende Bahnen nach unten abziehen, unteren Rand mit Tuch nachtrocknen.

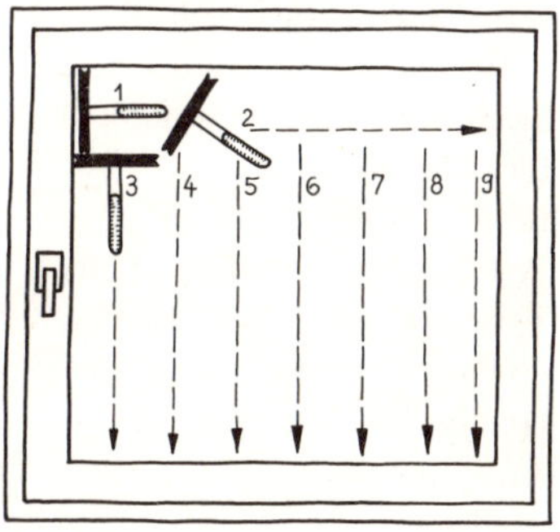

Kleine Fensterscheiben kann man gleich nacheinander innen und außen abwaschen, dann innen und außen trockenreiben.
Größere Scheiben erst innen abwaschen und trocknen, dann außen abwaschen und trocknen.
Fenster mit großen Glasflächen je nach Reichweite der Arme abschnittweise bearbeiten beim Abwaschen und Trocknen.
Fensterbank innen mit der Seifenlösung reinigen und abtrocknen, danach evtl. die äußere Fensterbank abwaschen.

<u>**Spezielle Reinigungshinweise**</u>

Gegen Fliegenschmutz ist Spiritus besonders wirksam.
Mit Essig lassen sich Kalkspritzer und Wasserflecke gut entfernen.

Geschirrspülmittel ist besonders geeignet gegen Fettdunst-Beschläge.
Für die schnelle Reinigung zwischendurch können Sie sich in einer Sprühflasche Ihren Reiniger auch selbst zusammenstellen:

selbsthergestellter Reiniger

50 ml Spiritus und 1/2 Teelöffel Spülmittel mit Wasser auf 500 ml auffüllen und schütteln.
Bearbeiten Sie stärkere Verschmutzungen vorsichtig mit etwas Reinigungsmittel pur.
Benutzen Sie zum Polieren der Fensterscheiben kein Zeitungspapier, weil die darin enthaltenen Holzrückstände kleinste Kratzer verursachen. Küchenkrepp trocknet und poliert schonender.
Profiliertes Glas und Glasbausteine lassen sich mit Hilfe einer weichen bis mittelharten Bürste säubern.
Gebeizte Holzfensterrahmen nicht naß reinigen, sondern lediglich mit einem feuchten Tuch in Holzmaserrichtung abreiben.
Fensterbänke aus Stein können Sie nach der Reinigung gelegentlich hauchdünn mit einem Steinpflegemittel (für Fußböden) oder mit Edelhartwachs einreiben und einige Zeit danach polieren. Dadurch entsteht ein Schutzfilm gegen Feuchtigkeit, z. B. durch überlaufendes Wasser beim Blumengießen.
Verbinden Sie mit dem Fensterputzen gleich die Pflege der Zimmerpflanzen auf der Fensterbank.
Putzen Sie immer mehrere Fenster hintereinander, in Serie geht es schneller und es ist billiger.
Wenn Sie schon beim Fensterputzen sind, reinigen Sie in einem Wisch auch den Garderobenspiegel und den Fernsehbildschirm (bei erkaltetem Gerät).
Beim Reinigen von Bilderglas muß darauf geachtet werden, daß keine Feuchtigkeit zwischen Glas und Rahmen eindringt.
Telefonapparat und Lichtschalter lassen sich ebenfalls gut mit einer spiritushaltigen Lösung reinigen (Tuch gut ausdrücken).
Hausmittel gegen blindes Glas und blinde Spiegel:
Abreiben mit Brennspiritus oder warmem Essigwasser.

Übrigens ...

Vorsorgemaßnahmen

So können Sie sich Reinigungsarbeit ersparen:
Abends (und auch bei starken Regengüssen) Rolläden herunterlassen.
Fugen abdichten; das erspart Reinigungsarbeit und verhindert Wärmeverluste.
Fensterrahmen aus Holz rechtzeitig mit schadstoffarmem Lack streichen, denn rauhe Holzrahmen erschweren die Reinigung.

Einkaufstip

RAL-Gütezeichen können beim Fensterkauf eine gute Orientierungshilfe sein. Sie werden z. B. vergeben für Holz-, Kunststoff- und Aluminiumfenster und Fenster aus kombinierten Materialien.

Reinigungsarbeiten an den Zimmerpflanzen

Zugleich mit der Reinigung der Fenster erfolgt sinnvollerweise auch die Pflege der Zimmerpflanzen.

Arbeitsmittel und Arbeitsablauf

Zeitungen oder Folie als Arbeitsunterlage,
scharfes, sauberes Messer, Blumenschere,
Abfallbehälter,
lauwarmes Wasser, Schwammtuch oder kleiner Schwamm,
Pumpzerstäuber mit lauwarmem Wasser,
Holzstäbchen oder Gabel,
Essigwasser,
Tuch,
Schwamm mit Scheuerseite (zum Säubern von Tontöpfen),
Trockentuch,
Gießkanne.

Unterlage als Schutz auf Arbeitsfläche oder Servierwagen legen und Pflanzen darauf abstellen. Untersetzer und Übertöpfe spülen, bei starker Verschmutzung erst vorweichen.
Inzwischen Fenster putzen und Fensterbank säubern.
Die Pflanzen nacheinander pflegen:
Alles Welke und Verblühte abschneiden und in den Abfall geben.
Falls erforderlich, die Pflanzen entstauben:
Mit dem ausgewrungenen Schwammtuch die Pflanzenblätter vorsichtig von oben beginnend nach unten abwischen (dick- und großblättrige Pflanzen), Tuch öfters spülen,
leicht behaarte Blätter stets mit dem Strich abwischen, stärker behaarte und feinblättrige Pflanzen mit Hilfe des Zerstäubers besprühen.
Notfalls Blattwerk in lauwarmem Wasser vorsichtig schwenken oder vorsichtig abbrausen, dann die Pflanzen trocknen lassen.
Blumenerde mit Holzstäbchen oder Gabel vorsichtig auflockern, Wurzel dabei nicht beschädigen.
Tontöpfe außen mit Essigwasser abwaschen (wirkt gegen Kalkränder am Topf), Kunststofftöpfe mit klarem Wasser abwaschen, abtrocknen und in die gereinigten Übertöpfe oder auf die Untersetzer zurückstellen.
Gießen, wenn nötig düngen und die Topfpflanzen wieder an ihren Standort bringen.

Übrigens…

Die meisten Pflanzen mögen weder Temperaturschwankungen noch Durchzug.
Achten Sie bei der Blumenpflege auch auf Schädlingsbefall und Krankheiten. Verwenden Sie zu ihrer Bekämpfung umweltverträgliche Mittel.

Verwenden Sie keine chemischen Blattglanzmittel; durch den entstehenden Film wird die Atmung der Pflanzen behindert.

Gardinen und Vorhänge

Gardinen machen Räume wohnlicher und gemütlicher, sie können außerdem vor Sonne und Einblicken von außen schützen, wenn sie sich zuziehen lassen. Vorgezogene Gardinen haben zudem isolierende Wirkung, sie sollten allerdings nur bis zur Fensterbank reichen, wenn sich der Heizkörper darunter befindet.
Gardinen, die sich nicht zuziehen lassen, haben ausschließlich eine dekorative Funktion.
Wenn Sie ohnehin arbeitsmäßig ausgelastet oder überlastet sind oder wenn Sie einen Hausstauballergiker in der Familie haben, sollten Sie überlegen, ob nicht ganz darauf verzichtet werden kann oder ob eine Scheibengardine vielleicht ausreichend ist.
Je nach Schmutzanfälligkeit ist ein- bis zweimaliges Waschen jährlich ausreichend, öfteres Waschen erübrigt sich durch gelegentliches Zwischenreinigen mit dem Staubsauger.

Arbeitsmittel und Arbeitsablauf (Zwischenreinigung)

Staubsauger (Polsterdüse),
feuchtes Leder- oder Schwammtuch.

Blende der Vorhangschiene und Schienensystem oder Gardinenstange feucht abwischen, abtrocknen.
Gardine vorziehen und systematisch von oben nach unten bahnenweise mit geringer Saugkraft absaugen.
Fensterbank abwischen.

Spezielle Reinigungshinweise

Waschen von Gardinen und Stores bei Verschmutzung

Zur Vorbereitung die abgenommenen Gardinen durch Ausschütteln entstauben, nach Möglichkeit vorher die Kräuselbänder auseinanderziehen.
Entfernt werden: Ringe, Röllchen aus Metall und loses Bleiband. Mitgewaschen werden fest mit der Gardine verbundenes Bleiband und Kunststoffröllchen, die am besten zusammen mit dem oberen Gardinenrand locker in ein Mullsäckchen eingebunden werden.
Die Trommel sollte nur zu etwa 1/3 gefüllt werden, für sehr große Teile ist Handwäsche in der Bade- oder Duschwanne vorzuziehen. Um

Knitterbildung zu vermeiden, ist ein Feinwaschporgramm bei 30 °C oder ein Spezialwaschprogramm mit hohem Wasserstand zu wählen. Verwenden Sie für Gardinen Feinwaschmittel, für Stores Spezialwaschmittel. Gegen die elektrostatische Aufladung ist bei Stores die Verwendung eines Weichspülers möglich.
Nach Programmende Stores nicht unnötig lange im Klarspülwasser liegen lassen, sondern in einem Kurzschleuderprogramm 1/2 Minute anschleudern. Dadurch sind sie nicht mehr tropfnaß und können gleich aufgehängt werden.
Gardinen sind nach der Wäsche materialentsprechend weiterzubehandeln, das heißt, sie können teilweise auch länger geschleudert und nach dem Trocknen gebügelt werden. Vorsichtiges Bügeln mit Hilfe eines feuchten Tuches ist hingegen bei Stores nur dann anzuraten, wenn sich Knitterfalten gebildet haben.

Übrigens ...

Während der Heizperiode Gardinen öfter absaugen als sonst.
Wenn Sie Gardinenabsaugen und Fensterputzen miteinander kombinieren, zuerst die Gardinen absaugen und dann die Fenster putzen.
Um unnötige Arbeit zu vermeiden, Fenster nicht den ganzen Tag geöffnet lassen; nur kurz, aber intensiv lüften.
Der »blaue Dunst« von Zigaretten & Co. dient der Arbeitsbeschaffung, indem er Stores zu einem satten Braunton verhilft und Gardinen mit dem besonderen Flair exklusiver Gerüche umgibt.
Raff- und Volantgardinen verstauben stärker als glatte Gardinen.
Gardinen aus Synthetics ziehen wegen der elektrostatischen Aufladung den Staub an.
Gardinen aus Naturfasern wirken zwar weniger staubanziehend, sind aber meist pflegeaufwendiger; sie trocknen langsamer und müssen meistens gebügelt werden. Außerdem sind sie teurer.

Einkaufstips

Achten Sie beim Kauf auf:
- gute Qualität,
- Formstabilität,
- Lichtbeständigkeit,
- Reißfestigkeit,
- Pflegeleichtigkeit.

Erfragen Sie auch beim Kauf von Stoffen für Gardinen unbedingt das Material und die Pflegemöglichkeiten (Pflegesymbole).

Rolläden und Jalousien

Heruntergelassene Rolläden wirken in erheblichem Maß wärmedämmend und somit energiesparend. Sie können aus Kunststoff, Metall oder Holz hergestellt sein.
Da bei der Reinigung häufig auch noch Leitern erstiegen werden müssen, liegen in der Praxis meist größere Zeitabstände zwischen den Säuberungsaktionen, zumal die Funktionstüchtigkeit durch Verschmutzungen nicht so schnell beeinträchtigt wird, Rolläden tagsüber in aller Regel nicht sichtbar sind und nachts Verunreinigungen kaum auffallen.

Arbeitsmittel und Arbeitsablauf

Handfeger oder Staubsauger,
Staubtuch,
Jalousienreiniger,
warmes Wasser mit Neutralreiniger,
klares Wasser,
Viskoseschwamm oder weiche Bürste,
Trockentuch.

Rolläden
Rolladen ganz herunterlassen und bei geöffnetem Fenster von innen mit Hilfe des Handfegers oder Staubsaugers systematisch, mit der obersten Lamelle beginnend, entstauben. Rolladen dabei langsam hochziehen, damit auch der Staub zwischen den Lamellen mitentfernt wird.
Bei der Reinigung Mauer- bzw. Kastenöffnung, seitliche Führungsleisten und Unterkante des Rolladens nicht vergessen.
Rolladen herablassen und Fenster schließen.
Den Rolladen von außen entstauben, nach Möglichkeit unter Zuhilfenahme einer zweiten Person, die den Rolladen hochzieht.
Feucht reinigen: Den herabgelassenen Rolladen von innen bei geöffnetem Fenster, Lamelle für Lamelle, mittels Schwamm oder Bürste waagerecht abreiben. Mit ausgedrücktem Schwamm klar nachwischen und evtl. abtrocknen. Rolladen von außen ebenso reinigen.
Rolladen zum Nachtrocknen herunterlassen, jedoch nicht ganz dicht schließen.

Jalousien
Jalousien sind meist aus Kunststoff oder Leichtmetall hergestellt. Im Gegensatz zu Rolläden sind sie auch bei Tageslicht zu sehen, und der Staub, der bei Betätigung von Innenjalousien aufgewirbelt wird, beeinflußt die Atemluft negativ.
Aus diesem Grund kann auf das regelmäßige Entstauben nicht verzichtet werden und zumindest mehrmals jährlich ist auch eine feuchte Reinigung empfehlenswert.

Die Jalousien regelmäßig entstauben. Dazu mit dem trockenen oder angefeuchteten Jalousienreiniger die Lamellen von oben beginnend abwischen.

Spezielle Reinigungshinweise

Abnehmbare Jalousien, die eine Naßreinigung vertragen, können Sie auch im Freien oder auf dem Balkon reinigen. Dafür ein Tuch unterlegen und die Jalousie so darauf ausbreiten, daß die Lamellen flach darauf liegen. Mit einer Neutralreiniger-Lösung bürsten, drehen und die andere Seite gleichfalls naß abbürsten.
Dann die Jalousie draußen sofort hochhängen und mit der Gießkanne überbrausen.
Nach dem Trocknen wieder an ihrem Bestimmungsort aufhängen.

Lamellen-Vorhänge

Vertikal-Jalousien (Lamellen-Vorhänge) bestehen aus senkrecht angeordneten, breiteren Lamellen, die aus Textilgewebe oder Kunststoff hergestellt sind.
Die Reinigung erfolgt am besten mit Hilfe des Staubsaugers, wobei die Lamellen von oben nach unten mit der Polsterdüse systematisch abgesaugt werden (geringe Saugkraft einstellen). Manche sind auch von Hand waschbar bis 30 °C.

Sonnen-Rollos

Sonnen-Rollos sollten pflegeleicht ausgerüstet sein. Systematisch absaugen mit geringer Saugstärke oder feucht abwischen.

Heizkörper

Es mag manchen erstaunen, aber es stimmt: Im Gegensatz zu Fenstern haben Heizkörper zumindest während der Heizperiode eine regelmäßige Reinigung nötig, in stark beanspruchten Räumen möglicherweise täglich. Dafür gibt es einen gesundheitlichen und einen finanziellen Aspekt:
Werden die Heizkörper nicht regelmäßig vom Staub befreit, brennt er auf den Flächen, in Rillen und Ritzen ein, er verschwelt. Die Qualität der Atemluft wird beeinträchtigt, und die trockene Luft wird als unangenehm empfunden. Bei Allergikern können Anfälle von Atemnot ausgelöst werden.
Durch Staubablagerungen wird außerdem die Abgabe von Wärme an den Raum vermindert, so daß der Thermostat höher eingestellt werden muß; Mehrkosten sind die Folge.
Für die regelmäßige Trockenreinigung empfiehlt sich eine Heizkörperbürste oder ein Heizkörperreiniger, um die Zwischenräume der Lamellen zu erreichen.
Wenn Sie Ihren Staubsauger ohnehin für die Bodenreinigung einsetzen, erledigen Sie die Heizkörperreinigung gleich mit.
Vor der Feuchtreinigung die Heizung abdrehen, wenn der Heizkörper sehr warm ist.

Arbeitsmittel und Arbeitsablauf

Heizkörperbürste oder Heizkörperreiniger aus Schaumstoff oder
Staubsauger (Fugendüse mit aufgesetzter Heizkörperbürste),
Seifenlösung,
größeres Wischtuch,
Trockentuch,
Folie oder Zeitung zum Schutz des Fußbodens.

Heizkörper entstauben
Mit der Heizkörperbürste bzw. Heizkörperdüse des Staubsaugers die Oberseite des Heizkörpers und die Zwischenräume der Rippen von oben nach unten reinigen, Heizkörpernische und Unterseite des Heizkörpers nicht vergessen.

Heizkörper feucht reinigen
Dazu entweder den Schaumstoff-Heizkörperreiniger anfeuchten und den Heizkörper wie oben beschrieben reinigen oder ein feuchtes, gut ausgewrungenes Tuch um die Heizkörperbürste binden und damit den Heizkörper säubern oder den Heizkörper mit einer angefeuchteten Bürste bearbeiten (Unterlage) und mit einem feuchten Tuch nachreiben, abtrocknen.
Zuletzt Thermostat kontrollieren (Heizkörper anstellen).

Spezielle Reinigungshinweise

Flach- und Plattenheizkörper

Die Reinigung von Flach- und Plattenheizkörpern gestaltet sich in der Regel einfacher; sie werden mit einem Tuch oder einer speziellen Bürste systematisch gesäubert.
Für die ganz große Reinigung ist die Zeit außerhalb der Heizperiode am günstigsten. Die Heizkörper werden gründlich abgewaschen und getrocknet, bei größeren Lackschäden neu gestrichen.
Heizkörperverkleidungen werden dem Material entsprechend gereinigt. Nur gut abnehmbare Verkleidungen ermöglichen eine ungehinderte Reinigung.

Übrigens...

Heizkörperbürsten gibt es für alle Heizkörperarten, auch für Flachheizkörper.
Die Wärmeabgabe eines Heizkörpers an den Raum wird behindert durch lang herabhängende Gardinen, Heizkörperverkleidungen und vorgestellte Möbel.

Einkaufshinweis

Gütezeichen beachten.

Türen

Wie oft Ihre Türen eine gründliche Reinigung brauchen, hängt natürlich vom Verschmutzungsgrad ab und der wiederum ist abhängig von der Familienstruktur und den Angewohnheiten der Familie. In einem Haushalt mit Kindern werden die Türen in der Regel schneller schmutzig. Ein Kind läßt sich vielleicht dazu bewegen, die Wohnzimmertür nicht mit Schokoladenfingern anzufassen. Aber ein Kleinkind, das eben bis zur Türklinke reicht, um sie herunterzuziehen, wird zum Aufziehen oder Schließen der Tür immer noch zusätzlich die andere Hand einsetzen müssen. Ergebnis am Tatort Tür: jede Menge Fingerabdrücke, die aber nicht unbedingt alle von Kindern herrühren müssen.
Bei leichten Verunreinigungen genügt es im allgemeinen, mit einem feuchten Tuch über die angeschmutzten Stellen zu gehen. Nur wenn die Tür großflächig verschmutzt ist, sollten Sie eine gründliche Reinigung vornehmen.

Arbeitsmittel und Arbeitsablauf

Staubtuch,
handwarme, schwache Reinigungslösung (Allzweckreiniger, Spülmittel oder Seifenreiniger),
Schwammtuch oder Ledertuch,
Trockentuch,
Tritthocker,
Zeitung oder Folie zum Schutz empfindlicher Böden und Möbel.

Türrahmen reinigen

Türfutter bei geöffneter Tür systematisch abwischen, Falz beachten. Danach Türzargen systematisch reinigen und den Schmutz auf dem oberen vorspringenden Rand nicht vergessen. Selbstverständlich können Sie den Türrahmen (Türfutter und Türzargen) auch in einem Arbeitsgang reinigen. Tuch zwischendurch auswaschen, Türrahmen nach Bedarf abtrocknen.

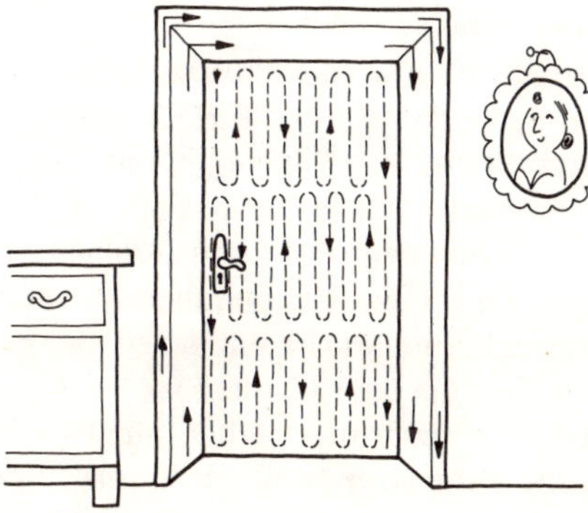

Türblätter (Türflächen) reinigen
Mit dem ausgedrückten Tuch Türfalz oben, dann seitlich sorgfältig abwischen. Zuerst das Türblatt von innen und außen mit schlangenlinienförmigen Bewegungen reinigen. Bei Holztüren die Türfläche in Richtung der Holzmaserung abwischen. Von oben nach unten abschnittweise vorgehen. Türklinke, Türgriff, Türschild gleich mitreinigen. Tuch je nach Verschmutzung zwischendurch auswaschen, Tür nach Bedarf zwischendurch abtrocknen.

Anmerkung
Nur wenn Sie sehr empfindliche Türen, beispielsweise matt lackierte Flächen, relativ naß reinigen möchten, können Sie die Tür auch von unten nach oben abschnittweise abwaschen, um Streifenbildung durch herablaufendes Wasser zu vermeiden. Im allgemeinen ist es jedoch empfehlenswert, wie oben beschrieben zu verfahren.

Spezielle Reinigungshinweise

Stärkere Verunreinigungen vorsichtig mit etwas Reinigungsmittel pur bearbeiten.

polierte Holztüren

Polierte Holztüren nur trocken reinigen, gelegentliich hauchdünn mit Möbelpflegemittel in Holzmaserrichtung einreiben, danach mit weichem Tuch polieren.

Glaseinsätze

Holztüren mit Glaseinsatz: Zuerst die Holzteile wie oben beschrieben reinigen, danach den Glaseinsatz.

Metallteile

Metallteile, wie Türklinke und Türschild, brauchen keine zusätzliche Behandlung, da sie lackiert oder eloxiert sind. Metallputzmittel würden diesen Schutzüberzug nur beschädigen.
Flecken von dunkler Schuhcreme im unteren Türbereich vorsichtig mit etwas Bohnerwachs entfernen, das vorher auf einem Tuch verrieben wurde (nur bei Holztüren).

Möbelpflegemittel

Möbelpflegemittel sollten nicht zu häufig benutzt werden; ihre Wirkung auf Hölzer ist nicht unumstritten.

Wenn Sie nicht darauf verzichten möchten, beachten Sie neben der Gebrauchsanweisung folgendes: Nicht häufiger als alle ein bis zwei Jahre anwenden, bei neuen Türen bis zur Erstanwendung länger warten.
Geben Sie flüssige Mittel nie direkt auf das Holz, sondern äußerst sparsam auf ein nicht fusselndes Tuch oder in ein kleines, flaches Gefäß, in das Sie ein Tuchende eintauchen. Sprays in ein Tuch sprühen. In Richtung der Holzmaserung abreiben, nachpolieren.

Übrigens...

Türpuffer schonen Türen und Wände.

Einkaufshinweis

Beachten Sie die RAL-Gütezeichen für Außen- und Innentüren.

Das Bad: Waschbecken, Wannen, WC

Für keinen anderen Raum der Wohnung wurde den Hausfrauen in den letzten Jahren ein solches Sauberkeits- und Hygieneideal suggeriert, das mühelos mit Hilfe wohlriechender, bleichender, färbender, sprudelnder und glanzerzeugender Mittel zu erreichen sei.
Beckensteine und Luftverbesserer für das WC, Sprays für Wände und Wannen, Sanitärreiniger, WC-Reiniger, Desinfektionsmittel, Rohr- und Abflußreiniger, chlorhaltige Scheuermittel, scharfe Reiniger und natürlich noch Duftsprays für hinterher – die geballte Kraft der Chemie sollte glänzend schützen vor Schmutz, Gerüchen und Krankheiten.
Inzwischen hat es sich hoffentlich herumgesprochen, daß damit der Umwelt und uns selbst kein guter Dienst erwiesen wird. Bad und WC lassen sich auch mit einfachen, umweltverträglichen und billigeren Mitteln sauberbekommen.
Bei der täglichen Reinigung des Badezimmers kann die vorgeschlagene Reihenfolge als Orientierung dienen, wobei nicht notwendige Arbeitsschritte oder -mittel weggelassen werden (wenn z. B. die Badewanne nicht benutzt wurde, oder der Wechsel der Handtücher noch nicht nötig ist).

Arbeitsmittel und Arbeitsablauf

Lösung mit Allzweckreiniger,
Scheuermittel,
Schwammtücher, Wischtücher, Schwamm,
Trocken- oder Ledertuch,
WC-Bürste (ohnehin meist griffbereit),
empfehlenswert: Gummihandschuhe,

Essig,
Reinigerlösung für den Boden,
Putztuch mit Schrubber (oder Wischmop).

Vorbereitungsarbeiten

Fenster öffnen.
Schmutzwäsche, gebrauchte Frottiertücher und Waschhandschuhe zur Wäsche geben.
Abfallbehälter leeren, säubern und beiseitestellen.
Vorleger aus dem Bad bringen, ausschütteln, absaugen oder in die Wäsche geben.
Zahnputzgläser spülen, Kämme und Haarbürsten säubern.
Fensterbank, Badmöbel, Handtuchhalter, Türklinken und Lichtschalter feucht abwischen.
Spiegel und Ablage bzw. Spiegelschrank feucht abwischen und trocknen.
Wandfliesen oberhalb des Waschbeckens reinigen.

Waschbecken reinigen

Abwaschen mit der Reinigerlösung. Armaturen, Überlauföffnung und Stöpsel nicht vergessen, Beckenunterseite, Wasserzulauf und Ablauf sowie Wandfliesen reinigen.
Kalkbeläge mit einem Zusatz von Essig entfernen, sonstige Verunreinigungen mit Scheuermilch bearbeiten, klar nachspülen.
Wandfliesen und Waschbecken abtrocknen.

Wannen reinigen

Badewanne, Duschwanne und umgebende Wandfliesen von oben nach unten mit der Reinigerlösung abwaschen,
Armaturen, Überlauföffnung und Stöpsel beachten.
Schmutzränder mit Scheuermilch bearbeiten.
Klar nachspülen, trockenreiben.
Bei Duschen zuerst Vorhang abwaschen, gelegentlich in der Waschmaschine waschen. Schiebewände von außen und innen abwaschen, Kalkflecken mit Essig entfernen. Nachspülen, trockenreiben.

WC reinigen

Verwenden Sie zur Reinigung des WC aus hygienischen Gründen Extra-Tücher.

Wandfliesen um das WC reinigen.
Wasserspülkasten mit Drücker feucht oder naß abwischen.
Jeweils zuerst Ober-, dann Unterseite von WC-Deckel und WC-Brille gut abwischen, abtrocknen und hochklappen.
WC-Becken innen: Etwas Scheuermilch ins Becken geben und mit der WC-Bürste den oberen Innenrand und das Beckeninnere einschließlich Ablauf gründlich bürsten, evtl. unter Zugabe von Essig. Nachspülen.
Äußeres WC-Becken einschließlich Rand und Abflußrohr abwischen.
WC-Bürstenständer mit der Bürste reinigen, nachwischen, Bürste im WC-Becken abspülen, Stiel abwischen.
Zuletzt Boden wischen, Arbeitsmittel wegbringen, Bad einräumen, frische Handtücher aufhängen, Fenster schließen.

Spezielle Reinigungshinweise

Rillen und Ritzen zwischen Armaturen und Becken mit Hilfe eines Zahnstochers oder einer Extra-Zahnbürste und Scheuermilch reinigen.

gründliche WC-Reinigung

Gründliche WC-Reinigung: WC-Becken wie gewohnt vorreinigen. Dann das Becken leerschöpfen, damit das Reinigungsmittel nicht zu sehr verdünnt wird, bevor das Becken mit Bürste und Reinigungsmittel bearbeitet wird. Bei starken Belägen von Kalk- und Urinstein nach dem Leerschöpfen des Beckens Essig eingießen und über Nacht wirken lassen, erst danach gründlich reinigen.

Wandfliesen gründlich:
Verschmutzte Fugen mit einer Bürste und etwas Allzweckreiniger pur bearbeiten. Fliesenwand im Anschluß daran systematisch mit einer Reinigerlösung abwaschen und abtrocknen.

Spiegelschrank:
Ausräumen, zuerst von innen, dann von außen systematisch reinigen. Erst nach dem Trocknen einräumen.
Denken Sie beim Großreinemachen des Bades auch an die Reinigung von Decke, Leuchten, Fenster, Heizkörper und Tür.

Scheuermittel:
Vor allem bei neuen Becken und Wannen ist die Verwendung von Scheuerpulver abzuraten. Es können kleinste Kratzer entstehen, an denen der Schmutz sich leichter festsetzt.
Nehmen Sie für die Reinigung lieber etwas Allzweckreiniger pur oder eine milde Scheuermilch, die schonender säubern.
Sind Ihre Becken und Wannen aber bereits durch langjährige Benutzung und oftmaligen Gebrauch von Scheuerpulver aufgerauht, kann häufig nicht mehr auf die weitere Verwendung verzichtet werden.
Benutzen Sie keine chlorhaltigen Scheuermittel und Sanitärreiniger. Chlor bleicht den Schmutz nur und es entsteht ein falscher Eindruck von Sauberkeit.

Saugglocke **Anwendung der Saugglocke:**
Bei verstopftem Becken die Überlauföffnung zukleben oder verstopfen. Im Becken muß etwas Wasser stehen. Die Saugglocke ansetzen und einige Male pumpen. Es gibt übrigens auch spezielle Sauggeräte, die von Hand bedient werden.

Entkalken **Entkalken:** Verwenden Sie Mittel auf der Basis von Zitronensäure. Sie können aber auch Essig und heißes Wasser im Verhältnis 1 : 1 mischen. Tuch mit dieser Lösung tränken, auf die Armatur legen und einwirken lassen. Oder Brauseköpfe abschrauben und in die Lösung legen.
Bei kalkhaltigem Wasser sollten Fliesen, Waschbecken und Wannen nach dem Abwaschen getrocknet werden. Andernfalls setzt sich der im Wasser enthaltene Kalk auf Sanitäreinrichtungen fest, wodurch die Flächen rauh werden und die Bildung von weiteren Kalk- und Schmutzablagerungen begünstigt wird.

Übrigens ...

Achten Sie keim Neukauf von WC-Bürsten auf die Form. Mit Bürsten, die unten gebogen sind, ist der innere WC-Beckenrand leichter zu erreichen.
Bevorzugen Sie bei Neuinstallationen wassersparende WC-Kästen und geräuscharme Spülungen.
Haltegriffe und Gummimatten machen die Benutzung von Wannen sicherer. Diese bei der Reinigung nicht vergessen.

Glatte Fußböden und Fußbodenbeläge

In der Werbung wird es uns jeden Tag präsentiert:
Herrlich glänzende Fußböden, glücklich lächelnde Hausfrauen und Familienmitglieder, die ob dieser Tatsache voll des Lobens sind.
Sicher geht es auch Ihnen so: Sie bekommen Ihre Fußböden trotz Verwendung des angepriesenen Mittels nicht so spiegelblank und die Familie bemerkt die Mühe nicht einmal. Fußböden sind nicht alles. Rationalisieren Sie die Arbeit bei Reinigung und Pflege glatter Fußböden. Viele Haushalte haben im Schlafbereich Teppichböden, die nur gesaugt, allenfalls einige Male im Jahr feucht gereinigt werden. Es ist ausreichend, glatte Zimmerböden in wenig begangenen Räumen nur hin und wieder feucht durchzuwischen, normalerweise genügt Staubsaugen.
Je nach Fußbodenart brauchen Sie unterschiedliche Reinigungsmittel, deshalb möglichst die Pflegehinweise der Hersteller beachten und bei Verwendung von Reinigungs- und Pflegemitteln die Gebrauchsanweisung beachten.
Fußböden werden bei der Zimmerreinigung immer zuletzt gereinigt. Ist eine gründliche, feuchte oder nasse Reinigung fällig, sind folgende Vorarbeiten zu erledigen:

Empfindlichkeit der Bodenbeläge für Reinigungs- und Pflegemittel				
Bodenbelag	Reinigungs- und Pflegemittel			
	Lösungs-mittel-haltig	neutral	alkalisch	sauer
Naturstein	+	+	+	+
Kunststein	+	+	+	–
Fliesen, glasiert	–	+	+	+
Hobeldielen	+	+	–	–
Parkett, Holzpflaster				
- unversiegelt	–	–	–	–
- versiegelt	✳	+	–	–
Kork	+	+	–	+
Linoleum	+	+	–	+
Gummi	✳	+	✳	✳
PVC	✳	+	+	+
Kunststoff, fugenlos	✳	+	+	+

+ geeignet
– ungeeignet
✳ Hinweise des Herstellers beachten

Arbeitsmittel und Arbeitsablauf

Staubsauger oder
Kehrbesen, Handfeger und Kehrschaufel,
Staubtuch oder feuchtes Ledertuch bzw. Schwammtuch,
Eimer mit warmer Reinigerlösung (Neutral-, Allzweck- oder Seifenreiniger),
Schrubber und Putztuch,
oder Wischmop, dafür Wringsieb auf dem Eimer,
klares Wasser zum Nachwischen bei großen Räumen oder starker Verschmutzung,
Gummiabzieher bei glatten Böden und großen Flächen.

Vorarbeiten

Bewegliche Kleinmöbel und Gegenstände hoch- oder beiseitestellen, vorher säubern.
Teppiche und Matten absaugen, aus dem Raum bringen, große Teppiche einschlagen.

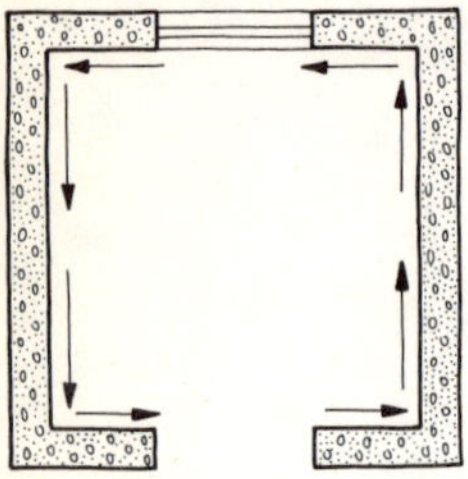

Fußboden entstauben, (siehe Seite 70) damit die Reinigerlösung nicht unnötig verschmutzt und der Schmutz anschließend mit der Lösung verteilt wird.
Fußleisten mit feuchtem Ledertuch abwischen, Ecken und Kanten besonders beachten.
Fenster öffnen.

Putzen mit Putztuch und Schrubber

Mit dem Wischen im linken, hinteren Raumende beginnen und nach rechts arbeiten; die Länge des Arbeitsabschnittes ist abhängig vom Aktionsradius Ihrer Arme.
Stellen Sie den Eimer mit der Lösung so ab, daß er Sie nicht behindert, aber noch in Reichweite ist.

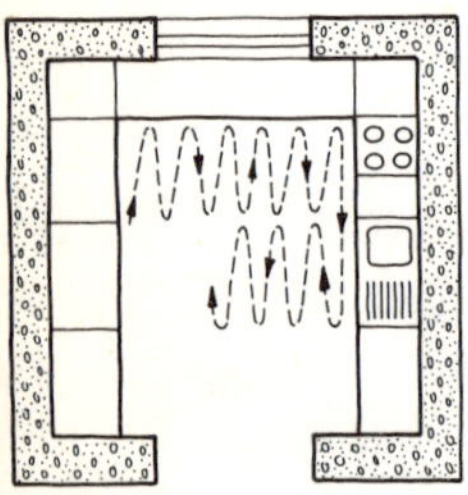

Das in die Lösung eingetauchte Putztuch je nach Bodenart mehr oder weniger stark abstreifen oder auswringen, um den Schrubber legen.
Beim Wischen rückwärtsgehend bahnenweise zur Tür hin arbeiten.
Achten Sie darauf, daß keine Nässe unter Fußbodenleisten oder Möbelsockel dringt.
Hartnäckige Verschmutzungen mit etwas unverdünntem Reinigungsmittel bearbeiten.
Putztuch nach Bedarf zwischendurch auswaschen und auswringen.
Schrubber beim Putzen nicht an Möbeln oder Wänden abstellen, der feuchte Stiel kann Verschmutzungen oder Flecke verursachen. Legen Sie den Schrubber statt dessen einfach auf dem Boden ab, während Sie das Putztuch auswringen.
Größere Möbelstücke etwas verschieben, damit auch unter den Möbelbeinen geputzt werden kann.
Nach dem Putzen den Raum mit sehr gut ausgewrungenem Putztuch nachwischen (gleiche Arbeitsweise wie beim Putzen), um Feuchtigkeit und Restschmutz aufzunehmen.
Bei starker Verschmutzung mit klarem Wasser nachputzen, trockenwischen. Nicht klar nachwischen, wenn dem Aufwischwasser ein Pflegemittel zugegeben wurde.
Statt mit Putztuch und Schrubber kann man die Feuchtigkeit mit Hilfe eines Gummiabziehers zur Tür hin vom Boden abstreifen und dort das Schmutzwasser mit einem Putztuch aufnehmen.

Putzen mit Wischmop

Wischmop in die Lösung eintauchen und mittels zugehörigem Wringsieb ja nach Bodenart mehr oder weniger stark auswringen.
In der vorderen rechten Raumecke beginnen und mit schlangenlinienförmigen Bewegungen vorwärtsgehend wischen (wedeln), ohne den Wischmop abzusetzen.

Zur rechten hinteren Raumecke hinarbeiten, dann zur linken hinteren Raumecke; schließlich rückwärtsgehend zur vorderen linken Raumecke, danach in Richtung Zimmertür wischen.
Falls nötig, Boden mit ausgewrungenem Wischmop nachtrocknen.

Nacharbeiten

Arbeitsmittel wegbringen und reinigen, (Putztuch auswaschen und zum Trocknen aufhängen oder über den Eimer legen).
Zimmer nach dem Trocknen einräumen, Fenster schließen.

Spezielle Reinigungshinweise

Pflegemittel auftragen

Das Auftragen von Pflegemitteln auf Fußböden sollte kräftesparend, d. h. in stehender Arbeitsweise erfolgen. Am einfachsten geschieht das mit Hilfe eines speziellen Schaumstoffüberzuges für Schrubber. Ist ein solcher Überzug nicht vorhanden, kann auch ein sauberes, angefeuchtetes Putztuch am Schrubber den gleichen Dienst tun. Die Vorgehensweise ist die gleiche wie beim Putzen mit Schrubber und Putztuch. Nach dem Aufbringen des Pflegemittels sollte der Schwammüberzug oder das Putztuch gut ausgewaschen werden.

Holzfußböden

Sie sind fußwarm, schalldämmend und trittelastisch. Nachteile von Holz, wie seine Oberflächenempfindlichkeit, können durch bestimmte Behandlungen, wie Anstriche, besser aber durch Versiegelung, ausgeglichen werden.

Rohholzdielen
Kehren, moppen oder staubsaugen in Dielenrichtung.
Feucht wischen mit lauwarmer Schmierseifenlösung.
Bei starker Verschmutzung in trockenem Zustand mit Metallspänen in Richtung der Holzmaserung bearbeiten oder in feuchtem Zustand mit Scheuermittel, warmem Wasser und Schrubber bürsten.
Rohe Holzfußböden nicht zu naß reinigen und Feuchtigkeit nicht unnötig lange einwirken lassen, das Holz kann durch die Feuchtigkeit quellen und sich verziehen.
Zur Pflege mit Bohnerwachs in Holzmaserrichtung einreiben, nachpolieren.

Holzdielen, gestrichen
Kehren, moppen oder staubsaugen in Dielenrichtung.
Feucht wischen mit handwarmer, milder Schmierseifenlösung oder wachshaltigem Wischpflegemittel.

Dünnes Einreiben mit wachshaltigem Pflegemittel oder Bohnerwachs in Holzmaserrichtung ist möglich.
Nie mit Stahlwoll-Spänen oder Scheuermitteln bearbeiten.

Parkett, versiegelt
Im allgemeinen ist Parkett versiegelt, was die Reinigung sehr erleichtert. Die Versiegelung bildet einen matten oder glänzenden Schutzfilm aus Kunstharz, seltener aus Heißwachs oder Öl, der die Holzporen verschließt.
Zum Entstauben trocken oder feucht moppen, saugen oder kehren.
Feucht wischen mit handwarmer, milder Reinigerlösung (Seifen- oder Allzweckreiniger). Wachshaltige Produkte wie Selbstglanzwachs und Wischwachs sind ungeeignet, die gelegentliche Behandlung mit Spezial-Pflegemittel oder einer geeigneten Selbstglanzemulsion ist möglich.
Keine Stahlwoll-Späne einsetzen, die Versiegelung würde beschädigt.

Parkett, unversiegelt
Unversiegeltes Parkett verträgt keine Feuchtigkeit, deshalb nicht putzen. Nur trocken entstauben, bei Verschmutzung spänen und die Rückstände absaugen oder abkehren.
Pflege: Einreiben mit einem guten Bohnerwachs und aufbohnern oder Spezial-Pflegemittel benutzen.

Flecke in Parkettböden
Flecke von Schuhcreme oder Fett vorsichtig mit lösungsmittelhaltigen Reinigern, z. B. wenig flüssigem Bohnerwachs, auf einem Tuch verrieben, entfernen.

Steinfußböden

Steinfußböden sind sehr strapazierfähig, haltbar und formbeständig; selbst schwere Gegenstände verursachen keine Druckstellen. Nachteile: Die Böden sind tritthart, säureempfindlich und fußkalt, außer bei Fußbodenheizung.
Steinfußböden wegen möglicher Rutschgefahr nicht mit Bohnerwachs einreiben und blankbohnern. Außerdem würde mit der Zeit ein schmieriger Wachsfilm entstehen, da das Wachs nicht einziehen kann. Wegen der Säureempfindlichkeit mancher Steinfußböden weder Essig noch Essigreiniger benutzen. Vorsicht ist auch geboten bei der Anwendung spezieller Mittel, z. B. gegen Zementschleier. Diese Mittel können ebenfalls Säure enthalten, deshalb sollten Sie beim Kauf angeben können, ob Ihr Boden säurebeständig ist oder nicht.

Naturwerkstein
Betonwerkstein, Terrazzo
unglasierte
Steinzeugfliesen

Naturwerkstein (Solnhofener Platten, Granit, Marmor, Schiefer), **Betonwerkstein, Terrazzo sowie unglasierte Steinzeugfliesen** feucht oder naß wischen mit warmer Schmierseifenlösung (oder evtl.

mit wachsfreiem Wischpflegemittel), wodurch ein Schutzfilm entsteht, der eine schnelle Wiederanschmutzung verhindert.
Die Verwendung eines Spezial-Steinpflegemittels ist gelegentlich möglich.

glasierte Steinzeugfliesen

Glasierte Steinzeugfliesen. Zur Reinigung glasierter Fliesen eignet sich am besten eine Reinigungslösung mit Allzweckreiniger oder Spülmittel. Damit die Glasur nicht beschädigt wird, keine Scheuermittel verwenden.

Kunststoffbeläge

homogene Beläge
heterogene Beläge

Kunststoff-Bodenbeläge aus PVC (Polyvinylchlorid) können aus einem gleichartigen Material bestehen und ein- oder mehrschichtig sein (homogene Beläge), oder aus verschiedenen, schichtweise zusammengesetzten Materialien (heterogene Beläge).
Je nach verwendetem Material können die Eigenschaften sehr variieren, doch sind Kunststoffbeläge aus Weich-PVC generell trittelastisch, meist druckbeständig und relativ fußwarm.
Grundsätzlich sind Kunststoffbeläge sehr pflegeleicht:
Loser Staub und Schmutz sind durch Moppen, Staubsaugen oder Kehren zu entfernen.
Feuchtwischen mit warmer Reinigerlösung (Neutral- oder Allzweckreiniger), auch Wischpflegemittel und Wischglanzmittel sind geeignet.
Gelegentliche Pflege mit einer geeigneten Selbstglanzemulsion ist ebenfalls möglich.
Nur bei starker Verunreinigung oder zur Entfernung von Pflegemittelschichten einen Grundreiniger verwenden.
Einige Kunststoffbeläge und Schweißnähte vertragen keine lösungsmittelhaltigen Reiniger, deshalb auch kein herkömmliches Bohnerwachs benutzen.
PVC-Verbundbeläge. Die Nutzschicht aus PVC ist mit einer Unterlage aus Polyester, Kork, Jute oder Schaumstoff versehen.
Die Reinigung ist die gleiche wie bei Kunststoffbelägen aus PVC.

Gummibeläge

Gummibeläge sind elastisch und federnd, trittsicher, antistatisch, unempfindlich gegen Druck, teilweise aber empfindlich gegen Säuren oder Laugen. Sie sind problemlos zu reinigen, da nicht wasserempfindlich.
Moppen, kehren oder staubsaugen, feucht bis naß wischen mit warmer Reinigerlösung (Neutralreiniger, Seifen-, Allzweckreiniger).

Linoleum

Linoleum ist ein elastischer, wärme- und schalldämmender Bodenbelag, nachteilig ist seine Empfindlichkeit gegen Nässe sowie Säuren und Laugen, je nach Sorte.
Feucht wischen mit warmer Reinigerlösung (Neutralreiniger) oder wachshaltigen Wischpflegemitteln.
Stärkere Verschmutzungen mit Terpentinersatz oder lösungsmittelhaltigem Spezialmittel (Grundreiniger) entfernen, keinesfalls mit Scheuermitteln oder scharfen, säurehaltigen Reinigern bearbeiten.
Vor allem nach einer gründlichen Reinigung ist dünnes Einreiben mit Hartflüssigwachs als Schutzfilm gegen neuerliche Verschmutzung und Beschädigungen angebracht.
Linoleum-Verbundbeläge. Hier ist die Nutzschicht aus Linoleum, deshalb werden diese Beläge wie oben beschrieben gereinigt.

Korkbeläge

Das Naturprodukt Kork ist elastisch, fußwarm, schall- und wärmedämmend.
Korkplatten-Belag: Staubsaugen, moppen oder kehren. Feucht wischen mit lauwarmer Reinigerlösung (Neutral- oder Allzweckreiniger). Trittspuren von Gummisohlen und Farbflecke lassen sich mit Terpentin-Ersatz entfernen.
Kork-PVC-Verbundbelag: Reinigung siehe Kunststoffbeläge.

Weitere Reinigungshinweise

Sehr starke Verkrustungen durch Schmutz oder alte Pflegemittelschichten lassen sich manchmal nur mit einem lösungsmittelhaltigen Grundreiniger (Speziallöser) entfernen.
Tragen Sie schichtenbildende Pflegemittel nur höchst selten und sehr dünn auf.
Bei zu häufigem und zu dickem Auftragen entstehen schwer zu entfernende Schichten, die dann mit aggressiven Speziallösern wieder beseitigt werden müssen.

Nehmen Sie beim Bodenreinigen Rücksicht auf Möbel und Wände. Füße, Leisten etc. nicht naßmachen, anschmutzen oder beschädigen.

Übrigens . . .

So können Sie unnötige Putzarbeit vermeiden:
Legen Sie genügend große Fußmatten aus; sie dienen als Schmutzfänger. Vorsorgemaßnahmen
Fußmatten nicht im Raum, sondern draußen ausschlagen, besser noch: absaugen.
Bei sehr schmutzigen Schuhen hilft nur eines, nämlich Schuhwechsel.
Möbel sollten auf Gleitrollen oder Filzscheiben stehen, damit sie beim Verschieben keine unschönen Spuren verursachen.
Wenn noch nicht geschehen, lassen Sie Ihren Parkettboden mit einem Lack auf wasserlöslicher Basis versiegeln. Der Überzug schützt vor Staub, Schmutz und Feuchtigkeit und erleichtert die Reinigung.

Einkaufstips

So sollten Fußböden sein:
- strapazierfähig und damit verschleißfest,
- trittelastisch,
- fußwarm,
- druckunempfindlich,
- wärme- und schalldämmend,
- pflegeleicht,
- frei von gefährlichen Inhaltsstoffen.

Glatte Oberflächen sind pflegeleichter als strukturierte, in denen sich der Schmutz leichter festsetzt.
Verunreinigungen sind eher sichtbar auf sehr hellen und sehr dunklen sowie auf einfarbigen Fußböden.
Bodenbeläge mit dem Umweltzeichen sind frei von Asbest.
Achten Sie beim Kauf keramischer Fliesen auf die Kennzeichnung der Beanspruchungsgruppe:
I steht für leichte Beanspruchung, II für normale Beanspruchung und III für stärkere Beanspruchung.

Treppen

Als eine Sonderform von Böden werden Treppen materialentsprechend mit denselben Mitteln wie die verschiedenartigen Fußböden gereinigt. Geeignet sind dabei alle Reinigungs- und Pflegemittel, die eine gewisse Sicherheit vor dem Ausrutschen bieten, wie Allzweck- und Seifenreiniger sowie Wischpflegemittel. Ungeeignet ist Bohnerwachs.
Hinsichtlich der Reinigungstechnik ergeben sich bei Treppen gegenüber Fußböden konstruktionsbedingte Unterschiede.

Arbeitsablauf

Treppengeländer

Zunächst wird das Treppengeländer, von oben beginnend, mit einem trockenen Staubtuch oder einem feuchten Ledertuch entstaubt.

Treppenstufen

Auch die Treppenstufen werden von oben nach unten entstaubt; dabei gibt es mehrere Möglichkeiten:

Bei geringer Verstaubung und Verschmutzung reicht es zur Reinigung aus, die Stufen mit einem feuchten Boden- oder Ledertuch abzuwischen, wobei der Schmutz mit dem Tuch aufgenommen wird.

Bei Stufenmatten oder Teppichbelag ist der Einsatz eines Staubsaugers unumgänglich. Verwenden Sie beim Bodenstaubsauger dazu am besten die auf das Handstück aufgesetzte Polsterdüse. Stellen Sie das Gerät aufrecht, etwas unterhalb ab, aber halten Sie es am Handgriff, damit es nicht kippt oder herunterfällt. Aus Sicherheitsgründen empfiehlt sich hier die Arbeit von unten nach oben.

Wenn gröbere, lose Schmutzpartikel von glatten Treppenstufen zu entfernen sind, kann die Reinigung auch mit einem Handfeger erfolgen; dabei wird der Schmutz jeder Stufe auf die darunter bereitgehaltene Kehrschaufel gekehrt.

Sind für das Treppengeländer weitere Pflegemaßnahmen vorgesehen, etwa die Behandlung mit einem Möbelpflege- oder Metallputzmittel, sollten diese vor der gründlichen Treppenreinigung vorgenommen werden.

Die anschließende gründliche Reinigung der Treppe mit einem feuchten, aber keinesfalls nassen Putztuch beinhaltet sowohl die Tritt-, als auch die Stoßstufen, außerdem vorhandene Treppenwangen oder Wandsockelleisten, bei offenen Treppenstufen auch die Außen-, Rück- und Unterseiten der Trittstufen.

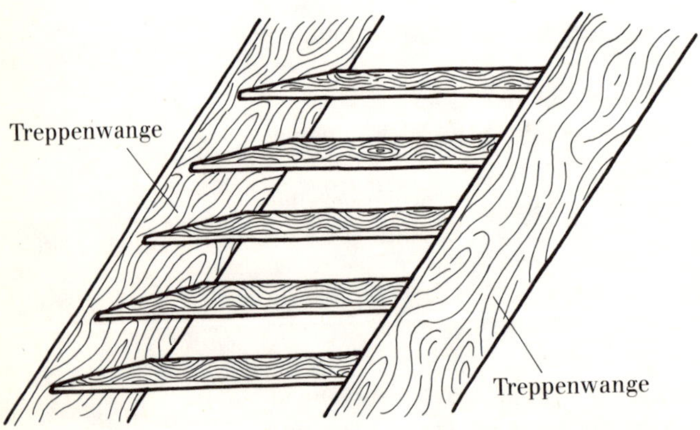

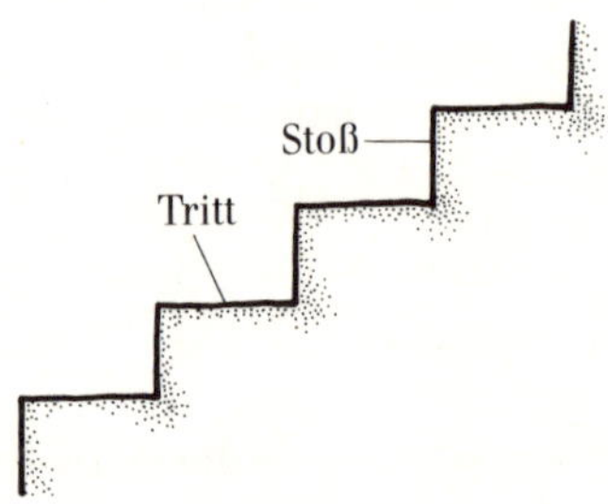

Spezielle Reinigungshinweise

Gut geeignet für eine schnelle Reinigung zwischendurch ist ein Wischmop, für die gründliche Reinigung ist jedoch ein Putz- oder

Ledertuch vorzuziehen, weil damit Ecken, Stoßstufen und Stufenunterseiten besser zu erreichen sind.
Bei Treppen, die mit Stufenmatten ausgelegt sind, werden die Stufen mit den Matten gleichzeitig gesaugt und danach die freien Abschnitte der Treppenstufen feucht gewischt. Wenn Pflegemittel aufgetragen wird, sollte dies vorsichtig unter Aussparung der Matten geschehen.
Treppen mit lose aufgelegten Läufern werden ebenfalls samt Läufer abgesaugt. Freie, nichtbelegte Stufenseiten werden mit einem feuchten Tuch nachgewischt. Gelegentlich wird der Läufer entfernt und intensiv von beiden Seiten gereinigt (siehe unten). Die Befestigungsstäbe werden gesäubert und die Treppe je nach Material gründlich geputzt.

Übrigens ...

Um einem ungleichmäßigen Verschleiß durch Begehen der vorderen Stufenkanten vorzubeugen, sollten Treppenläufer ab und zu verschoben werden.

Textile Fußbodenbeläge und Teppiche

Generell sind Teppichböden und Teppiche trittelastisch, wärmedämmend, fußwarm und schallschluckend.
Teppichböden sind überwiegend aus Chemiefasern (Polyamid, Polyacryl, Polyester oder Polyprophylen) gefertigt, während Teppiche häufiger aus Naturfasern tierischer oder pflanzlicher Herkunft sind.
Tagtäglich werden Teppiche und Teppichböden mit Füßen getreten, trotzdem sind sie weniger pflegebedürftig als manchmal angenommen wird.
Kleinere Teppiche, Vorleger oder Matten werden durch Ausschütteln, Ausschlagen und Saugen, größere durch Abkehren mit dem Teppichkehrer oder besser durch Absaugen von Staub befreit. Keinesfalls sollten Sie regelmäßig mit Spray, Shampoo oder Pulver anrücken; das schadet dem Teppich, Ihrer Gesundheit und der Umwelt.
Dafür dürfen Sie das Entstauben mit Staubsauger, Teppichkehrer oder durch Ausschütteln aber recht oft vornehmen, weil dadurch das Eindringen von scheuernden Schmutzpartikeln in den Flor vermieden wird. Ihr Teppich dankt es Ihnen mit längerer Lebensdauer.
Flecke sollten möglichst umgehend entfernt werden. Fleckentfernung siehe Seite 109.
Nur bei offensichtlicher Verschmutzung sollten Sie eine der folgenden Reinigungsmethoden anwenden. Echte Wolle ist von Natur aus schmutzabweisend und bedarf so gut wie nie einer Naßreinigung. Je nach Fußbodenart und Reinigungsverfahren brauchen sie unterschiedliche Reinigungsmittel, deshalb möglichst die Pflegehinweise der Hersteller beachten und bei Verwendung von Reinigungs- und Pflegemitteln die Gebrauchsanweisung beachten.

Arbeitsmittel und Arbeitsablauf

Leder- oder Staubtuch (feucht),
Staubsauger,
Folie zum Abdecken empfindlicher Möbel,
vor der Erstreinigung Mittel zur Probe auf Farbechtheit,
Mittel zur Fleckentfernung (siehe Seite 109),
lauwarmes Wasser,
Neutralreiniger oder
Reinigerpulver (je nach Art der Reinigung),
Schneebesen und grobporiger Schwamm,
sauberer Schrubber oder Spezialschrubber,
oder Schaumkonzentrat und
Shampooniergerät

Bewegliche Kleinmöbel hoch- bzw. beiseite stellen, vorher säubern.
Fenster öffnen.
Teppich gründlich absaugen, dabei systematisch vorgehen und bei losen Teppichen auch die Unterseite nicht vergessen.
Fußleisten mit Ledertuch abwischen, dabei Ecken und Kanten besonders beachten.
Vorhandene Flecke entfernen.

Probe auf Farbechtheit

Probe auf Farbechtheit: Es ist empfehlenswert, vor der ersten Reinigung zu prüfen, ob der Teppich farbecht ist.
Geben Sie eine geringe Menge des vorgesehenen Reinigungsmittels auf ein weißes Tuch und verreiben Sie es gründlich an unauffälliger Stelle des Teppichs. Nimmt das Tuch keine Farbe an, ist der Teppich farbecht.

Vermeiden Sie bei der Grund-Reinigung unbedingt eine zu starke Durchfeuchtung von Teppichen und Bodenbelägen.

Umweltverträgliche Reinigung mit Seifenschaum

Pro Liter lauwarmes Wasser 1 bis 2 Eßlöffel Neutralreiniger mittels Schneebesen auflösen und mit Hilfe eines Schwammes durch Ausdrücken einen möglichst feinporigen, festen Schaum herstellen.
Den trockenen Schaum auf der gesaugten Fläche mit einem sauberen Schrubber, Spezialschrubber oder einer Bürste verteilen und gleichzeitig kreuz und quer einmassieren.
Abschnittweise vorgehen, je nach Reichweite der Arme. Im hinteren Raumende beginnen und zur Tür hin arbeiten.
Mehrere Stunden trocknen lassen, während dieser Zeit den Teppich nicht begehen, die Feuchtigkeit würde zu sehr in die Tiefe des Flors eingetreten.
Nach dem Trocknen nochmals absaugen.

Fußbodenbeläge und ihre Reinigung

Textiler Belag	Bürstsauger		Staubsauger		trocken Shampoonieren		feucht Shampoonieren für gründliche Reinigung	
	s	w	s	w	s	w	s	w
Filz, Vlies	–	–	+	–	+	–	+	–
Schlinge								
kurz, fein	+	+	+	+	+	+	+	+
grob, rustikal	+	–	+	+	–	–	+	–
hoch-tief strukturiert	+	–	+	+	–	–	+	+
Velours (Schnittpol)								
kurzflorig, dicht	+	+	+	+	+	+	+	+
weich, flauschig	+	–	+	–	+	–	–	–
langflorig, grob	–	–	+	+	–	–	–	–
Kräusel-velours	–	–	+	+	–	–	+	+
Schlinge mit Velours								
kurzflorig, dicht	+	+	+	+	+	+	+	+
hochflorig, locker	+	–	–	+	+	–	+	–

s = Synthetik
w = Wolle
+ = geeignetes Reinigungsverfahren
– = ungeeignet oder Bodenbelag in dieser Form nicht im Angebot (z. B. Filz in Wolle)

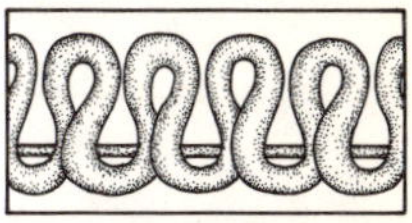
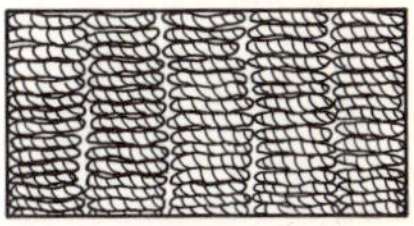
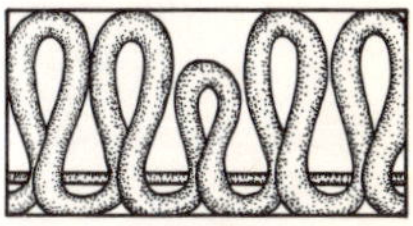
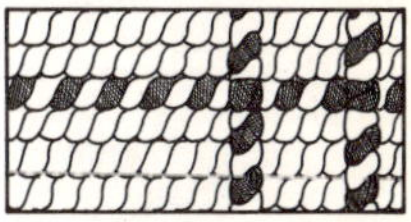
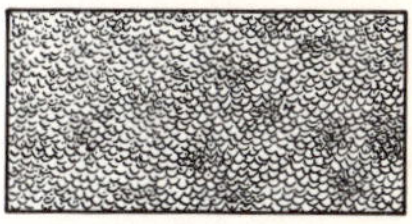
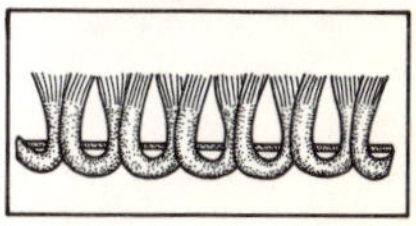
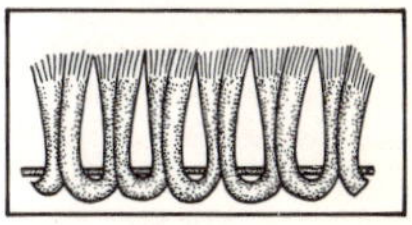
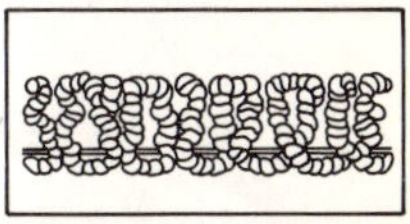
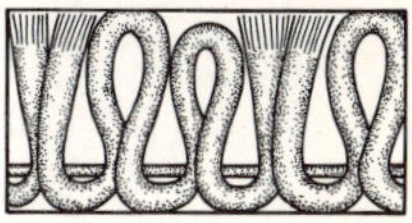

Reinigung mit Pulver

Die erforderliche Pulvermenge richtet sich nach der Größe der Fläche, der Art des Teppichs und dem Verschmutzungsgrad (Gebrauchsanweisung beachten).
Abschnittweise nach Reichweite der Arme vorgehen und das Pulver gleichmäßig auf die gesaugte Fläche streuen. Mit einem sauberen Schrubber oder Spezialschrubber gründlich von allen Seiten einmassieren.
Nach einer Einwirkzeit von 20 Minuten bis 2 Stunden, bei Bedarf auch länger, das Pulver mit dem gelösten Schmutz absaugen.
Laut Herstellerangaben kann der Teppich während dieser Zeit begangen werden, aber vermeiden Sie dies nach Möglichkeit. Halten Sie Kleinkinder im Krabbelalter während dieser Zeit vom Teppich fern, da die Mittel unter Umständen gesundheitlich bedenkliche Stoffe, wie Formaldehyd und Lösungsmittel enthalten können. Denken Sie auch an den Schutz von Haustieren.
Flecke, die nach dem Reinigungsvorgang nicht verschwunden sind, nachbehandeln durch zusätzliches Bearbeiten mit Pulver und einer feuchten Handbürste.

Reinigung mit Shampooniergerät

Wasser und Schaumkonzentrat nach Gebrauchsanweisung in das Shampooniergerät füllen.
Schaumkonzentrate können auch von Hand zubereitet werden, indem Konzentrat und Wasser mit einem Schneebesen zu Schaum verarbeitet werden. Der Schaum wird mit Hilfe eines Schrubbers aufgetragen, jedoch muß hier große Sorgfalt darauf verwendet werden, den Teppich nicht zu sehr zu durchnässen.
Den Schaum in den gesaugten Flor einarbeiten, dabei den Teppich kreuz und quer bearbeiten.
Mindestens zwei Stunden, besser über Nacht, einwirken und trocknen lassen, während dieser Zeit nicht begehen.
Nach dem Trocknen absaugen.

Reinigung mit Sprühextraktionsgerät

Die Grundreinigung mit einem solchen Gerät lassen Sie am besten von einem Spezialreinigungsunternehmen machen, wobei der Preis je m^2 vorher erfragt werden sollte.
Sie können auch Sprühextraktionsgeräte leihen, Bedienung des Gerätes und Arbeitsweise erläutert der Fachmann. Dieses Reinigungsverfahren garantiert eine tiefgründige Reinigung, weil die Reinigerflüssigkeit in den Flor hineingepreßt wird.

Spezielle Reinigungshinweise

Nadelfilz, Nadelvlies. Saugen oder Bürstsaugen. Durch Verwendung zu harter Bürsten kann die Oberfläche aufgerauht werden. Schaumreinigung mit Seifenschaum, käuflichem Mittel oder Sprühextraktion ist möglich, Shampoonieren nur bedingt möglich, da die Vliese waagerecht verlaufen. Das Reinigungsverfahren mit Pulver ist ungeeignet, weil das Pulver sich unter den waagerecht verlaufenden Vliesen festsetzt. Nadelfilz, Nadelvlies

Schlinge, Bouclé oder Schlingenflor. Staubsaugen oder Bürstsaugen. Schaumreinigung mit Seifenschaum, käuflichem Schaummittel oder Sprühextraktion, auch mit Shampoo, ohne den Teppich zu durchnässen. Weniger geeignet ist Pulver, es setzt sich unter den Schlingenbögen fest. Schlinge, Bouclé, Schlingenflor

Velours. Bevorzugt Bürstsaugen, weil dadurch der Flor gleichzeitig wieder aufgerichtet wird. Staubsaugen in Strichrichtung, damit der Oberflächenschmutz nicht zu sehr in die Tiefe des Flors eingearbeitet wird. Reinigung mit Seifenschaum, käuflichem Schaummittel, Shampoo, Pulver oder Sprühextraktion. Velours

Schlinge-Velours-Verarbeitung. Bevorzugt Bürstsaugen, sonst Saugen. Reinigung: Seifenschaum, käufliches Schaummittel, Pulver oder Sprühextraktion. Schlinge-Velours-Verarbeitung

Kokosteppich. Staubsaugen. Nicht Klopfsaugen, weil dadurch das Material leidet. Reinigung mit Shampoo oder Bürsten mit schwacher Feinwaschmittellösung. Kokosteppiche

Sisalteppich. Staubsaugen. Stärkere Verschmutzungen mit warmer Seifenlösung (Neutralreiniger) und Bürste bearbeiten. Sisalteppiche

Strohteppiche. Staubsaugen oder Abbürsten. Um zu verhindern, daß das Material spröde und brüchig wird, ab und zu mit Wasser besprengen. Bei starker Verschmutzung mit Schmierseifenlösung abbürsten. Strohteppiche

Felle nur ausschütteln, beim Absaugen würden sie Haare lassen. Manche Felle lassen sich mit Feinwaschmittel von Hand oder maschinell waschen, Pflegeanleitung beachten. Felle

Türvorleger. Absaugen oder draußen ausschütteln. Türvorleger und kleine Brücken nicht gegen Hauswände ausschlagen, weil Beschädigungen auftreten können. Bei starker Verschmutzung mit Seifenschaum oder Seifenlösung reinigen. Türvorleger

Wandteppiche. Abbürsten oder mit geringer Saugkraft absaugen. Wandteppiche

Weitere Reinigungshinweise

Farbauffrischung. Losen Staub und Schmutz gründlich absaugen. Eine Mischung aus 1 Teil Essig und 10 Teilen Wasser herstellen. Schrubber oder Bürste eintauchen und Teppich oder Teppichboden damit abbürsten. Farbauffrischung

Umweltfreundliche Reinigungsmethode im Winter. Teppiche und Vorleger mit der Oberseite auf trockenen Schnee legen und von links mit dem Teppichklopfer abklopfen. Den Teppich so lange auf dem Reinigung im Schnee frischen Schnee verlegen, bis der Schnee sauber bleibt. Diese Methode ist auch geeignet für nicht farbechte Teppiche.

Teppichfransen

Teppichfransen. Entweder mit einem speziellen Kamm glätten oder den Teppich auf der Fransenseite anheben und kraftvoll auf den Boden zurückschlagen.

Teppichklopfen

Klopfen. Am besten ganz vermeiden, ansonsten Teppiche grundsätzlich nur von der Rückseite klopfen.

Klopfsauger. Klopfsauger nie für verklebte Teppichböden benutzen, sie würden sich vom Untergrund lösen.

Übrigens ...

Vorsorgemaßnahmen

Um den Teppich zu schonen, sollten Möbel mit Gleitrollen oder Gleitscheiben versehen sein.

Teppiche ab und zu umlegen, dadurch werden sie gleichmäßiger abgenützt.

Glatte Böden nach dem Putzen und Auftragen von Pflegemittel völlig trocknen lassen, bevor der Teppich wieder ausgelegt wird.

Teppiche nur zusammenrollen, nie falten; das Grundgewebe könnte brechen.

Teppichböden aus Kunstfasern können sich elektrostatisch aufladen, wenn die Luftfeuchtigkeit im Raum zu niedrig ist.

Das Verrutschen von Teppichen auf glatten Böden läßt sich durch rutschhemmende Beschichtungen oder Unterlagen vermeiden.

Unnötige Reinigungsarbeit können Sie vermeiden

- durch genügend große Fußmatten,
- durch Wechsel der Schuhe bei starker Verunreinigung,
- durch Aufstellen eines Abfallbehälters,
- indem Sie Haustiere zu Sauberkeit erziehen,
- indem Sie aus benachbarten Räumen frisch aufgetragene Pflegemittel nicht mit den Schuhen übertragen.

Einkaufstips

Bevor Sie einen Teppich kaufen, denken sie daran: Sie müssen doppelte Reinigungsarbeit leisten, denn Teppich und Boden wollen gereinigt sein.

Durch überlegten Teppichkauf können Sie sich unnötige Reinigungsarbeit, aber auch Enttäuschungen ersparen.

Achten Sie auf das Gütesiegel des Deutschen Teppich-Forschungsinstitutes. Es gibt Hinweise für verschiedene Eignungsbereiche: Ruhe-, Wohn- und Arbeitsbereich.

Zusätzliche Eigenschaften werden verdeutlicht durch weitere Symbole, wie stuhlrollengeeignet, feuchtraumgeeignet, treppengeeignet, antistatisch, für Fußbodenheizung geeignet.

Über das Material des Teppichs informiert das Materialsiegel der Europäischen Teppichgemeinschaft. Das ETG-Teppichsiegel enthält auch Angaben über den Strapazierwert (von 1 = gering bis 4 = extrem) und den Komfortwert (von 1 = einfach bis 4 = luxuriös).
Erkundigen Sie sich beim Kauf auch, ob der Teppich licht- und farbecht sowie mottensicher ist.
Denken Sie daran, daß einfarbige helle und sehr dunkle Teppiche schneller sichtbar verschmutzen als melierte und gemusterte.
Schlingenware mit geschlossenen Florschlingen (Noppen) ist strapazierfähiger und unempfindlicher als Verlours, der sich samtartiger anfühlt, weil die Florschlingen aufgeschnitten und geschoren sind.
Hochflorige Teppiche wiederum halten den Schmutz fester als kurzflorige.
Schmutzabweisende Ausrüstung: Die Faser ist von einem Schutzfilm umgeben, der sie vor schnellem Anschmutzen schützt und pflegeleicht macht, weil auch eingetrocknete Flecke noch ausgewaschen werden können.
Manche Bodenbeläge sind zusätzlich bakterizid ausgerüstet, wodurch Keimen der Nährboden entzogen werden soll.
Zu hellen Möbeln passen kräftige Farben, zu dunklen Möbeln pastelligere oder kühlere Farben.
Wenn Teppiche oder Bodenbeläge eine starke Musterung aufweisen, sollten Gardinen und Tapeten nicht gemustert und die restliche Ausstattung des Raumes eher zurückhaltend sein.
Bei glatten Polstermöbelstoffen oder Lederpolstern dürfen die Teppiche eher flauschiger sein, zu glatten Teppichen passen hingegen auch flauschige Polsterstoffe.
Eine Garantie für gute Beratung sowie preis- und qualitätsgerechten Einkauf von Orient- und Berberteppichen bieten seriöse Fachgeschäfte und -abteilungen von Möbel- und Warenhäusern. Sie geben auch Auskunft über Herkunft, Material und Knotenzahl echter Orient- oder Berberteppiche.
Beim Kauf von Matten und Vorlegern sollten Sie sich informieren, ob das Teil waschbar ist, ob es von Hand gewaschen werden muß oder in der Waschmaschine gereinigt werden kann.
Achten sie aus Sicherheitsgründen beim Teppichkauf auf eine rutschhemmende Beschichtung.

Fleckentfernung aus textilen Bodenbelägen und Möbelstoffen

Manchmal läßt sich auch bei größter Vorsicht die Entstehung eines Flecks nicht verhindern. Auch aus ökologischer Sicht ist es sinnvoll, Flecke zu entfernen, notfalls sogar mit chemischen Mitteln. Durch die Fleckentfernung wird der Gegenstand wieder brauchbar und damit länger nutzbar. Eine vorzeitige Neuanschaffung würde durch Rohstoffverbrauch und Energiebedarf bei der Herstellung die Umwelt weit mehr belasten als der Einsatz eines Fleckentferners. Zumal Fleckentferner nicht regelmäßig und vor allem nicht großflächig angewendet werden.

Farbechtheits-Probe

Farbechtheits-Probe. Es empfiehlt sich, vor der Fleckentfernung zu prüfen, ob der Teppich oder Polsterstoff farbecht ist.
Geben Sie eine geringe Menge des vorgesehenen Fleckentferners auf ein weißes Tuch und verreiben Sie das Mittel gründlich an unauffälliger Stelle. Nimmt das Tuch keine Farbe an, ist das Gewebe farbecht.

Wichtige Regeln für die Fleckentfernung

Flecke möglichst sofort entfernen, damit sie nicht einziehen oder eintrocknen können.
Verschüttete Flüssigkeit mit einem saugfähigen Tuch, Küchenkrepp oder einem Papiertaschentuch aufsaugen oder abtupfen.
Halbfeste oder feste Substanzen mit einem Löffel oder einem Messerrücken vorsichtig ablösen und abheben.
Danach den Fleck mit einem weißen, angefeuchteten Tuchende von außen zur Mitte hin abreiben. Nie von innen nach außen reiben, dadurch wird der Fleck nur größer. Wenn er nicht verschwindet, lauwarmes Wasser zu Hilfe nehmen.
Mittel zur Fleckentfernung nie direkt auf den Fleck geben, sondern auf ein Tuchende. Tuch so falten, daß der Fleck immer mit einem sauberen Tuchende bearbeitet werden kann.

wasserlösliche Flecke

Wasserlösliche Flecke (Bier, Wein, Cola, Likör, Kaffee, Obst, Blut, Kakao, Milch, Schokolade, Zucker, Erbrochenes) auf farbechten Textilien vorsichtig mit etwas Seife (Gallseife) oder Feinwaschmittel behandeln. Dann mit klarem Wasser nachreiben.

nicht wasserlösliche Flecke

Nicht wasserlösliche Flecke (Farbstifte, Kugelschreiber, Nahrungsfette, Lippenstift, Schuhcreme, Ölfarbe, Teer) können durch Abreiben mit Spiritus verschwinden.
Achten Sie darauf, daß Polster oder Teppich bei der Prozedur nicht unnötig naß werden.
Sicherer ist es, zunächst Teppichschaum oder -Reinigungspulver nach Gebrauchsanweisung einwirken zu lassen und die gelöste Flecksubstanz keinesfalls zu verreiben, sondern vorsichtig mit einem Tuch aufzusaugen. Vorgang bei Bedarf wiederholen.
Nach der Fleckentfernung die Stelle trockenreiben und nach dem völligen Trocknen den Flor aufbürsten.
Ist der Fleck immer noch sichtbar, ist der Einsatz eines speziellen chemischen Fleckentferners zu überlegen.

Einige Flecke erfordern eine spezielle Behandlung

Kerzenwachs

Kerzenwachs. Das Wachs mit Hilfe eines harten Gegenstandes zerbröckeln, Wachspartikel absaugen oder abbürsten. Löschpapier oder

Küchenkrepp auflegen und restliches Wachs ausbügeln. Vorsicht, damit nicht ungeschützte Teile des Teppichs versengt oder angeschmolzen werden.
Weitere Behandlung bei Bedarf mit Spezialmitteln, siehe oben. Bohnerwachs und Schuhcreme ebenfalls ausbügeln.

Kaugummi. Vereisen mit Kaugummientferner oder Eiswürfeln. Vereisten Kaugummi abklopfen, bzw. zertrümmern und absaugen oder ausbürsten. Weitere Behandlung siehe oben. Kaugummi

Nagellack. Mit Nagellackentferner auflösen. Farbrückstände nachbehandeln wie oben beschrieben. Nagellack

Dispersions- oder Ölfarbe. Lackverdünner auf ein saugfähiges Tuch geben und den Fleck abtupfen. Nach dem Trocknen Rückstände mit Teppichshampoo oder -pulver behandeln. Dispersions- oder Ölfarbe

Übrigens ...

Sorgen Sie bei der Fleckentfernung für gute Beleuchtung, am besten durch Tageslicht und eine ausreichende Belüftung. Viele Fleckentferner enthalten Lösungsmittel, deren Dämpfe nicht eingeatmet werden sollten.
Beachten Sie, daß viele Fleckentferner feuergefährlich sind.
Lassen Sie die Mittel während der Anwendung nie achtlos herumstehen, verschließen Sie die Verpackungen sofort nach Gebrauch und sorgen Sie für die sichere Aufbewahrung.

Reinigung und Pflege von Möbeln

Polstermöbel mit Stoffbezügen

Wenn Sie Ihr Wohnzimmer wirklich bewohnen, dann gehören die Polstermöbel zu den meist-strapazierten Wohnungsgegenständen überhaupt. Trotzdem reicht es normalerweise völlig aus, sie abzusaugen oder zu bürsten. Doch gelegentlich kann auch mehr Aufwand zur Reinigung erforderlich sein.

Arbeitsmittel und Arbeitsablauf

Staubsauger,
lauwarmes Wasser,
Neutralreiniger,
Schneebesen,
grobporiger Schwamm oder Spezial-Polsterschwamm.
Vor der Erstreinigung Mittel zur Farbechtheits-Probe
Mittel zur Fleckentfernung

Fenster öffnen. Mit der Polsterdüse des Staubsaugers die Polster strichweise systematisch absaugen, lose Kissen von allen Seiten saugen. Möbelrückseiten und Unterseiten (z. B. von Sesseln) nicht vergessen.
Fugen und Ritzen mit der Fugendüse aussaugen.
Falls vorhanden, Holzteile mit ausgedrücktem Ledertuch reinigen, nachtrocknen. Gleitrollen abwischen.

1/2 bis 1 Eßlöffel Neutralreiniger in 1/2 l warmem Wasser mit einem Schneebesen auflösen.
Mit dem Schwamm durch Ausdrücken in der Reinigerlösung Schaum herstellen. Bei Erstreinigung sollten Sie eine Farbechtheitsprobe machen (siehe Seite 110).
Den trockenen Schaum mit dem Schwamm strichweise auftragen und gut von allen Richtungen einreiben, ohne das Polster zu durchnässen. Polster trocknen lassen.
Falls das Polster versehentlich zu naß gemacht wurde, direkt mit einem sauberen, nichtfusselnden Tuch trockenreiben.

Spezielle Reinigungshinweise

Wenn Sie käufliche Mittel zur Polsterreinigung verwenden, können Sie folgendermaßen verfahren:

Fenster öffnen, Polster gründlich absaugen.
Käufliches Mittel nach Gebrauchsanweisung auftragen, mit einem Schwamm einmassieren und einwirken lassen.
Nach der vorgeschriebenen Einwirkzeit unbedingt den gelösten Schmutz absaugen.

Farbauffrischung

Farbauffrischung. (Eine schnelle Methode für zwischendurch). Polster gründlich absaugen. 1 Teil Essig mit 10 Teilen Wasser mischen. Handbürste eintauchen, ausschlagen und Polster gründlich bürsten. Oder Schwamm eintauchen, ausdrücken und Polster damit abreiben. Bei Veloursbezügen nach der Feuchtreinigung und dem Trocknen den Flor durch Bürsten wieder aufrichten.

Übrigens ...

Vorsorgemaßnahmen

Um unnötige Reinigungsarbeit zu vermeiden,
- Armlehnen mit einem Überzug versehen, sofern es Sie nicht stört.
- Oder die Polstermöbel ganz abdecken. Das sieht zwar nicht schön aus, kann aber ganz praktisch sein, wenn kleine Kinder oder Haustiere da sind.

Einkaufstips

Überzeugen Sie sich von der Qualität des Materials und der Verarbeitung.
Das Bezugsmaterial sollte folgende Eigenschaften haben: strapazierfähig, schmutzabweisend, atmungsaktiv, große Dichte, unempfindliche Farbe und Musterung, pflegeleicht. Reine Wolle ist schmutzabweisend und deshalb pflegeleicht. Dicht gewebte, kräftige Wollstoffe sind zwar teuer, aber außerordentlich haltbar.
Bei losen Kissen lassen sich die Bezüge manchmal zum Reinigen abnehmen. Wenn lose Kissen so gearbeitet sind, daß man sie drehen und wenden kann, werden sie weniger schnell abgenutzt.
Gepolsterte Armlehnen sind empfindlicher und verschmutzen schneller als Armlehnen aus Holz.
Nur Polstermöbel, deren Rückseite mit dem Original-Stoff bezogen ist, sind im Raum frei aufstellbar.
Erkundigen Sie sich beim Kauf auch nach Güte und Material von Polsterung, Federung und Grundgestell.

Polstermöbel mit Lederbezügen

Wenn Sie beim Kauf von Ledermöbeln auf gute Qualität achten, haben Sie bestimmt lange Freude daran, denn gutes Leder wird durch Alter und Gebrauch schöner. Ledermöbel sollten möglichst wenig gereinigt werden. Außer dem Entstauben brauchen sie keine weitere regelmäßige Reinigung. Nur wenn wirklich Verschmutzungen oder Flecke sichtbar sind, sollten Sie Ledermöbel reinigen. Siehe auch Kapitel Leder Seite 217. Grundsätzlich lassen sich Glatt- und Rauhleder unterscheiden.

Glattleder (z. B. Nappa)

Anilinleder

Anilinleder. Sie sind mit wasserlöslichen Farbstoffen (Anilinfarben) durchgefärbte Leder. Durch eine nichtschichtende Imprägnierung ist das Porenbild dieses hochwertigen Leders noch voll erkennbar. Anilinleder ist empfindlicher als Leder mit Oberflächen-Beschichtungen.

Semi-Anilinleder

Semi-Anilinleder. Zusätzlich zur Anilinfärbung werden noch Farb- und Hautunregelmäßigkeiten durch Besprühen mit Pigmentfarben und eine schützende Deckschicht egalisiert. Durch diese Behandlung wird die Empfindlichkeit des Leders geringfügig herabgesetzt.

Gedeckte Leder oder Color-Finish-Leder

Gedeckte Leder oder Color-Finish-Leder. Die Oberfläche ist mit einer deckenden Farbschicht und einem Kunstharzüberzug versehen, wodurch sie relativ unempfindlich und pflegeleicht ist. Durch die Deckschicht fühlen sich diese Leder nicht mehr so weich und samtartig an wie Anilinleder.

Arbeitsmittel und Arbeitsablauf

Staubtuch,
Staubsauger mit Fugendüse,
für Color-Finish-Leder und Semi-Anilinleder: handwarme, milde Feinwaschmittellösung,
für Anilinleder: handwarme, 2%ige Spiritus-Wasser-Lösung,
Ledertuch, Schwammtuch oder Viskose-Schwamm,
weiches Tuch zum Trockenreiben.

Möbelstück mit einem weichem Staubtuch entstauben.
Staubsauger mit Fugendüse möglichst nur zum Aussaugen von Ecken und Ritzen einsetzen.

Color-Finish-Leder und Semi-Anilinleder

Color-Finish-Leder und Semi-Anilinleder: Mit einem in milder Feinwaschmittellösung ausgewrungenen Tuch oder Schwamm abwischen (nicht naß machen). Mit klarem Wasser nachreiben und abtrocknen.

Anilinleder

Anilinleder: Mit dem in der Spiritus-Wasser-Lösung angefeuchteten, gut ausgedrückten Schwamm das Möbelleder großflächig abreiben, ohne es zu durchfeuchten.
Nachtrocknen mit einem weichem Tuch.

Spezielle Reinigungshinweise

Spezialpflegemittel immer erst an unauffälliger Stelle testen, um Lederschäden zu vermeiden.
Etwa ein- bis zweimal jährlich können Sie Ihre Ledermöbel mit einem Spezialpflegemittel behandeln.

Nach dem Entstauben das Mittel dünn auftragen und mit einem weichen Wolltuch nachreiben.
Zur Pflege von Möbelledern nie Schuhcreme, Terpentin oder Fleckentfernungsmittel verwenden.
Kunstleder: entstauben, mit feuchtem Tuch abwischen, trockenreiben.

Rauhleder

Velours ist ein auf der Fleischseite (Innenseite) geschliffenes Leder mit einem etwas gröberen Schliff als Nubuk. Velours
Nubuk ist ein auf der Narbenseite (Außenseite) sehr fein geschliffenes Leder. Nubuk
Rauhleder sind zwar empfindlicher gegen Verschmutzungen als Glattleder, nehmen aber Feuchtigkeit weniger übel.

Arbeitsmittel und Arbeitsablauf

Staubsauger mit Polsterdüse und Fugendüse,
Wildlederbürste oder Velourstein bzw. Lederradierer
oder sauberer, weißer Radiergummi
oder rauher, trockener Schwamm.

Zuerst speckige Stellen mit Hilfe von Velourstein, Wildlederbürste oder Schwamm aufrauhen.
Das Rauhleder mit der Polsterdüse des Staubsaugers systematisch absaugen, für Ritzen und Fugen die Fugendüse einsetzen.

Spezielle Reinigungshinweise

Spezialmittel erst an unauffälliger Stelle ausprobieren, um Beschädigungen des Leders zu vermeiden.
Verzichten Sie auf spezielle Pflegemittel in Spraydosen. Verwenden Sie statt dessen höchst selten Mittel in Sprühflaschen mit Pumpzerstäuber.
Lederpflegemittel enthalten oft bedenkliche Inhaltsstoffe, deshalb bei der Anwendung Fenster öffnen und von sich wegsprühen.

Fleckentfernung (Glatt- und Rauhleder)

Fettflecke auf Glattleder ziehen nach und nach ins Leder ein und verschwinden mit der Zeit ganz. Fettflecke
Fettflecke auf Rauhleder mit Kreide dick betupfen und längere Zeit einwirken lassen. Die Kreide nimmt das Fett auf. Vorgang bei Bedarf wiederholen, zuletzt Polster abbürsten oder absaugen.
Wassertropfen vermeiden, da sie Flecke verursachen. Wenn doch ein- Wassertropfen

mal Wassertropfen auf Glattleder gelangt sind, diese sofort mit einem feuchten Tuch großflächig verreiben.
Wasserflecke verschwinden von Rauhleder, wenn sie nach dem Trocknen mit einem Verlourstein oder der Wildlederbürste abgerieben werden.
Wie immer bei Flecken, so auch hier sofort handeln: Mit saugfähigem Tuch oder Küchenkrepp den Fleck abtupfen.
Mit milder Lösung den Fleck von außen nach innen bearbeiten, nach seinem Verschwinden die Stelle großflächig behandeln.
Trocknen mit einem sauberen, saugfähigen Tuch oder Haarfön auf niedrigster Stufe mit genügend Abstand.
Rauhleder nach der Behandlung und dem Trocknen mit Velourstein oder Wildlederbürste wieder aufrauhen.
Kein Bohnerwachs, Terpentin, Benzin oder scharfe Fleckentferner zur Reinigung und Fleckentfernung verwenden.

Synthetik

Übrigens …

Stellen Sie Ledermöbel nicht in direkter Nähe eines Heizkörpers auf; das Leder trocknet aus und wird spröde.
Direktes Sonnenlicht kann dem Leder schaden, weil es die Farbe ausbleicht.

Echtes Leder

Einkaufstips

Das Zeichen »Echtes Leder« steht für Leder aus gegerbten Häuten und Fellen. Es soll den Verbraucher vor Imitationen schützen.
Neben dem Material spielt für die Qualität auch die Bearbeitung des Leders, wie Gerben, Färben und Appretieren, eine Rolle.
Achten Sie auf eine gute Verarbeitung wie unter Polstermöbel im vorherigen Kapitel beschrieben.

Möbelhölzer

Bevor Sie ein neues Möbelstück anschaffen, fragen Sie sich, ob Sie es wirklich brauchen. Mit Möbeln vollgestellte Zimmer können erdrükkend wirken, besonders bei kleineren Räumen. Sie sollten bedenken, daß Sie jedes Möbelstück reinigen und pflegen müssen. Dabei sind lose und anhaftende Verunreinigungen und Flecke zu entfernen. Mit Hilfe von Pflegemitteln werden Farben aufgefrischt, Glanz erneuert und kleine Beschädigungen optisch zum Verschwinden gebracht.
Bestimmen Sie die passenden Mittel nach folgenden Kriterien:
Oberflächenbehandlung, Verschmutzungsgrad, Holzart.
Offenporige Holzoberflächen sind gegen Feuchtigkeit meist empfindlicher und werden deshalb nur trocken gereinigt.
Holzoberflächen mit geschlossenen Poren (z. B. lackierte) vertragen fast immer eine feuchte Reinigung.
Im Zweifelsfall immer erst mit dem harmlosesten Mittel beginnen.

Arbeitsmittel und Arbeitsablauf

Staubtuch oder Staubpinsel,
Reinigerlösung (je nach Holzoberfläche siehe Seite 118),
Schwammtuch oder Ledertuch,
weiches Trocken- oder Poliertuch,
bei Bedarf: Möbelpflegemittel,
Tuch zum Auftragen,
Poliertuch.

Soll bei Schränken, Schreibtischen, Nachttischen, Kommoden usw. auch das Schrankinnere gereinigt werden, so geschieht dies zuerst:
Den Schrank ausräumen, nicht mehr brauchbare Sachen aussortieren und übrigen Inhalt ordnen.
Schrankinnenraum systematisch (trocken oder feucht) reinigen.
Nach der Feuchtreinigung Türen offenlassen zum besseren Trocknen.
Die Trockenzeit kann genutzt werden, um das Äußere des Möbelstückes zu einigen.
Nach dem Trocknen wieder alles fächerweise geordnet einräumen.
Bei großen Schränken ist es manchmal vorteilhafter, Fach für Fach auszuräumen, zu reinigen und wieder einzuräumen.
Danach wird das Äußere des Möbelstückes gereinigt und gepflegt:
Möbelstück von oben nach unten systematisch entstauben, bevor, wenn nötig, die weitere Reinigung erfolgt.
Zur feuchten Reinigung das Möbelstück mit einem nichtfusselnden Tuch in Richtung der Holzmaserung abwischen, um Streifenbildung zu vermeiden.
Tuch zwischendurch öfter drehen oder falten und auswaschen.
Denken Sie bei der Reinigung auch an die Möbelrück- und Unterseiten sowie die Möbelbeine.

Anwendung käuflicher Möbelpflegemittel

Möbelpflegemittel

Vor der Anwendung käuflicher Möbelpflegemittel muß das Möbelstück völlig trocken sein.
Beachten Sie die Gebrauchsanweisung und öffnen Sie das Fenster. Im Zweifelsfall das Mittel zuerst an unauffälliger Stelle testen.
Das Pflegemittel nie direkt auf das Möbelstück geben, es könnten Flecke entstehen, sondern auf ein sauberes, nichtfusselndes Tuch oder in ein flaches Schälchen, in das ein Tuchende getaucht wird.
Sprays auf das Tuch sprühen.
Möbelpflegemittel hauchdünn in Richtung der Holzmaserung verreiben. Insbesondere bei Möbeln mit geschlossenporiger Oberfläche ist eine sparsame Anwendung notwendig, wenn kein schmieriger, staubanziehender Film entstehen soll.
Je nach Gebrauchsanweisung mit sauberem, weichen Tuch nachpolieren.

Spezielle Reinigungshinweise

Unbehandelte Rohholzmöbel
Reinigung in Richtung der Holzmaserung mit schwacher Seifenlösung, (z. B. Schmierseife), bei starker Verschmutzung oder Flecken auch vorsichtig mit Scheuermittel oder Sandpapier bearbeiten, stets mit klarem Wasser nachwaschen.
Transportable Möbel nach der Reinigung nie in Heizungsnähe oder in der Sonne trocknen, das Holz kann reißen oder sich verziehen. Für unbehandelte Holzmöbel keine chemischen Pflegemittel verwenden.

Gebeizte Möbel
Durch Beizen wird die natürliche Farbe des Holzes verändert, wobei die Maserung oft noch stärker hervortritt.
Gebeizte Möbel ohne weiteren Oberflächenschutz sollten nur trocken gereinigt werden. Durch Verwendung eines Möbelwachses nach Gebrauchsanweisung wird die Empfindlichkeit des Holzes gegen Feuchtigkeit herabgesetzt.

Mattierte Möbel
Die Möbeloberfläche besitzt einen dünnen, seidenmatt glänzenden Lackfilm, der in das Holz einzieht, wobei die Maserung sichtbar bleibt.
Da die Poren nicht ganz verschlossen werden, nie feucht oder naß reinigen.
Zum Reinigen trocken abreiben.
Gelegentlich kan ein Möbelpflegemittel in flüssiger Form dünn aufgetragen werden.

Polierte Möbel
Durch ein aufgebrachtes Poliermittel und anschließendes Schleifen und Glätten entsteht eine glänzende oder matte Oberfläche, bei der die Maserung noch erkennbar ist. Da das Poliermittel sehr dünnschichtig aufgetragen ist, sind die Möbel besonders empfindlich gegen Feuchtigkeit.
Die Möbel mit einem weichen Tuch trocken abreiben, allenfalls bei stärkeren Verschmutzungen mit einem ausgewrungenen Ledertuch feucht reinigen.
Gelegentlich mit einem Möbelpflegemittel behandeln.

Lasierte Möbel
Vor allem einfache Möbel sind meist nur mit einer durchscheinenden Lasurschicht versehen, wodurch die Oberfläche gegen Feuchtigkeit beständiger ist. Die Maserung ist voll sichtbar.
Zur Reinigung am besten nur trocken abreiben, stärkere Verschmutzungen mit einem in schwacher Seifenlösung (Neutralreiniger, Kernseife) ausgewrungenen Ledertuch abwischen. Lasierte Möbel gelegentlich nachlasieren.

Lackierte Möbel
Durch die gut schützende Lackschicht sind die Holzporen geschlossen und die Möbel problemlos in der Pflege.
Nach dem Entstauben je nach Verschmutzungsgrad abledern mit feuchtem Tuch oder mit schwacher Reinigungslösung (Spülmittel oder Neutralreiniger) abwischen.
Gelegentlich können käufliche Pflegemittel äußerst sparsam verwendet werden.

Teakholzmöbel
Trocken bis feucht entstauben, gelegentlich dünn mit Teaköl einreiben (Gebrauchsanweisung).

Schleiflackmöbel
Schleiflackmöbel haben einen mehrschichtigen Lacküberzug, der glattgeschliffen wurde, so daß eine geschlossenporige Holzoberfläche entsteht.
Mit handwarmer Reinigungslösung (Spülmittel, milder Allzweckreiniger oder Neutralreiniger) abwischen, mit in klarem Wasser ausgewrungenen Tuch nachreiben, abtrocknen.

Korbmöbel
Wegen der fasernden Oberfläche am besten nicht mit einem Tuch, sondern mit weicher Bürste oder Staubsauger entstauben.
Reinigen mit milder Seifenlösung (Neutralreiniger) und Schwammtuch, mit klarem Wasser nachwischen.
Gut abtrocknen.

Rattanmöbel
Trocken reinigen, gelegentlich ein Möbelpflegemittel verwenden.

Weitere Reinigungshinweise

Möbelpflegemittel möglichst selten verwenden, ihre Wirkung auf Gesundheit und Hölzer ist nicht unumstritten. Bei neuen Möbeln bis zur Erstanwendung einige Jahre warten.
Denken sie an die Umwelt und verzichten Sie auf Mittel in Spraydosen. Eine Alternative sind Sprühflaschen mit Pumpzerstäuber oder flüssige Mittel.
An Möbeln angebrachte Metallteile (Griffe, Scharniere usw.) zum Reinigen nur trocken oder feucht abwischen.
Die Behandlung mit einem Metallputzmittel sollte unterbleiben, da die Teile meistens durch Eloxieren oder Lackieren geschützt sind. Durch Polieren mit einem Metallputzmittel kann die Schutzschicht angegriffen werden. Zudem könnte bei Unachtsamkeit Metallputzmittel auf das Holz gelangen.
Glaseinsätze in Schränken werden zum Schluß gereinigt.

Übrigens ...

Vorsorgemaßnahmen

So können Sie unnötige Reinigungsarbeit und Enttäuschungen vermeiden:
Schonender Umgang mit Möbeln hilft Verschmutzungen, Flecke und Kratzer weitgehend zu verhüten.
Keine heißen, nassen oder scharfkantigen Gegenstände auf ungeschützte Flächen stellen, sondern Untersetzer benutzen und Filz unter rauhkantige Standflächen von Ziergegenständen kleben.
Möbel bei Putzarbeiten im Raum durch Abdecken schützen.
Hölzer sind empfindlich gegen Luftfeuchtigkeit und Feuchtigkeitseinwirkung, deshalb in Neubauten die Möbel nicht sofort an noch feuchte Wände stellen.
Möbel nach Möglichkeit nicht direkter Sonneneinstrahlung oder intensiver Heizungswärme aussetzen.

Einkaufstips

Gütezeichen

Fragen Sie beim Kauf nach dem RAL-Gütezeichen für Deutsche Möbel.
Gerade beim Möbelkauf sind Qualitäts- und Preisvergleiche viel schwieriger als etwa bei Haushaltsmaschinen. Erschwerend kommt hinzu, daß viele Möbel markenlos sind, no-name-Produkte oder Importware.
Unterscheiden Sie beim Kauf zwischen Massivholzmöbeln und furnierten Möbeln.

Massivholzmöbel

furnierte Möbel

Massivholzmöbel bestehen durch und durch aus einem Holz. Diese Möbel sind sehr viel teurer und schwerer als furnierte Möbel. Beim Furnieren wird auf ein Trägerholz (Tischlerplatten, Spanplatten) eine dünne Platte aus Edelholz aufgeleimt, wodurch die daraus gefertigten Möbel ein edles Aussehen erhalten, trotzdem aber relativ leichtgewichtig und preisgünstig sind.
Ein Pluspunkt furnierter Möbel ist die Tatsache, daß sie nicht reißen oder sich verziehen, weil furniertes Holz nicht »arbeitet«.
Neben Holzfurnieren gibt es auch Furniere aus Kunststoff, die häufig bei der Küchenherstellung verwendet werden. Aber auch für Wohnraummöbel gibt es sogenannte Holznachbildungen, Furniere aus Kunststoff in Holzfarbe und -maserung.
Bei furnierten Möbeln müssen die Nahtstellen zwischen zwei Furnieren geschlossen sein.
Erkundigen Sie sich nach Pflegemöglichkeit, Garantie und Umtauschbedingungen.
Oberflächenbehandlung: Neben dem guten Aussehen soll vor allem ein gewisser Schutz vor Verschmutzung, Feuchtigkeit und Austrocknen gewährleistet sein.
Aufwendige Dekors, Schnitzereien, Rillen, Zierleisten, vergrößern die Reinigungsarbeit.
Achten Sie auf Risse, Splitter, Fugen, Farbabweichungen und Beschädigungen.

Wählen Sie die Möbelstücke in passender Größe und richtiger Höhe.
Auf hellen Hölzern ist Staub weniger sichtbar als auf dunklen.
Die Möbel sollen unfallsicher sein: Ecken und Kanten müssen gut verarbeitet sein; Möbelstücke sollen kippsicher sein.
Produkte aus Holz und Holzwerkstoffen mit dem Umweltzeichen sind arm an Formaldehyd, sie dürfen höchstens die Hälfte des Grenzwertes erreichen.

Stühle

Als vielbenutzte und damit strapazierte Wohnungsgegenstände haben Stühle öfters eine Reinigung verdient. Da Stuhlgestelle nicht nur aus verschiedensten Hölzern, sondern auch aus Metallen oder Kunststoffen sein können, sollten Sie dem bei der Auswahl von Reinigungs- und Pflegemitteln Rechnung tragen.

Arbeitsmittel und Arbeitsablauf

Die Arbeitsmittel werden, abgesehen vom Material, nach der Oberflächenbehandlung des Materials und dem Verschmutzungsgrad ausgewählt. Zusätzlich sind bei der Reinigung von Polsterstühlen die passenden Mittel zur Polsterreinigung zu bedenken (siehe Seite 112).

Stuhl mit Staubtuch (Staubsauger bei Polsterstühlen) entstauben oder je nach Material feucht abwischen; Unterseite der Sitzfläche nicht vergessen.
Vorschlag für einen Arbeitsablauf, wenn der ganze Stuhl aus einem Material hergestellt ist, (denkbar sind auch andere Abläufe):
Rückenlehne (Vorderseite), Sitzfläche, Armlehnen, Rückseite der Stuhllehne. Von der Stuhllehne gleich zu den hinteren Stuhlbeinen übergehen. Vorhandene Verbindungen zwischen hinteren und vorderen Stuhlbeinen sowie vordere Stuhlbeine abwischen, bei Bedarf abtrocknen.
Stellflächen (Stempel) der Stuhlbeine reinigen, evtl. vorher mit einem Messer vorsichtig Verkrustungen lösen.

Spezielle Reinigungshinweise

Bei Holzstühlen mit Polsterteilen müssen Möbelpflegemittel äußerst vorsichtig verwendet werden, um die Polster nicht zu beflecken. Falls möglich, Polster herausnehmen.
Vorschlag für einen Arbeitsablauf zur Reinigung von Stühlen aus zwei verschiedenen Materialien (Beispiel: Lackierter Holzstuhl mit Stoffpolster):
Holzteile mit Staubtuch vorreinigen.
Polster gründlich absaugen, Unterseite nicht vergessen.
Polster auffrischen oder gründlich reinigen, mit Essigwasser oder Schaum (siehe auch Polsterreinigung). Mittel einwirken lassen.

In der Zwischenzeit Holzteile reinigen und pflegen: Gründlich mit einem feuchten Leder- oder Schwammtuch abwischen, abtrocknen. Gelegentlich ein Möbelpflegemittel dünn auftragen. Unbedingt darauf achten, daß kein Möbelpflegemittel an die Polster gelangt.
Nach der erforderlichen Einwirkzeit und dem Trocknen spezieller Polsterreiniger die Polster nochmals absaugen.

Bei der Reinigung von Stühlen aus verschiedenen Materialien können Sie gut Serienarbeit verrichten:
- bei allen Stühlen Polster absaugen,
- alle Polster reinigen,
- alle Holzteile feucht abwischen ....

Übrigens ...

Vorsorgemaßnahmen

So können Sie unnötige Arbeit und Enttäuschungen vermeiden:
- Wenn Sie einen Stuhl zweckentfremdet zum Klettern benutzen, legen Sie zum Schutz vorher eine Zeitung oder ähnliches darauf.
- Hängen Sie keine feuchten Kleidunsstücke über Stühle.
- Stuhlkissen schützen die Sitzfläche.
- Beim Sitzen Schuhe nicht an Stuhlbeine lehnen, vor allem dann nicht, wenn sie verschmutzt oder frisch eingecremt sind.

Tische

Arbeitsmittel und Arbeitsablauf

Passende Arbeitsmittel je nach Material, Oberflächenbeschaffenheit und Verschmutzungsgrad (siehe spezielle Reinigungshinweise Seite 118).

Oberseite der Tischplatte trocken oder feucht abwischen und nachtrocknen. Platten von Ausziehtischen herausziehen und reinigen.
Unterseite mit Staubtuch oder Staubsauger von Staub und Spinnweben reinigen, feucht abledern.
Zargen unter der Tischplatte reinigen.
Zuletzt Tischbeine reinigen, bedarfsweise auch Unterseiten (Stempel).

Übrigens ...

Vorsorgemaßnahmen

Um unnötige Arbeit und Enttäuschungen zu vermeiden
- Tischplatten schonen durch Sets, Platzdeckchen oder Tischdecken. Eine Moltonunterlage unter der Tischdecke schützt die Tischplatte vor Feuchtigkeit beim Verschütten von Flüssigkeit und vor zu heißen Schüsseln.
- Zum Schutz vor Flecken, heißen oder scharfkantigen Gegenständen Untersetzer benutzen.

- Tische möglichst nicht als Bügelbrett benutzen, andernfalls gut schützen.
- Kratzer vermeiden, indem Gegenstände auf ungeschützten Tischplatten nicht verschoben, sondern angehoben und verstellt werden.

Schreibtische

Eine allgemeingültige Aussage, wie oft ein Schreibtisch eine gründlichere Reinigung benötigt, läßt sich nicht machen. Zu sehr entscheiden darüber Benutzungshäufigkeit und die Gewohnheiten des Benutzers. Erst recht kein Diskussionspunkt ist für viele die Ordnung, die nach landläufiger Meinung auf und im Schreibtisch zu herrschen hat.

Arbeitsmittel und Arbeitsablauf

Die Arbeitsmittel zur Reinigung eines Schreibtisches richten sich nach der Oberflächenbehandlung, dem Verschmutzungsgrad und der Art des Holzes.

Das Innere des Schreibtisches wird zuerst gereinigt. Schreibtisch fächerweise ausräumen, dabei eine gewisse Ordnung einhalten, damit nach der Reinigung wieder ordnungsgemäß eingeräumt werden kann. Beim eigenen Schreibtisch ist dies weniger wichtig, wenn anschließend aussortiert und neu eingeordnet wird.
Schubladen entleeren und entstauben, Fugendüse einsetzen. Die Fächer innen mit einem Staubtuch systematisch entstauben. Vorhandene Einlegeböden dazu herausnehmen.
Nur bei Verschmutzungen mit einem feuchten, gut ausgewrungenen Ledertuch auswischen, trockenreiben.
Nach der Feuchtreinigung nicht sofort einräumen, sondern bei geöffneten Türen und Schubladen nachtrocknen lassen. Die Wartezeit kann genutzt werden, um den Schrank von außen zu reinigen.
Danach die Fächer und Schubladen wieder geordnet einräumen.
Das Äußere des Schreibtisches: Schreibtisch abräumen und von außen entstauben.
Weitere Reinigung (feucht oder mit Möbelpflegemittel) je nach Art und Empfindlichkeit des Holzes.

Schreibtischsockel oder -beine, Rückseite und Unterseite bei der Reinigung nicht vergessen.
Abgeräumte Teile einzeln entstauben und wieder ordentlich auf dem Schreibtisch plazieren.

Bücherregale

Bücherregale und Bücher brauchen etwa ein- bis zweimal jährlich eine gründliche Reinigung, aber auch zwischendurch sollten zumindest freie Regalflächen häufiger entstaubt werden.
Normalerweise genügt es, die Bücher im Regel stehend zu entstauben, vorausgesetzt der Raum bis zum darüberliegenden Brett ist groß genug. Wenn es besonders schnell gehen soll, verwenden Sie dazu einen Magnetmop, der staubanziehend wirkt.
Gehen Sie mit dem Mop über die im Regal stehenden Bücher und obenauf liegende Zeitschriften sowie ggf. über noch freie Regalbretter, wobei von oben nach unten gearbeitet wird.
Für ein gründlicheres Entstauben eignet sich auch der Saugpinsel des Staubsaugers. Zwischendurch reicht es, damit die im Regal stehenden Bücher und unbesetzte Borde abzusaugen.

Reinigung der Bücher

Steht jedoch eine Grundreinigung an, oder stehen die Regalbretter zu dicht, werden alle Bücher, Aktenordner, Zeitschriftenstapel mit dem untersten Regalbrett beginnend, herausgenommen. Jedes Buch wird einzeln entstaubt, am besten mit dem Saugpinsel des Staubsaugers. Ist kein Staubsauger vorhanden, können die Bücher auch nacheinander mit einer weichen Bürste entstaubt werden (Buchrücken dabei nach oben halten). Bücher sollten niemals abgewischt werden, weil dabei der Staub zwischen die Buchseiten gedrückt wird. Aktenordner werden ausgeschüttelt, Zeitschriften werden aussortiert oder neu geordnet eingeheftet.) Die gesäuberten Bücher, Aktenordner und Zeitschriften werden auf einem Tisch oder in Körben deponiert.

Reinigung des Regals

Nachdem alle Bücher entfernt wurden, wird das Regal mit einem Staubtuch systematisch von oben nach unten abgewischt.
Je nach Oberflächenbehandlung und Art des Holzes oder Furniers erfolgt dann die weitere Reinigung (siehe Seite 118). Vergessen Sie dabei nicht die Unterseiten der Regalbretter und die inneren und äußeren Seitenwände von Regalen. Hat das Regal eine Rückwand, diese auch mitreinigen, andernfalls darauf achten, daß die Wand nicht verunreinigt wird.

Mit Pflegemittel äußerst sparsam umgehen und gut nachreiben, überschüssiges Pflegemittel verursacht Flecken an den Büchern.
Bücher, Akten, Zeitschriften erst nach völligem Trocknen des Regals wieder geordnet einräumen.

Spezielle Reinigungshinweise

Kleine und leichte Regale nach Möglichkeit zur Reinigung von der Wand abnehmen.
Größere Regale, in denen die Bücher meist auch systematisch geordnet sind, werden fachweise von oben nach unten geleert, gereinigt und wieder eingeräumt. Die Bücher werden am besten auf eine Lage Zeitungspapier auf den Boden oder einen Tisch in gleicher Reihenfolge wie im Regal gestellt. Bücherstützen sind dabei hilfreich. So aufgestellt lassen sie sich in kleinen Stapeln aufnehmen und absaugen.

Küchenschränke aus Kunststoff

Kunststoffmöbel sind im großen und ganzen recht unempfindlich und deshalb auch leicht sauberzuhalten. Sie vertragen eine feuchte Reinigung und nehmen auch Nässe nicht übel, sofern sie nicht in undichte Furnierritzen und -verbindungen eindringt.

Arbeitsmittel und Arbeitsablauf

Warme Reinigungslösung (Neutralreiniger, Schmierseife, Spülmittel oder Allzweckreiniger),
Wischtuch oder Schwammtuch,
Trockentuch oder Ledertuch.

Zuerst wird das Schrankinnere, dann das Äußere des Schrankes gereinigt:
Schrank ausräumen, dabei die Gegenstände auf ein Tablett oder zur Seite abstellen.
Einlegeböden herausnehmen und am Spülbecken reinigen.
Das Schrankinnere systematisch reinigen. Kanten und Scharniere nicht vergessen.
Stärker verschmutzte Stellen mit etwas Reinigungsmittel pur bearbeiten, dann klar nachwischen.
Abtrocknen in gleicher Reihenfolge wie Reinigung.
Danach den Schrank von außen säubern, Türen von innen und außen, Türgriffe beachten und die Oberkanten der Türen nicht vergessen.
Abtrocknen ist erforderlich, wenn Streifenbildung verhindert werden soll.
Schranktür(en) noch kurze Zeit geöffnet lassen zum Trocknen.
Böden wieder einlegen, Schrank geordnet einräumen.

Spezielle Reinigungshinweise

Für Kunststoffmöbel keine scharfen Reiniger oder Scheuermittel verwenden.
Wenn die äußere obere Schrankdecke sehr verschmutzt ist, z. B. durch einen Fettdunst-Belag, diese gesondert vorreinigen, damit später die Reinigungslösung nicht zu sehr verschmutzt wird.
Alte Fettrückstände, Filzstift- und Kugelschreiberflecke mit Spiritus abreiben.
Niemals Möbelpolituren, die für Möbelhölzer bestimmt sind, zur Pflege von Kunststoffmöbeln einsetzen.
Gelegentlich kann auch ein käufliches Spezialmittel für Kunststoffe eingesetzt werden.

Übrigens ...

Vorsorgemaßnahmen

Wenn Sie sich Reinigungsarbeit ersparen wollen, können Sie Zeitungspapier auf die Schrankdecken legen. Falten Sie es dazu so zusammen, daß es von unten nicht sichtbar ist. Bei der nächsten Schrankreinigung tauschen Sie einfach nur das Papier aus.
Ein Dunstabzug über dem Herd verringert die Fettablagerungen auf den Möbeln erheblich.

Einkaufstips

Achten Sie beim Kauf von Kunststoffküchen und -möbeln auf
- Unfallsicherheit: Ecken und Kanten sollten abgerundet und Schubladen gegen unbeabsichtigtes Öffnen gesichert sein.
- bequeme Handhabung: Schubladen sollen leicht rollen und Schrankscharniere ein leichtes Öffnen und Schließen von Türen ermöglichen.

Weitere wichtige Gesichtspunkte bei der Kaufentscheidung sind: Umweltverträglichkeit, Stabilität und Beständigkeit des Materials gegen Säuren, Laugen, Farbstoffe und Temperaturen.

Kleiderschränke

Günstigster Zeitpunkt für eine etwas gründlichere Reinigung ist das Frühjahr oder der Herbst, weil dann häufig auch ein Garderobenwechsel in den Kleiderschränken stattfindet.

Arbeitsmittel und Arbeitsablauf

Die Auswahl der Arbeitsmittel richtet sich nach der Oberflächenbehandlung, dem Verschmutzungsgrad und der Holzart, siehe auch Seite 118.
Das Innere des Schrankes zuerst reinigen. Schrank fächerweise ausräumen, Oberbekleidung auf Bügeln nach Möglichkeit im Freien lüften,

Bekleidungsstücke für Reinigung, Bügeln, Kleidersammlung usw. aussortieren.
Schrankinneres mit einem Staubtuch systematisch entstauben, Einlegeböden dazu herausnehmen, Kleiderstange mitreinigen. Schubladen entleeren und entstauben, Fugendüse benutzen.
Nur bei Verschmutzungen mit einem feuchten, gut ausgewrungenen Ledertuch auswischen, nach Bedarf trockenreiben.
Nach einer Feuchtreinigung nicht sofort einräumen, sondern bei geöffneter Tür nachtrocknen lassen. Die Wartezeit kann genutzt werden, um den Schrank von außen zu reinigen.
Die Fächer wieder geordnet einräumen, Garderobe auf Bügeln geordnet einhängen.
Bei großen Schränken ist es manchmal vorteilhafter, Fach für Fach auszuräumen, zu reinigen und wieder einzuräumen.
Schrank von außen systematisch entstauben.
Weitere Reinigung, feucht oder mit Möbelpflegemittel, je nach Art und Empfindlichkeit des Holzes.
Schranksockel bei der Reinigung nicht vergessen.

Spezielle Reinigungshinweise

Die feuchte Reinigung des Inneren von Kleiderschränken, Wäscheschränken und Bücherschränken ist nur höchst selten erforderlich, in der Regel ist gründliches Entstauben ausreichend.
Schlüssel, Schlösser und Scharniere bedürfen keiner speziellen Pflege. Abwischen mit einem feuchten Tuch genügt vollkommen. Sollten Scharniere quietschen, läßt sich diese Störung mit einem Tropfen Maschinenöl beheben.

Übrigens ...

Geöffnete Schranktüren nicht als Kleiderhaken benutzen, sie verziehen sich sonst.
Kleidungs- oder Wäschestücke nur vollkommen trocken einräumen.
Schränke bei anderen Reinigungsarbeiten im Raum abdecken.
Schwergängige Schubladen mit Kerzenwachs einreiben. Keine Seife verwenden, da sie Feuchtigkeit anzieht.

Einkaufstips

Achten Sie beim Kauf von Schränken auf
- genügende Schranktiefen bei Kleiderschränken, mindestens 540, besser aber 580 mm;
- ausreichend Platz zwischen Schrankdecke und Kleiderstange, mindestens 150 mm;
- formstabile, gut befestigte Kleiderstangen, die sich bei Belastung nicht verbiegen;

- Biegefestigkeit von Einlegeböden und die Möglichkeit, sie problemlos herauszunehmen;
- die Zapfen, die als Halterungen für Einlegeböden dienen. Es sollten keine Miniknöpfchen sein, die schon bei geringster Belastung den Boden herunterfallen lassen;
- stabile Türscharniere und gut schließende, nicht klemmende Türen;
- handliche, leicht zu reinigende Türgriffe;
- leichtgleitende Schiebetüren;
- Schlösser, die auch nach längerem Gebrauch ihre Funktionstüchtigkeit behalten;
- gut befestigte Lauf- und Führungsleisten für Schubladen;
- Schubladen, die nicht klemmen oder wackeln und gegen völliges Herausziehen gesichert sind;
- stabile Schubladenböden;
- variable Inneneinrichtung.

Betten

Sich ins gemachte Bett legen - wer tut das nicht gern? Die wenigsten denken freilich an den Aufwand, der auch dafür nötig ist.

Tägliches Bettenmachen

Möglichst bald nach dem Aufstehen Betten bei geöffnetem Fenster auslegen zum Lüften, z. B. Oberbett über einen Stuhl hängen, Kissen etwas hochstellen, bei trockenem Wetter auch draußen lüften, Bettzeug über saubere Fensterbank, Balkongeländer oder Wäscheständer hängen.
Nach einigen Stunden die Betten machen.
Bettlaken oder Spannbettuch glattziehen, einstecken oder einschlagen. Kopfkissen ausschütteln, ans Kopfende legen, glattstreichen. Oberbett ebenfalls aufschütteln und glatt auflegen, einfach oder gefaltet. Wolldecke, falls vorhanden, darüberlegen oder einmal oder mehrfach gefaltet über das Fußende. Tagesdecke auflegen, falls vorhanden.

Betten gründlich reinigen

Arbeitsmittel und Arbeitsablauf

Wäschekorb für Schmutzwäsche,
Staubtuch,
Staubsauger,
weiche Bürste,
Handfeger für Sprungfederböden,

milde Seifenlösung,
Ledertuch oder Schwammtuch,
Möbelpflegemittel, Tücher,
Zeitung oder Folie als Unterlage,
Arbeitsmittel zur Fußbodenreinigung,
frische Bettwäsche.

Fenster öffnen.

Oberbett, Kopfkissen

Oberbett- und Kopfkissenbezug aufknöpfen und so abziehen, daß sie dabei auf die linke Seite gewendet werden. Schmutzwäsche lose zusammengefaltet in den Korb legen.
Spannbettuch oder Bettlaken gleichfalls abnehmen und locker zusammengefaltet in den Korb geben.
Oberbett, Kissen, Unterbett, Wolldecke usw. möglichst im Freien aufschütteln, zum Lüften über Stuhl, Fensterbank, Balkongeländer oder Wäscheständer hängen.

Matratze

Matratze mit einer weichen Bürste abbürsten; bei stärkerer Verstaubung systematisch von beiden Seiten absaugen (Polsterdüse), Seitenkanten nicht vergessen. Auf Zeitungsunterlage o. ä. im Raum oder auf Balkon zum Lüften abstellen.
Matratzenschoner absaugen, ebenfalls weghängen zum Lüften.

Lattenrost

Lattenrost-Oberseite entstauben oder Sprungfederboden und Spiralfedern mit Handfeger abbürsten, mit Staubtuch abwischen.

Sprungfederboden

Lattenrost- oder Sprungfederboden aus dem Bettgestell herausnehmen, Unterseite reinigen und wegstellen.

Bettgestell

Bettgestell innen entstauben, feucht abledern.
Das Bettgestell von außen reinigen, je nach Material trocken oder feucht. Möbelfüße nicht vergessen. Außenseiten mit Möbelpflegemittel behandeln und polieren.
Lattenrost- oder Sprungfederboden, Schonerdecke, Matratze, Unterbett wieder ins Bettgestell einlegen.
Spannbettuch aufziehen oder Bettlaken glatt auf die Matratze legen, am Kopfende, dann am Fußende einschlagen, zum Schluß die Seiten einstecken.
Kastenbetten: Beachten Sie, daß bei nicht verschiebbaren, rundum geschlossenen Kastenbetten der Fußboden gereinigt und getrocknet werden muß, bevor das Bett wieder eingeräumt wird.

Betten beziehen

Dazu entweder mit beiden Händen in die hinteren Enden des auf links gewendeten Kopfkissen-Bezuges fassen und mit dem Bezug zwei Ecken des Kopfkissens ergreifen. Bezug dergestalt überstreifen, daß er beim Einziehen des Kissens auf die rechte Seite gewendet wird oder den auf rechts gewendeten Kissenbezug über das Kissen ziehen. Darauf achten, daß Kissen-Ecken und Bezug-Ecken miteinander übereinstimmen.

Knöpfe schließen, Kissen aufschütteln, ans Kopfende legen und glattstreichen.
Das Beziehen des Oberbettes erfolgt in gleicher Weise.
Weiteres Vorgehen: siehe Bettenmachen.
Nach Abschluß dieser Arbeiten im Schlafzimmer Staub wischen, Fußboden saugen oder putzen.

Spezielle Reinigungshinweise

Federbetten

Federbetten und -kissen bei feuchtem Wetter nie draußen oder am Fenster lüften, die Feuchtigkeit schadet den Federn.
Niemals in der prallen Sonne lüften. Die Federn werden durch Trokkenheit spröde und brechen. Dadurch kann auch das Inlett beschädigt werden.
Federbetten zur Pflege nur lüften und ausschütteln, allenfalls abbürsten mit einer weichen Bürste.
Klopfen zerstört Federn und Inlett, die Folge ist eine vermehrte Staubbildung.
Saugen schädigt ebenfalls die Federn, außerdem werden sie herausgezogen, wodurch das Inlett undicht wird.
Falls einmal eine Feder aus dem Inlett hervorsticht, diese nicht herausziehen, sondern mit einer Schere dicht am Stoff abschneiden; den Federkiel ins Innere des Kissens hineindrücken und die entstandene Öffnung durch Reiben verschließen.
Federbetten etwa alle 4 bis 5 Jahre, Kopfkissen alle 2 bis 3 Jahre zur Bettenreinigung geben, wo auch Federn nachgefüllt werden.

Wolldecken

Wolldecken im Freien ausschütteln und lüften; waschbare Wolldecken ab und zu waschen, nicht waschbare gelegentlich zur Reinigung geben.
Abnehmbare Matratzenbezüge je nach Kennzeichnung von Zeit zu Zeit waschen oder reinigen lassen.

Matratzen

Die beste Pflege für Matratzen ist tägliches Lüften und häufiges Wenden und Drehen. Matratzen niemals klopfen. Zum Lüften müssen Sie die Matratze nicht jedesmal aus dem Bett herausnehmen, sondern es reicht, das Oberbett bei geöffnetem Fenster zurückzuschlagen.
Durch das Wenden und Drehen werden Matratzen gleichmäßiger abgenutzt und die Gefahr der Kuhlenbildung ist geringer.
Das regelmäßige Lüften durch Hochstellen der Matratze ist ganz besonders wichtig bei Kastenbetten.
Tagesdecken behindern die Belüftung von Federbetten und Matratzen.

Übrigens ...

Wechseln Sie nicht regelmäßig jede Woche oder alle zehn Tage die Bettwäsche; bei Gesunden ist das meist nicht erforderlich. Richten Sie sich nach dem Verschmutzungsgrad, meist genügt es, alle 2 bis 3 Wochen zu wechseln. Nur bei Kranken oder stark schwitzenden Personen ist ein häufiger Wechsel der Bettwäsche notwendig.

Führen Sie den Wäschewechsel höchstens an zwei Betten durch und geben Sie die abgenommene Bettwäsche mit anderen Wäscheteilen in die Maschine. Die übrigen Betten kommen in der nächsten Woche an die Reihe.
Es ist nicht notwendig, kochfeste Bettwäsche im Kochwaschgang zu waschen, probieren Sie aus, ob die Wäsche nicht auch bei 60 °C sauber wird.
Wenn Sie arbeitsmäßig überlastet sind, verzichten Sie auf das Bügeln der Bettwäsche. Nach dem Trocknen die Bettwäsche nur falten und in den Wäscheschrank legen. Oder noch einfacher: gleich wieder auf die Betten ziehen.
Verwenden Sie zum Schutz von Matratzen luftdurchlässige Schonbezüge, die sich abziehen und waschen lassen. Auch Inletts von Kopfkissen halten länger und bekommen keine Schweißränder, wenn Sie Schonbezüge verwenden. Dazu eignen sich auch alte Kissenbezüge.

Schonbezüge

Einkaufstips

Wenn Sie Bettwäsche kaufen oder nachkaufen, sind Spannbettücher herkömmlichen Laken vorzuziehen, weil das Bettenmachen schneller und leichter geht.
Gemusterte, farbkräftige Bezüge verschmutzen nicht so sichtbar und sind deshalb ideal für Kinderbetten.
Wenn Sie pflegeleichte Bettwäsche kaufen, erübrigt sich das Bügeln.
Informieren Sie sich über Waschmöglichkeiten beim Kauf synthetischer Kissen- und Bettenfüllungen. Pflegeleichte Kissen und Oberbetten mit Polyester-Füllung sind waschbar und schnell trocknend. Synthetische Füllungen sind oft besser geeignet für Hausstaub-Allergiker.
Natürliche Materialien, wie Federn, Daunen und Wolle, müssen Sie in größeren Zeitabständen reinigen lassen.
Wünschenswerte Eigenschaften für Inletts: federdicht, aber luftdurchlässig, reißfest, licht- und farbecht sowie schweißbeständig.
Kissen und Oberbett sollten temperaturausgleichend und atmungsaktiv sein und ein gutes Wärmerückhaltevermögen besitzen. Die Länge des Oberbettes muß der Körpergröße entsprechen.
Man unterscheidet drei Arten von Matratzen: Federkern-, Schaumstoff- und Latexschaum-, (auch: Schaumgummi-)Matratzen.

100% COTTON
FINEST DOWN PROOF FABRIC
MADE IN W.-GERMANY

GÜTEZEICHEN · POLYETHERSCHAUMMATRATZE ·
RAL

Eine gute Matratze muß
- einen gewissen Liegekomfort bieten,
- luftdurchlässig sein und ein gutes Wärmeverhalten besitzen,
- sich der Körperlage anpassen, dabei eine gleichmäßige Druckverteilung ermöglichen,
- Eignung für verstellbare Lattenroste besitzen.

Für die Reinigungsarbeit spielt die Qualität der Matratze keine so große Rolle wie ihre Form. Einteilige Matratzen sind einfacher und schneller zu saugen. Außerdem entstehen keine Kältebrücken wie bei dreiteiligen Matratzen.
Sie sollten aber haltbare Griffe an den Seiten haben, die ein Transportieren und Wenden ermöglichen.
Kastenbetten bieten den Vorteil, daß nicht jedes Mal darunter saubergemacht werden muß, dafür ist aber bei Gestellbetten die Luftzirkulation und damit die Belüftung von Federbetten und Matratzen besser.
Achten Sie beim Kauf von Bettzeug auf Gütezeichen.

Reinigung und Pflege von Elektrogeräten für die Haus- und Wäschepflege

Staubsauger

In fast allen Haushalten erleichtern diese Mehrzweck-Reinigungsgeräte die Hauspflegearbeit, konzipiert als Handstaubsauger oder als Bodenstaubsauger.

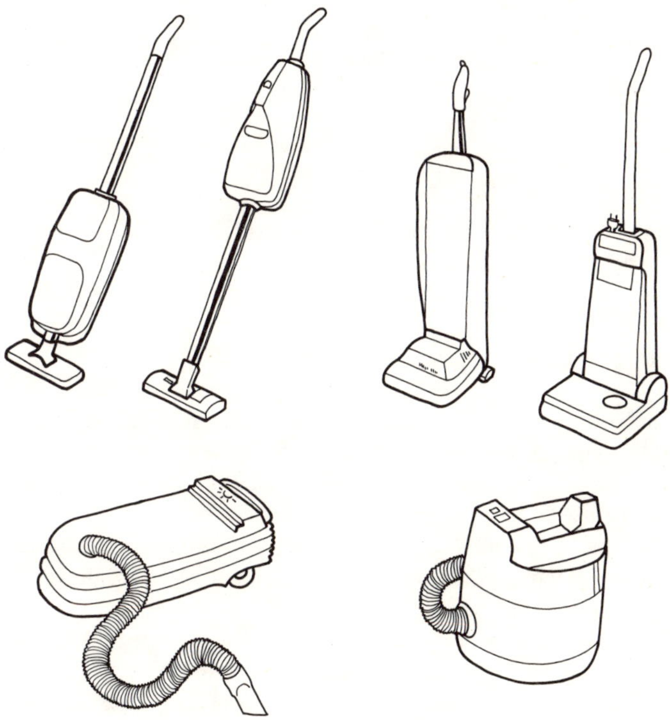

Handstaubsauger

Sie sind handlich und beanspruchen nur wenig Platz. Auch wenn Saugleistung und Arbeitsgeschwindigkeit etwas geringer sind als beim Bodenstaubsauger, so ist der Handstaubsauger doch in kleinen Wohnungen oder als Zweitgerät für ein anderes Stockwerk gut geeignet. Ein Nachteil ist die Traglast, weil praktisch das ganze Gerät bei der Arbeit getragen werden muß. Nachteilig ist weiterhin, daß Reinigungsaktionen

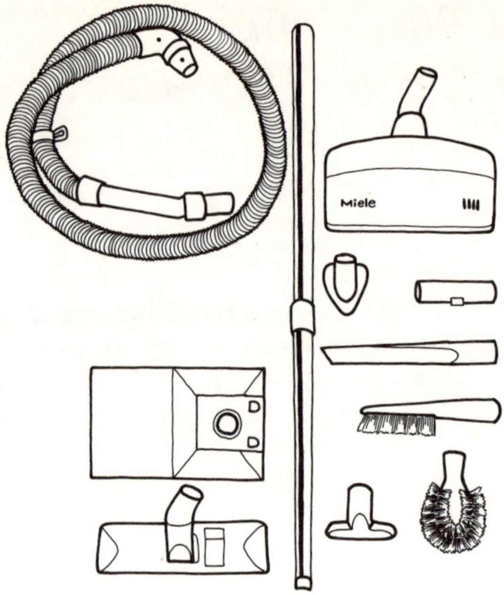

unter Möbeln oft schwer oder gar nicht möglich sind, weil konstruktionsbedingt das am Stiel angebrachte Gehäuse dabei stört.

Bodenstaubsauger

Beim Bodenstaubsauger läuft der Gehäusewagen auf Rollen. Nur Saugstiel und Saugschlauch mit Saugdüse werden bei der Arbeit gehalten. Ein weiterer Vorteil sind die vielfältigen Einsatzmöglichkeiten unter flachen Möbelstücken.
Mit verschiedenen Zubehörteilen – bei Bodenstaubsaugern häufig im Gehäuse untergebracht – wird jeder Staubsauger zu einem Vielzweckgerät für die Wohnungspflege.

Zubehör

Serienmäßig mitgeliefert werden meist Kombidüse mit ausfahrbarem Borstenkranz, Polsterdüse, Fugendüse, Heizkörperbürste und Saugpinsel. Als Sonderzubehör ist meist eine spezielle Teppichbürste (Turbobürste) mit rotierender Bürstenwalze zu haben. Dadurch wird ein ähnlicher Effekt erzielt wie mit einem Bürstsauger, nämlich ein leichteres Abkehren und Aufsaugen von Fusseln, Haaren und Staub.

Bürst- und Klopfstaubsauger

Bürstsauger

Als Staubsauger-Variante besitzen Bürstsauger eine rotierende Bürstenwalze, mit deren Hilfe Fusseln, Haare sowie Schmutz- und Staubpartikel vom Teppichflor gut aufgenommen und mit dem Luftstrom abgesaugt werden. Klopfstaubsauger sind zusätzlich mit einer Klopfleiste versehen, die eine besonders gute Lockerung von Staub und Schmutz bewirkt. Da beim Klopfvorgang der Teppich geringfügig angehoben wird, sind Klopfsauger ideal zur tiefgreifenden Reinigung loser Teppiche, dagegen für verklebte Teppichböden ungeeignet, weil diese sich lösen können.

Klopfsauger

Die Saugkraft-Regulierung kann auf mehrere Arten geschehen:
Mechanische Regulierung durch eine regelbare Öffnung, durch die mehr oder weniger Nebenluft von außen in den Saugstrom gelangt, wodurch die Saugkraft vermindert wird.
Elektrische Regulierung mittels eines Reglers am Gerät, der je nach Einstellung die Saugkraft stufenweise verringert.
Elektronische Regulierung durch Leistungsanspassung, wobei Sensoren die Saugleistung messen und stufenweise, stufenlos oder automatisch herabsetzen oder erhöhen.

Saugkraft-Regulierung

Auch Staubsauger müssen gesäubert werden, wenn sie lange funktionstüchtig bleiben sollen.
Saugen Sie nach jedem Gebrauch die verwendete Düse mit dem Handstück ab.
Die Grundreinigung ist am besten dann vorzunehmen, wenn ohnehin ein Filtertütenwechsel angezeigt ist. Dieser ist dann notwendig, wenn die optische Anzeige bei maximal eingestellter Saugkraft und angehobener Saugdüse Filtertütenwechsel signalisiert.
Bevor Sie mit der Reinigung beginnen, Gebrauchsanleitung mit Pflegehinweisen des Staubsaugers beachten, wenn Sie damit noch nicht vertraut sind.

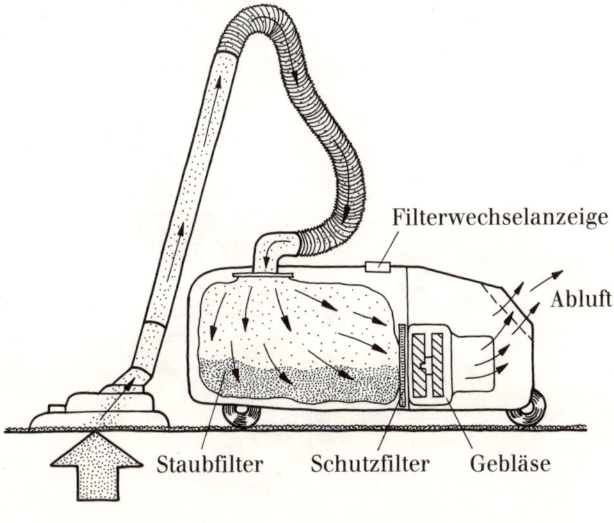

Arbeitsmittel und Arbeitsablauf

Warme Seifenlösung (Neutralreiniger oder Schmierseife),
Schwammtuch oder Wischtuch,
Trockentuch,
neue Filtertüte,
Staubraum- oder Motorschutzfilter,
Abluft- oder Hygienefilter.

Mit dem Handstück des Saugschlauches Zubehörteile, wie Heizkörperbürste und Kombidüse absaugen.
Gerät ausschalten und vom Stromnetz trennen. Beachten Sie auch die allgemeinen Sicherheitshinweise für Elektrogeräte, Seite 34.
Gefüllte Filtertüte vorsichtig herausnehmen und bei Bedarf die übrigen Filter ebenfalls entnehmen und in die Mülltonne legen.
Den Staubraum mit angefeuchtetem Tuch auswischen, trocknen und geöffnet lassen.
Zubehörteile erst feucht, dann trocken abwischen, abgewickeltes Kabel ebenfalls.
Neue Filtertüte und neue Filter nach Gebrauchsanweisung einsetzen, auf richtigen Sitz achten, Gerät schließen.
Gerät von außen feucht abwischen, abtrocknen.
Kabel aufwickeln, Gerät und Arbeitsmittel wegräumen. Bodenstaubsauger senkrecht stehend, Handstaubsauger hängend aufbewahren.

Spezielle Reinigungshinweise

Fäden, die sich beim Absaugen des Bodens fest um die Bürstenwalze verschlungen haben, können Sie nach dem Durchtrennen mit einer Schere leichter entfernen.
Die Fadenheber in der Bodendüse sollten Sie erneuern, wenn der Flor abgenutzt ist. Sie sind im Fachhandel erhältlich.
Gelegentlich können Sie das Gehäuse Ihres Staubsaugers mit einem Spezialreiniger für Kunststoff behandeln.

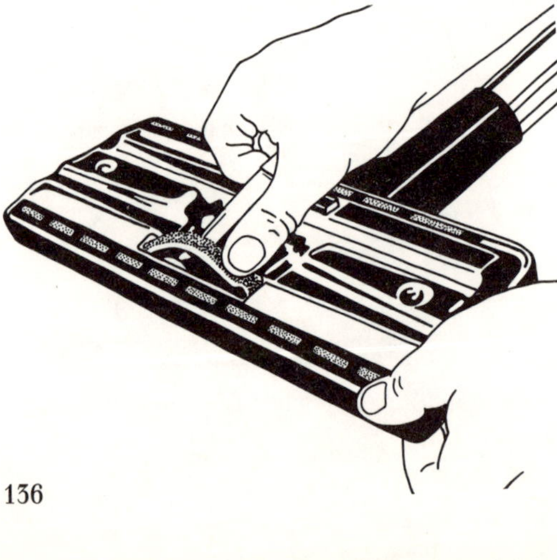

Übrigens ...

Benutzen Sie nur Original-Filtertüten, und tauschen Sie diese aus, sobald die Staubfüllanzeige einen gefüllten Beutel signalisiert. Überfüllte Staubbeutel beeinträchtigen die Saugleistung.
Filter werden gewechselt, wenn eine neue Packung Filtertüten angebrochen wird. Sie befinden sich immer in den Packungen mit Original-Filtertüten.
Der Abluft- oder Hygienefilter säubert die ausgeblasene Luft von Staubteilchen. Die Filter sind häufig spezialbeschichtet zur Verbesserung der Staubbindung, bzw. des Staubrückhaltevermögens.
Wenn Sie Stoff-Filterbeutel verwenden, sollten Sie die Gebrauchsanweisung beachten: manche sind waschbar, andere dürfen nur ausgeklopft werden.
Benutzen Sie Ihren Staubsauger nie auf feuchtem oder nassem Boden, und saugen Sie damit keine Flüssigkeit oder feuchten Schmutz auf.
Mehr zum richtigen Einsatz des Staubsaugers finden Sie auf Seite 70.

Einkaufstips

Achten Sie beim Kauf darauf, daß Ihr Bodenstaubsauger ausgestattet ist mit
- automatischer Kabelaufwicklung,
- drehbarem Saugschlauch,
- breiter Möbelstoßleiste aus Gummi,
- Staubfüllanzeige,
- Halterung für Saugrohr am Gehäuse,
- Zubehörfach für Kleinteile.

Lassen Sie sich beim Kauf Filtertütenwechsel und Filterwechsel erklären, in den meisten Staubsaugern müssen neben der Filtertüte noch zwei bis drei Filter ausgetauscht werden.
Ein optimaler Filtereffekt wird bei Geräten mit Vierfach-Filterung erreicht, deshalb ist hierbei der Feinstaubgehalt der in den Raum zurückgeblasenen Luft besonders niedrig. Das zu beachten, ist für Allergiker besonders wichtig.
Das Staubrückhaltevermögen von Staubsaugern kann verbessert werden durch Fein- und Feinstfilter, doppellagige Papierfilter oder Mikrobzw. Hygienefilter, die zum Teil antimikrobiell behandelt sind und die Feinstaub und Pollen besser zurückhalten sollen.
Beziehen Sie auch den Geräuschpegel in Ihre Kaufentscheidung ein.

Waschmaschinen

Waschmaschinen sind ausgesprochen anspruchslose Haushaltshelfer in puncto Reinigung und Pflege. Im Prinzip gibt es keine nennenswerten Unterschiede bei den einzelnen Fabrikaten. Einzige Ausnahme:

Bei manchen Geräten befindet sich das Flusensieb hinter dem Sockel, der zur Reinigung des Siebes jedesmal abgenommen und hinterher wieder angebracht werden muß, eine ziemlich aufwendige Prozedur.
Bevor Sie mit der Reinigung beginnen, Gebrauchsanweisung der Waschmaschine beachten, außerdem die allgemeinen Sicherheitshinweise für Elektrogeräte, Seite 34.
Ziehen Sie den Netzstecker der ausgeschalteten Maschine und schließen Sie den Wasserzulauf.

Arbeitsmittel und Arbeitsablauf

Warme Reinigerlösung (Allzweck- oder Neutralreiniger),
Wischtuch,
Trockentuch,
Bürste (z. B. Extra-Spülbürste oder Handbürste).

Waschmittel-Einspülkammern reinigen
Dazu die Schublade für die Waschmittelzugabe ganz herausziehen und mit einer Bürste säubern, abspülen. Das Schalengehäuse für die Schublade in der Maschine ebenfalls reinigen. Waschmittelschublade wieder einsetzen, dabei auf richtigen Sitz achten.

Die Trommel reinigt sich bei jedem Waschgang von selbst und braucht keine besondere Reinigung.
Falls erforderlich, die Falten der Gummidichtung an der Türöffnung abwischen, um Flusen und Waschmittelreste zu entfernen, dabei gelegentlich auf Beschädigungen überprüfen.
Tür (Bullauge) innen und außen mit einem feuchtem Tuch reinigen, abtrocknen, Tür anlehnen, nicht ganz schließen.
Gehäuse von außen abwischen: Oberseite, Seite, Vorderseite mit Schalterblende, Seite; abtrocknen.

Spezielle Reinigungshinweise

Flusensieb reinigen
Wenn die Maschine während eines Waschganges das Wasser nicht mehr abpumpt, sind häufig Flusen, Knöpfe, Münzen die Ursache dafür, weil sie das Flusensieb verstopfen. Damit die Maschine wieder abpumpt, muß es gereinigt werden.
Wasserhahn zudrehen. Stellen Sie einen Wasserauffangbehälter unter das Flusensieb; wo das nicht möglich ist, Putztücher unterlegen, um das auslaufende Restwasser aufzufangen.
Sieb herausdrehen und reinigen. Auch die Halterung auf Verschmutzungen kontrollieren. Flusensieb wieder einsetzen, auf richtigen Sitz achten, festdrehen.
Wenn Ihre Waschmaschine in einem nicht frostsicheren Raum steht, sollte die Laugenpumpe bei Frostgefahr ebenfalls entleert werden (siehe Reinigung Flusensieb). Falls doch einmal Wasser in der

Maschine gefriert, taut es, wenn Sie heißes Wasser über die Waschmittel-Einspülkammern einlaufen lassen.

Sieb im Wasserzulauf
Gelegentlich sollte auch das Sieb in der Schlauchverschraubung des Wasserzulaufs gereinigt werden (Gebrauchsanweisung).

Wäschetrommel
In der Wäschetrommel vorhandene Rostflecken mit etwas flüssigem Scheuermittel oder Edelstahlreiniger behandeln; keinesfalls Stahlwolle verwenden.

Übrigens ...

Vorsorgemaßnahmen

Die Wäsche stets sortieren, bevor sie in die Maschine gegeben wird und dabei die Taschen kontrollieren, damit keine Eisenteile wie Nägel, Büroklammern, Sicherheitsnadeln in die Trommel gelangen (Rostgefahr).
Experimentieren Sie nicht mit ungeeigneten Mitteln. Ihre Waschmaschine kann beschädigt werden, wenn z. B. Essig in höherer Konzentration im letzten Spülgang als Ersatz für Weichspülmittel verwendet wird.
Enthärter: Der Einsatz eines phosphatfreien Enthärters ist erst bei Wasserhärten ab 2 bis 4 sinnvoll. Jedoch sollte das Waschmittel dann verringert werden; es ist ausreichend, wenn Sie das Waschmittel entsprechend dem Härtebereich 1 dosieren.
Informieren Sie sich über die Wasserhärte Ihres Wohnortes.
Waschen Sie nur, wenn die Maschine wirklich voll ist.
Dosieren Sie Waschmittel keinesfalls höher als angegeben.
Nach dem Reinigen des Flusensiebes befindet sich in der Waschmaschine kein Wasser mehr. Füllen Sie deshalb anschließend etwa einen Liter Wasser über die Waschmitteleinspülkammer ein. So wird verhindert, daß sich beim nächsten Waschgang ein Teil der Lauge im Bereich unterhalb des Laugenbehälters (»Sumpf«) absetzt und damit wirkungslos bleibt.
Überprüfen Sie gelegentlich die Schläuche für Wasserzulauf und Wasserablauf.

Einkaufstips

Achten Sie beim Kauf besonders auf
- Programme, insbesondere Sparprogramm,
- Schleuderdrehzahl, bei Verwendung eines Wäschetrockners soll die Schleuderdrehzahl mindestens 800 Umdrehungen pro Minute betragen, besser sind aber 1000 bis 1400 U/min,
- Wassersicherheitssystem gegen Wasserschäden,
- leichte Zugänglichkeit zu Flusensieb oder Laugenpumpe,
- Geräuschpegel,
- Strom- und Wasserverbrauch (Vergleiche anstellen).

Wäschetrockner

Gegenüber dem Trocknen auf der Leine bieten Wäschetrockner einige Vorteile: Sie machen wetterunabhängig, die getrocknete Wäsche ist weicher und je nach Wohnlage auch staubfreier und schneller als in Windeseile trocken.
Nachteil: Wäschetrockner verbrauchen relativ viel Strom für einen Vorgang, der beim Trocknen auf der Leine zum Nulltarif erledigt wird.

Abluft-Trockner

Wäschetrockner mit Abluft-System saugen mittels Ventilator Raumluft an und erwärmen diese beim Trockenvorgang. Die erwärmte Luft durchströmt die Wäsche, wobei ihr Feuchtigkeit entzogen wird. Die feuchte Luft wird aus dem Gerät nach außen abgegeben; entweder über einen angeschlossenen Abluftschlauch oder ein Rohr ins Freie oder direkt an den Raum, der sich dann sehr gut belüften lassen muß.
Ablufttrockner sind meist preisgünstiger, sowohl in der Anschaffung als auch geringfügig im Stromverbrauch.

Kondensations-Trockner

Bei Kondensationstrocknern wird ebenfalls Raumluft angesaugt. Der beim Trockenvorgang entstehende Wasserdampf wird jedoch nicht mit der Luft nach außen geleitet, sondern meist durch Luftkühlung verflüssigt und in einem Behälter gesammelt oder direkt über einen Schlauch abgeleitet. Die trockene, erwärmte Luft wird wieder an den Raum abgegeben, der gut belüftbar und nicht zu klein sein sollte.
Zum Anschließen benötigt das Gerät lediglich eine Steckdose.

Beachten Sie, bevor Sie mit der Reinigung beginnen, auch die Gebrauchsanleitung Ihres Gerätes. Ziehen Sie vor Reinigungs- und

Wartungsarbeiten grundsätzlich den Netzstecker. Beachten Sie stets die allgemeinen Sicherheitshinweise für Elektrogeräte, siehe Seite 34.

Arbeitsmittel und Arbeitsablauf

Warme Reinigerlösung (Allzweck- oder Neutralreiniger),
Wischtuch,
Trockentuch,
weiche Bürste,
Essig.

Bei Kondensationstrocknern ohne Wasserableitung nach jedem Trokkenvorgang den Wasserbehälter entleeren, reinigen und wieder in die gesäuberte Halterung schieben.
Flusensieb nach jedem Trockengang herausnehmen und reinigen, von Hand oder mit einer weichen Bürste. Das erspart längere Trockenzeiten und damit Energie.
Ab und zu das Flusensieb mit lauwarmem Wasser und einer Bürste reinigen, gut trocknen und wieder richtig einsetzen.
Flusensiebhalterung ebenfalls beachten, die darin noch verbliebenen Flusen durch den Schlitz an der Unterseite entfernen.
Die Trommel braucht im allgemeinen nicht gereinigt zu werden. Beim Trocknen von Stärkewäsche kann es zu Belägen kommen. In diesem Fall mit der Reinigerlösung und einem Schuß Essig feucht auswischen und mit dem Tuch trocknen.
Von Zeit zu Zeit die Abtastelektroden (Sensoren) reinigen: Mit einem in Essigwasser getauchten Tuch abreiben, um die oft kaum sichtbaren Beläge zu entfernen, die die Feuchtigkeitsabtastung beeinflussen können.
Zur Entfernung der Beläge sind auch Edelstahlreiniger geeignet.
Das Geräte-Äußere reinigen: Oberseite, Seite, Vorderteil mit Schalterblende und Tür, Seite.
Nach dem Austrocknen die Gerätetür schließen. Dadurch wird vermieden, daß Staub ins Innere des Gerätes gelangt, aber auch, daß sich ein Kind auf die Tür lehnt und das Gerät dadurch umkippt.

Spezielle Reinigungshinweise

Luftkühler

Bei Kondensationstrocknern sollte der Luftkühler (meist im Gerätesockel) je nach Häufigkeit der Benutzung ein- bis viermal jährlich gereinigt werden. Die Flusenablagerungen auf und zwischen den Platten und Luftschlitzen sind mit einer Bürste oder einem feuchten Tuch zu beseitigen. Keine scharfkantigen Gegenstände zur Reinigung benutzen.
Bei Ablufttrocknern sind gelegentlich Abluftöffnung und Abluftschlauch oder Abluftrohr zu kontrollieren. Bei verstopften Leitungen besteht Überhitzungsgefahr.
Vor der Inbetriebnahme eines neuen Gerätes die Trommel mit einem feuchten Tuch auswischen, um Staub zu entfernen.

Einkaufstips

Vergleichen Sie Verbrauchswerte und Trockenzeiten verschiedener Wäschetrockner beim Neukauf.
Das Fassungsvermögen des Trockners soll dem der Waschmaschine entsprechen. Faßt Ihre Waschmaschine 4,5 kg Trockenwäsche, sollte der Trockner das gleiche Fassungsvermögen haben.
Beide Trockner-Systeme gibt es zeitgesteuert oder feuchtigkeitsabhängig (elektronisch) gesteuert.

Bügelmaschinen

Im allgemeinen erfordert die Reinigung einer Bügelmaschine keinen allzu großen Aufwand, jedoch sind gelegentlich umfangreichere Wartungsarbeiten notwendig.
Vor der Reinigung und Wartung Ihrer Bügelmaschine sollten Sie auf jeden Fall die Gebrauchsanweisung mit den Wartungshinweisen durchlesen.
Beachten Sie auch die allgemeinen Sicherheitshinweise für Elektrogeräte, Seite 34.

Arbeitsmittel und Arbeitsablauf

Warme Reinigerlösung (Allzweck- oder Neutralreiniger),
Wischtuch,
Trockentuch,
Essigwasser (1 Teil Essig, 2 bis 3 Teile Wasser),
sauberes Tuch zum Abdecken der Walze,
bei Bedarf Staubsauger oder Bürste.

Nach dem Mangeln Temperaturwähler ausschalten und mit der noch vorhandenen Speicherwärme die Restfeuchtigkeit aus der Walzenbewicklung herausbügeln.
Gerät ausschalten und Netzstecker ziehen. Niemals das Kabel über die noch heiße Bügelmulde legen.
Zeigt die Mulde nach dem Bügeln von Stärkewäsche Ablagerungen, muß das Gerät zunächst auf Handwärme abkühlen, bevor diese entfernt werden können.

Walze mit dem sauberen Tuch abdecken. Wischtuch in Essigwasser tauchen, auswringen und Mulde damit abreiben.
Das Gehäuse mit einem feuchten Tuch systematisch abwischen, zuletzt den Fußschalter. Hat das Fußschaltbrett einen Filzbelag, diesen absaugen oder abbürsten.

Mulde gleitfähig machen

Läßt die Gleitfähigkeit der Mulde nach, kann sie außer mit einem käuflichen Spezialmittel auch mit Hilfe von Kerzenwachs wieder gleitfähig gemacht werden.
Diese Behandlung ist am besten dann vorzunehmen, wenn ohnehin der Nesselbezug der Walze gewechselt werden soll, andernfalls muß über die Walze ein saugfähiges Tuch oder ein alter Nesselbezug gezogen werden.
Gerät einschalten und Temperaturwähler auf »Seide« stellen.
Mit einer weißen Stearinkerze (Rest) am oberen Rand der erwärmten Bügelmulde waagerecht entlang streichen.
Sofort bügeln, um das flüssige Wachs gleichmäßig auf der Bügelmulde zu verteilen.
Etliche Runden über den alten Bezug bügeln, bis das Wachs aufgenommen ist, damit beim nächsten Mangeln die Wäsche nicht durch überschüssiges Wachs befleckt wird.
Bei stärkerer Verunreinigung der Mulde käuflichen Spezialreiniger mit Gleitschutz verwenden. (Gebrauchsanweisung beachten).

Nesselbezug wechseln

Wenn der Nesselbezug verschmutzt oder versengt ist, ist der Bezug zu wechseln. Neue Nesselbezüge erhalten Sie im Fachhandel oder direkt von der Herstellerfirma.
Vergewissern Sie sich, daß das Gerät ausgeschaltet ist. Wäscheanlegebrett abnehmen. Vorhandene Zierschrauben an den Seiten der Walze entfernen.
Bänderknoten des Nesselbezuges an beiden Seiten lösen und den Bezug abwickeln.
Das Nesselende der Walzenbewicklung (Schaumstoff-, Vlies- oder Stahlwollmatte) je nach Fabrikat und Gebrauchsanweisung 20–35 cm über die Bügelmulde nach hinten zurückschlagen.
Den neuen oder einen gewaschenen, ungebügelten Nesselbezug gut gereckt auf der Bügelwalze anlegen und das Nesselende der Walzenbewicklung wieder nach vorn über den frischen Nesselbezug legen.
Gerät einschalten und ohne Temperatureinstellung den frischen Bezug faltenfrei aufbügeln. Erst wenn der Bezug richtig sitzt, Temperatur einstellen und mit etlichen Umdrehungen überbügeln.

Gerät ausschalten, Kordel an den Seiten zusammenziehen und verknoten, Kordelenden seitlich unter den Bezug schieben. (Vorsicht, Verbrennungsgefahr!) Zierscheiben wieder anbringen, Wäscheanlegebrett befestigen.

Erneuerung der Walzen-Grundbewicklung

Das Anbringen einer neuen Walzenbewicklung ist nur höchst selten und dann notwendig, wenn durch Eindruckstellen an der Walze der Kontakt zur Mulde erschwert oder stellenweise unmöglich wird. Bemerkbar macht sich dies durch ein schlechtes und ungleichmäßiges Bügelergebnis. So werden z. B. bei einem in voller Breite eingelegten Kopfkissenbezug die Seiten glatter gebügelt als die Mitte des Wäschestückes.

Bei manchen Fabrikaten besteht die Grundbewicklung aus einer flauschigen Vliesmatte. In diesem Fall empfiehlt es sich, die Matte gelegentlich abzunehmen und in der trockenen Wäscheschleuder zu schleudern, um sie weich und locker zu machen.

Gerät ausschalten. Wäscheanlegebrett abnehmen, Nesselbezug abwikkeln (siehe oben).

Schaumstoff- oder Stahlwollmatte abwickeln, zuletzt die Anklebung vom Walzenkörper lösen.

Schutzfolie über dem Klebestreifen entfernen und den Anfang der Matte an den Walzenkörper ankleben.

Darauf achten, daß die Enden des Walzenkörpers gleichmäßig überdeckt sind. Die Matte um den Walzenkörper wickeln.

Gerät einschalten und ohne Temperatureinstellung etliche Runden bügeln. Darauf achten, daß sich das Nesselende glatt und faltenfrei auf die Matte legt. Nesselbezug aufziehen.

Einkaufstips

Ob Sie sich für ein Stand-, Klapp- oder Einbaugerät entscheiden, spielt für die Reinigung und Wartung nur eine untergeordnete Rolle.

Standgeräte haben den Vorteil, immer betriebsbereit zu sein.

Klappmodelle beanspruchen nur wenig Platz.

Einbaugeräte passen sich dem Mobiliar am besten an.

Bügeleisen

Dampfbügeleisen besitzen gegenüber Reglerbügeleisen einen kleinen Behälter für Wasser, das beim Bügelvorgang durch kleine Öffnungen an der Bügeleisensohle austritt. Dadurch braucht die so befeuchtete Wäsche nicht mehr eingesprengt zu werden; Zeit- und Kraftaufwand für diese Arbeit entfallen.

Nachfolgend werden Reinigungsmöglichkeiten für Dampfbügeleisen beschrieben, jedoch können normale Reglerbügeleisen (Leichtbügelautomaten) ebenso gereinigt werden, wenn die Verrichtungen, die sich speziell auf Dampfbügeleisen beziehen, ausgelassen werden.

Arbeitsmittel und Arbeitsablauf

Die Auswahl der Arbeitsmittel richtet sich nach der Reinigungsmethode.
Vor Beginn der Reinigung Gebrauchsanweisung mit Pflegeanleitung beachten, außerdem die allgemeinen Sicherheitshinweise für Elektrogeräte (Seite 34).
Temperaturwähler ausschalten, Netzstecker ziehen.
Restwasser sofort nach dem Bügeln (mit der Bügeleisenspitze nach unten) ausgießen, damit die Speicherwärme des Gerätes die Restfeuchtigkeit austrocknen kann.
Das Restwasser in einem Behälter sammeln; es kann wieder verwendet werden.
Bügeleisen zum Abkühlen auf dem Heck abstellen.
Wenn das Gerät einen abnehmbaren Tank hat, zunächst abkühlen lassen. Tank abnehmen, Wasser ausgießen und Tank wieder einsetzen.
Eisen auf dem Heck abstellen und kurz aufheizen, damit die Restfeuchtigkeit trocknet. Abkühlen lassen.
Zur Reinigung der Bügelsohle gibt es mehrere Möglichkeiten.

Bügelsohle reinigen mit Essigwasser

Bei leichtem Belag (Stärke- oder Kalkrückstände) reicht es aus, die noch handwarme Bügelsohle mit einem in Essigwasser ausgewrungenen Tuch abzureiben. Dazu ein Teil Essig mit zwei bis drei Teilen Wasser mischen.
Ist der Belag hartnäckiger, können Sie das Bügeleisen auch mehrere Stunden auf einem mit Essigwasser getränkten und ausgedrückten Tuch abstellen; nach der Einwirkzeit gründlich abreiben.

Bügelsohle reinigen mit Bügeleisen-Reinigertuch

Sind zusätzlich Beläge von geschmolzenen synthetischen Fasern oder von Rost vorhanden, können Sie die erkaltete Bügelsohle mit einem käuflichen Reiniger-Tuch bearbeiten.
Das spezialimprägnierte Tuch leicht anfeuchten, dann damit in Längsrichtung die Bügelfläche abreiben.
Nach kurzem Trocknen wird mit einem sauberen Tuch nachpoliert.
Die verchromte Oberseite des Bügeleisens kann ebenfalls mit dem Spezialtuch gereinigt werden.

Bügelsohle reinigen mit Spezial-Putzmittel oder Metallputzmittel

Zum Reinigen der Bügelsohle können Sie auch spezielle Putzmittel für Bügeleisen nach Gebrauchsanweisung benutzen.
Sie können aber auch ein Metallputzmittel verwenden, das dem Material der Bügelsohle entspricht (Aluminium, Edelstahl, Chrom), oder Sie nehmen ein Universal-Metallputzmittel, das in der Regel für alle diese Metalle geeignet ist.
Bei pastenförmigen Reinigungsprodukten besteht aber die Gefahr, daß Metallputzmittel in die Dampfaustrittsöffnungen gelangt und sie verstopft.

Bügelsohle gleitfähig machen

Gerät einschalten und Temperaturwähler auf »Seide« stellen.
Mit einer weißen Stearinkerze die erwärmte Bügelsohle bestreichen.
Danach so lange über ein altes Tuch bügeln, bis keine Wachsrückstände mehr am Eisen haften.
Bügeleisen ausschalten und auf dem Heck stehend erkalten lassen.
Nachdem die Bügelsohle gereinigt und gleitfähig gemacht wurde, wird die Oberseite des Gerätes mit einem feuchten Tuch abgerieben und sofort mit einem weichen Tuch abgetrocknet.
Beim Einsatz von speziellen Mitteln für die Reinigung des Bügeleisens ist es nicht erforderlich, die Bügelsohle gleitfähig zu machen, weil diese Mittel meist einen Gleitschutz enthalten.
Keine scharfen, scheuernden oder kratzenden Mittel zur Reinigung von Bügeleisen benutzen.

Reinigung der Dampfdüsen

Dies ist gelegentlich vor dem Bügeln, insbesondere nach längeren Benutzungspausen nötig.
Den Tank etwa zur Hälfte mit Wasser füllen. Netzstecker einstecken, Temperaturwähler auf Baumwolle einstellen.
Das Bügeleisen waagerecht über ein Becken halten, und die Dampfstoßeinrichtung so lange betätigen, bis der Wassertank leer ist.

Entkalken

Manche Geräte benötigen zum Bügeln mit Dampf destilliertes Wasser, andere arbeiten auch mit normalem Leitungswasser.
Einige der Geräte, die mit normalem Leitungswasser arbeiten, müssen ab Härtebereich 3 gelegentlich mit einem Entkalkungsmittel entkalkt

werden. Es gibt aber auch Geräte, die nicht mit einem Spezialmittel oder Essig entkalkt werden dürfen. Sie werden mechanisch entkalkt, z. B. mittels Schraubenzieher und Nagel (Gebrauchsanweisung beachten).

Zum Entkalken entweder ein käufliches Mittel auf Zitronensäure-Basis oder eine selbsthergestellte Essiglösung (1 Teil Essig und 2 bis 3 Teile Wasser) benutzen. Lösung in den Tank einfüllen und Gerät auf dem Heck stehend einige Zeit auf höchster Stufe erhitzen. Beim Entkalken Raum gut belüften.

Essiglösung

Dann in Bügelstellung über ein Becken halten und Dampfstoßeinrichtung so lange betätigen, bis der Tank geleert ist. Den Vorgang mit klarem Wasser wiederholen, damit keine Rückstände im Tank verbleiben.

Übrigens ...

Wenn Ihr Bügeleisen zum Dampfbügeln destilliertes Wasser benötigt, müssen Sie dieses nicht unbedingt kaufen, das würde bei öfterem Gebrauch unnötige Kosten verursachen.

- Es gibt Schnellentkalkungsgeräte als Durchlauffilter, in denen das Wasser mit Hilfe eines speziellen Granulates entkalkt wird.
- Besitzen Sie einen Kondensationstrockner, können Sie das aufgefangene Kondenswasser verwenden. Vorher sollten Sie es durch eine Kaffeefiltertüte sieben, um es von Flusen und anderen Rückständen zu reinigen, damit die Dampfdüsen des Bügeleisens nicht verstopfen.

Das Füllen und Leeren des Tanks stets bei ausgeschaltetem Gerät und herausgezogenem Netzstecker vornehmen.

Das Bügeleisen wird am besten mit einem Überzug zum Schutz vor Staub aufbewahrt.

Einkaufstips

Kunststoffbeschichtete Bügelsohlen haben den Vorteil, sehr gleitfähig zu sein und zu bleiben; nachteilig ist aber die größere Empfindlichkeit gegen Kratzer.

Praktisch sind Geräte mit abnehmbarem Wassertank, sie können je nach Wäscheart wie ein herkömmliches Trockenbügeleisen genutzt werden.

Nähmaschinen

Auch wenn Nähmaschinen allgemein als pflegeleicht gelten, übrigens zu Recht, darf diese Tatsache nicht dazu verleiten, ihnen in diesem Punkt überhaupt keine Beachtung zu schenken.

Die Häufigkeit der Reinigung hängt einzig und allein davon ab, ob die Maschine oft und viel genutzt wird. Zumindest nach größeren Näharbeiten ist also eine Reinigung zu empfehlen.

Im Hinblick auf Reinigung und Wartung gibt es von Fabrikat zu Fabrikat und innerhalb der Fabrikate bei verschiedenen Modellreihen Unterschiede.
Bei der Reinigung und Wartung sollten Sie sich am besten nach der Gebrauchsanweisung Ihres Gerätes richten, denn die hier gegebenen Hinweise können nur sehr allgemein ausfallen.

Arbeitsmittel und Arbeitsablauf

Weiches, nicht fusselndes Tuch,
Pinsel (meist beim Zubehör),
Zahnstocher,
kleiner Schraubenzieher,
je nach Fabrikat: harz- und säurefreies Nähmaschinenöl,
Stoffrest, älteres Tuch.

Netzstecker ziehen bei ausgeschaltetem Gerät.
Nadel und Nähfuß entfernen, Stichplatte abnehmen und Unterseite der Stichplatte entstauben. Transporteur-Rillen mit Zahnstocher von grober Verschmutzung befreien, sonst nur abpinseln. Fadenrückstände, Flusen und Staub mit dem Pinsel aus dem Greiferbereich entfernen und Spulenkapsel entstauben. Wenn erforderlich, ölen.
Bei den meisten Fabrikaten genügt es, nur ab und zu einen Tropfen Nähmaschinenöl in die Greiferbahn zu geben.
Andere Fabrikate nach Gebrauchsanweisung ölen. Überschüssiges Öl mit einem fusselfreien Tuch aufnehmen. Die Maschine zunächst ohne Garn laufen lassen, dann auf einem Stoffrest nähen.
Schrank oder Koffer je nach Erfordernis aufräumen und säubern. Maschine staubgeschützt aufbewahren: Im Schrank versenken oder im Koffer verpacken oder mit einer Haube abdecken.
Vor Feuchtigkeit schützen.

Spezielle Reinigungshinweise

Bei Bedarf können Sie mit einem weichen, fusselfreien Tuch oder Pinsel noch folgende Teile reinigen:
- die Spannungsscheiben,
- Fadengeberhebel und Fadenführung,
- Stoffdrückerhebel,
- äußeres Gehäuse.

Lediglich zum Reinigen des äußeren Gehäuses können Sie das Tuch etwas anfeuchten, aber möglichst keine Reinigungsmittel benutzen.
Eingeklemmte Fadenreste lassen sich gut mit Hilfe einer Pinzette entfernen.
Seltener ist eine Reinigung (Ölen) unter dem Kopfdeckel notwendig. Beachten Sie in diesem Punkt die Gebrauchsanweisung.

Einkaufstips

Es gibt pflegeleichte und pflegebedürftigere Nähmaschinen. Bei manchen Geräten sollte kaum geölt werden, bei anderen dagegen muß sozusagen das Ölkännchen parat stehen, wenn Sie mit Nähen beginnen, weil jeweils nach wenigen Betriebsstunden geölt werden muß. Pech, wenn die Schmierstellen dann auch noch schwer zugänglich sind.
Eine Beratung vor dem Kauf ist also unbedingt notwendig.

Reinigung und Pflege von Elektrogeräten für Vorratshaltung und Nahrungszubereitung

Kühlschränke

Ihr Kühlschrank tut viel für Sie – was tun Sie für ihn, bekommt er die Pflege, die er einmal wöchentlich bis vierzehntägig bekommen sollte? Auch Geräte mit Abtauautomatik sollten in puncto Reinigung nicht vernachlässigt werden, denn eigentlich geht es gar nicht so sehr um die Sauberkeit des Kühlschrankes, sondern vielmehr um die Hygiene der darin gelagerten Nahrungsmittel.
Vor der Reinigung Gebrauchsanweisung mit Pflegeanleitung beachten.
Vor Inbetriebnahme einen neuen Kühlschrank gründlich reinigen.

Kühlschrank mit Abtauautomatik

Bei diesen Kühlautomaten taut in den Arbeitspausen des Kompressors der Reifansatz am Verdampfer, das Tauwasser sammelt sich in einer Schale an der Rückseite und verdunstet.

Arbeitsmittel und Arbeitsablauf

Warmes Wasser mit einem Spritzer Spülmittel und einem Schuß Essig,
Wischtuch oder Schwammtuch,
Trockentuch,
Holzstäbchen.

Gerät ausschalten und nach Möglichkeit vom Stromnetz trennen. Kühlschrank ausräumen. Zubehörteile, wie Gitter, Glasplatte, Obst- und Gemüsebehälter herausnehmen und im Spülbecken spülen.
Geräteinneres von oben nach unten systematisch auswischen. Türanschlag und Gummidichtung nicht vergessen.
Unbedingt darauf achten, daß keine Reinigungslösung in den Temperaturwähler gelangt oder in die Sammelrinne für Tauwasser fließt.
Ablauföffnung für Tauwasser mit einem Holzstäbchen reinigen, sie darf nicht verstopfen.
Gerät gut austrocknen, Tür geöffnet lassen.
Das Äußere des Kühlschranks abwaschen und trocknen.
Gereinigte, trockene Zubehörteile einsetzen, Lebensmittel geordnet einräumen.
Zuletzt das Gerät wieder mit dem Stromnetz verbinden und einschalten.

Kühlschrank mit teilautomatischer Abtauvorrichtung

Abtauvorgang einleiten durch Drücken des Knopfes in der Mitte des Temperaturwählers. Stopfen der Abtropfschale herausziehen und Auffanggefäß unterstellen bzw. einschieben. Gerätetür offen lassen.
Nach dem Abtauen wird der Auffangbehälter für das Tauwasser von Hand entleert und der Kühlschrank wie oben beschrieben gereinigt und abgetrocknet. Tauwasseröffnung wieder verschließen. Nach dem Abtauvorgang schaltet sich das Gerät selbsttätig wieder ein.

Kühlschrank ohne Abtauvorrichtung

Bei älteren Modellen wird der Abtauvorgang meist noch von Hand eingeleitet.
Temperaturwähler auf »0« oder auf »aus« stellen. Auffangbehälter für Tauwasser unterstellen bzw. einschieben.
Bei geöffneter Tür abtauen lassen.
Wasserauffangbehälter leeren. Kühlschrank reinigen, abtrocknen und wieder einschalten.

Kühlschrank mit Gefrierfach

Alle zwei bis drei Wochen, spätestens aber dann, wenn die Eisschicht 3 mm oder mehr beträgt, sollte das Gefrierfach abgetaut werden.
Gerät ausschalten, Stromstecker ziehen.
Zuerst das Gefrierfach abtauen und reinigen (siehe Gefriergeräte), Wasserauffangschale leeren und säubern, danach den Kühlschrank reinigen.
Zum Lösen der Eisschicht keine scharfen Gegenstände benutzen, sondern selbsttätig abtauen lassen. Keine Enteisungssprays verwenden! Zur Beschleunigung des Abtauvorganges kann ein Topf mit heißem Wasser in das Fach gestellt werden; Gerätetür dann etwas offenlassen.

Spezielle Reinigungshinweise

Gummidichtung

Gummidichtung

Die Gummidichtung an der Tür können Sie gelegentlich nach dem Reinigen dünn mit Talkumpuder einpinseln, dadurch bleibt der Gummi geschmeidig und die Tür schließt gut.

Rohrschlangen, Gitterrost

Rohrschlangen und Gitterrost

Ein- bis zweimal jährlich die Rohrschlangen und den Gitterrost an der Rückseite des Gerätes absaugen oder abpinseln (nicht feucht), damit die Wärmeabgabe an den Raum ungestört erfolgen kann. Dadurch wird auch der Wirkungsgrad des Kühlschrankes verbessert.

Verdunstungsschale

Verdunstungsschale

Bei dieser Gelegenheit sollten Sie auch die Verdunstungsschale an der Rückseite reinigen (nur bei Geräten mit vollautomatischem Abtauvorgang). Das sich darin sammelnde Wasser verdunstet normalerweise nach seiner Entstehung.

Gefriergeräte

Das Abtauen des Gefriergerätes und die nachfolgende Reinigung sollten Sie nicht »auf die lange Bank schieben«. Jeder Millimeter Eisschicht kostet Geld. Spätestens, wenn die Eisschicht eine Dicke von 3 mm, höchstens aber 5 mm hat, sollten Sie nicht mehr warten mit dem Abtauen und Reinigen. Das kann einmal jährlich, es kann aber auch drei- oder viermal im Jahr der Fall sein.
Zweckmäßigerweise ist die Reinigung dann vorzunehmen, wenn das Gefriergerät nur noch eine geringe Füllmenge hat oder gerade leergeworden ist.
Eine Reinigung in den Wintermonaten bei Minustemperaturen hat den Vorteil, daß Sie das Gefriergut für die Dauer der Reinigung draußen deponieren können.
Beachten Sie vor dem Abtauen und Reinigen auch die Gebrauchsanweisung für das Gerät.

Arbeitsmittel und Arbeitsablauf

Behälter entsprechend der Menge des Gefriergutes, dick mit Zeitungen ausgelegt,
Wolldecke,
Plastikkratzer,
warmes Wasser mit Spülmittel und einem Schuß Essig zur Geruchsneutralisierung,
Wischtuch oder Schwammtuch,
Trockentücher,
Kochtopf mit heißem Wasser und Untersetzer.

Gerät ausschalten, Netzstecker ziehen.
Gefriergut und Zubehörteile (Körbe oder Schubladen) entnehmen und das Gefriergut vorsichtig in die vorgesehenen Behälter legen, mit Zeitungspapier und Wolldecke(n) isolieren. Kühlstellen. Tür geöffnet lassen.
Gefriergerät nach vorn in den Raum ziehen, damit auch die Rückseite gereinigt werden kann.
Rohrschlangen und Gitterrost mit dem Staubsauger absaugen oder abpinseln (nie feucht reinigen). Dadurch kann die Wärmeabgabe an den Raum wieder ungehindert erfolgen, was sich auf die Gefrierleistung und den Stromverbrauch positiv auswirkt.
Gefriergerät wieder an seinen Platz stellen.
Bei Geräten mit Wasserauffangschale ist darauf zu achten, daß diese richtig plaziert ist.
Zur Beschleunigung des Abtauvorganges können Sie ein Gefäß mit heißem Wasser in das Gerät stellen (Untersetzer). Tür nicht ganz schließen.
Niemals mit elektrischen Heizgeräten oder scharfkantigen Gegenständen die Reifschicht entfernen, allenfalls mit Plastikkratzer. Keinesfalls Enteisungssprays verwenden.
Zubehörteile (Schubladen oder Körbe) in der Zwischenzeit separat reinigen.
Nachdem die Reifschicht abgetaut ist, das Tauwasser entfernen.
Bei Truhen ohne Tauwasserablauf und Wasserauffangschale können nach Entfernen des Heißwassergefäßes Zeitungslagen auf dem Truhenboden ausgelegt werden, die das Wasser aufsaugen. So läßt sich das mühevolle Aufnehmen des Tauwassers mit einem Tuch ersparen.
Mit der Spülmittellösung das Innere des Gerätes systematisch auswischen. Gummidichtungen beachten. Die Gummidichtung an Tür oder Deckel können Sie nach der Reinigung dünn mit Talkumpuder einpinseln, dadurch bleibt der Gummi geschmeidig und ermöglicht ein dichtes Schließen.
Das Gefriergerät innen sehr gut abtrocknen. Restfeuchtigkeit schlägt sich nach Einschalten des Gerätes wieder als Reifschicht nieder. Tür noch eine Weile geöffnet lassen, damit das Gerät innen trocknet.

Währenddessen Gerät von außen feucht reinigen, abtrocknen. Bei der Reinigung ist darauf zu achten, daß keine Feuchtigkeit mehr in das Innere des Gerätes oder in Zwischenräume von Bedienungselementen gelangt.
Zubehörteile mit dem einsortierten Gefriergut geordnet in das Gefriergerät einräumen.
Gerät mit dem Stromnetz verbinden und einschalten (Superschaltung).

Spezielle Reinigungshinweise

Tauwasser-Ablauf (Gefriertruhe)

Tauwasser-Ablauf bei Gefriertruhen

Zum Abtauen Stopfen aus der Abflußöffnung am Boden der Truhe herausziehen. Trennwand herausnehmen und so unter das Gerät stellen, daß das Tauwasser durch die Abflußöffnung in die Trennwand fließen kann.
Nach dem Abtauvorgang Trennwand entleeren, mit einem Tuch gut trocknen und wieder in die Halterung im Gerät schieben.

Tauwasser-Ablauf (Gefrierschrank)

Tauwasser-Ablauf bei Gefrierschränken

Zum Abtauen je nach Fabrikat Tauwasserablaufrohr herausschieben oder Tauwasserablaufsteg herausklappen und Auffanggefäß darunterstellen.
Beim Verwenden der untersten Schublade Tauwasserablaufrohr durch die Aussparung schieben.
Nach beendetem Abtauvorgang Ablaufrohr zurückschieben, bzw. Steg zurückklappen und unterschieben.
Restliches Tauwasser mit einem Tuch aufnehmen, Gerät anschließend reinigen.

Übrigens ...

Vorsorgemaßnahmen

Die richtige Verpackung der Lebensmittel ist sehr wichtig, um Verschütten und unnötigen Reifansatz zu verhüten:
Das Material muß luft- und wasserdicht, unempfindlich und geschmacksneutral sein.
Beim Verpacken ist darauf zu achten, daß die Packung möglichst luftleer ist und nicht beschädigt wird. Sie sollte von außen trocken sein, andernfalls bildet der entstehende Dunst Reifbeläge am Gerät. Aus diesem Grund auch Speisen vor dem Einfrieren immer auf Zimmertemperatur abkühlen lassen.
Dosen und Behälter nicht randvoll füllen; das Gefriergut dehnt sich aus, hebt den Deckel und kann überlaufen.

Einkaufstips

»No-frost«-Geräte

In Geräten mit vollautomatischem Abtauvorgang (»No-frost«-Geräte) zirkuliert ein trockener Kaltluftstrom, der mittels Ventilator gleichmäßig verteilt wird. Außer einem höheren Anschaffungspreis ist der

Energieverbrauch zwar etwas höher als bei herkömmlichen Geräten, aber stets gleichbleibend, da das Verdampferfach nicht vereist. Im Gefrierraum und an den Verpackungen der Lebensmittel bildet sich keine Reifschicht.

Diese Geräte sind besonders arbeitserleichternd, weil das Gefriergut während des Abtauvorganges im Gerät bleibt.

Diese Tatsache sollte aber nicht dazu verleiten, ganz auf die Reinigung zu verzichten, wenn sie vielleicht auch seltener notwendig ist.

Geräte mit Tauwasser-Ablauf nach außen bieten beim Abtauen ein gewisses Maß an Arbeitserleichterung, weil das Tauwasser in einem Behälter aufgefangen werden kann.

Variable Kältezonen helfen Strom sparen. Werden im Gefrierschrank einmal mehrere Schubladen nicht genutzt, so können diese abgeschaltet werden, indem eine spezielle Dämmplatte eingeschoben wird.

Über die umweltgerechte Entsorgung alter Geräte geben die örtlichen Verwaltungen Auskunft.

Geschirrspülmaschinen

Geschirrspüler erfordern kaum Reinigungs- und Wartungsarbeit. Das Innere des Gerätes reinigt sich bei jedem Spülgang selbst, lediglich Siebe und Tür bedürfen einer regelmäßigen Reinigung. Auch wenn nur wenige Verrichtungen zur Säuberung und Wartung notwendig sind, sollten sie aus hygienischen Gründen nicht vernachlässigt werden.

Vor der Reinigung Gebrauchsanweisung beachten.

Arbeitsmittel und Arbeitsablauf

Wischtuch oder Schwammtuch,
Spülmittellösung,
Spülbürste,
Trockentuch.

Geschirrspüler ausschalten, Wasserhahn schließen.

Nach dem Ausräumen des Geschirrs stets das Sieb entleeren und abspülen.

Um die Verunreinigung Ihres Geschirrspülers in Grenzen zu halten, grobe Speisereste vom Geschirr entfernen, bevor es in das Gerät eingeräumt wird. Siehe auch maschinelles Spülen, Seite 183.

Siebeinsatz mit Feinsieb in regelmäßigen Abständen heraus- und je nach Fabrikat auseinandernehmen. Mit der Spülbürste und etwas Spülmittel unter fließendem Wasser reinigen.

Feinsieb mit Siebeinsatz wieder zusammensetzen und in die Maschine einsetzen.

Optische Anzeige für Klarspülmittel kontrollieren, bei Bedarf nachfüllen.

Regenerieranzeige beachten, mit Spezial-Salz regenieren. Regeneriersalz braucht erst ab dem Härtebereich 2 eingesetzt zu werden. Es verhütet Kalkablagerungen an Geschirr und Maschine.
Enthärten Sie möglichst vor einem Spülgang, dann braucht die Maschine nach dem Regeneriervorgang nicht noch extra im Kaltspülprogramm zur Entfernung übergelaufener Salzsole gereinigt zu werden.
Türanschlag mit Gummidichtung und Türinnenseite, besonders Falz, regelmäßig gründlich reinigen; abtrocknen.
Schalterblende und Front der Maschine abwischen und trocknen; bei freistehenden Geräten auch Seiten und Stellfläche darüber.

Spezielle Reinigungshinweise

Gelegentlich sollten auch die Düsen der Sprüharme kontrolliert werden.
Wenn sie durch Speisereste verstopft sind, Sprüharm abmontieren und unter fließendem Wasser mit der Spülbürste reinigen.
Beim Einsetzen der Sprüharme darauf achten, daß der obere und untere Sprüharm nicht verwechselt werden; die Öffnungen der Sprühdüsen müssen nach oben zeigen.
Die Gummidichtung des Türanschlages können Sie gelegentlich nach der Reinigung dünn mit Talkumpuder einpinseln, dadurch bleibt der Gummi geschmeidig.
Verwenden Sie keine scharfen und scheuernden Mittel zum Reinigen der Spülmaschine.
Auf den Einsatz spezieller Maschinenreiniger oder -Deos können Sie ohne Nachteile für Ihre Maschine verzichten. Diese Mittel belasten nur unnötig die Umwelt.

Einkaufstips

Achten Sie beim Kauf auf die Verbrauchswerte von Wasser, Strom und Spülmittel.
Wichtig ist außerdem, daß die Spülmaschine geräuscharm arbeitet und die Reinigung der Siebe leicht zu bewerkstelligen ist.
In der Regel sind 3 bis 5 Programme völlig ausreichend.
Das Fassungsvermögen wird nach internationalen Maßgedecken berechnet.

Maßgedeck

Ein internationales Maßgedeck umfaßt:
1 Suppenteller, 1 flacher Teller, 1 Dessertteller, 1 Tasse, 1 Untertasse, 1 Trinkglas, 5 Besteckteile (Messer, Gabel, Eßlöffel, Teelöffel, Dessertlöffel).
»Plus Serviergeschirr« bedeutet: zusätzlich muß die Maschine noch eine ovale Platte, zwei runde Schüsseln in verschiedenen Größen, eine Schale und drei bis vier Teile des Vorlegebesteckes aufnehmen können.
Geschirrkörbe sollen eine leichte Beschickung und Entnahme ermögli-

chen; günstig sind ein höhenverstellbarer Oberkorb und herausnehmbare Einsätze im Unterkorb.

Herausnehmbare und austauschbare Besteckleisten ermöglichen ein geordnetes Einlegen von Besteckteilen. Dadurch werden Kratzer und sonstige Beschädigungen durch gegenseitige mechanische Beanspruchung sowie gegenseitiges Verdecken ausgeschlossen. Besteckleisten

Dunstabzugshauben

Von ihrer Funktion her können Dunstabzugshauben als Reinigungsgeräte bezeichnet werden; sie reinigen die Luft von unangenehmen Gerüchen und Fettbestandteilen und verhindern somit lästige Fettablagerungen.

Aufgrund der Bauart lassen sich zweierlei Gerätetypen unterscheiden, die auch unterschiedliche Reinigungs- und Wartungsmaßnahmen bedingen.

Abluftgeräte

Der vom Ventilator angesaugte Küchendunst wird mittels einer Fettfiltermatte von Fett gereinigt und mitsamt Gerüchen durch einen starren oder flexiblen Abluftkanal ins Freie oder in einen Luftschacht abgeleitet.

Abluftgeräte arbeiten wirkungsvoller als Umluftgeräte.

Umluftgeräte

Der Küchendunst wird ebenfalls vom Ventilator angesaugt. Die Fettfiltermatte nimmt das Fett auf und ein Aktiv-Kohlefilter bindet die Gerüche, bevor die gereinigte Luft wieder in die Küche zurückgeleitet wird. Bei den meisten Dunstabzugshauben ist eine Umrüstung des Gerätes wahlweise möglich. Es kann z. B. bei Abluftgeräten praktisch sein, das Gerät im Winter bei Kälte als Umluftgerät zu betreiben, weil Abluftgeräte dem Raum Warmluft entziehen. Dazu muß die Haube so installiert sein, daß es möglich ist, den Abluftstutzen vom Gerät abzunehmen.

Vor der Reinigung und Wartung Hinweise des Herstellers beachten. Das gilt besonders hinsichtlich des Zeitraumes, der zwischen dem Wechsel der Filter verstreichen kann. Nicht rechtzeitig ausgewechselte Filter beeinträchtigen die Funktion der Dunstabzugshaube beträchtlich und können zu einer Brandgefahr werden, besonders beim Fritieren und bei Gasherden.

Fettfilter sind bei Abluft- und bei Umluftbetrieb erforderlich. Fast alle Filter besitzen heute eine optische Anzeige, die sich mit zunehmender Fettfilter

Sättigung farblich verändert und so den Wechsel des Fettfilters signalisiert. Bei fehlender Sättigungsanzeige ist etwa alle zwei bis drei Monate ein Wechsel angebracht, je nach Beanspruchung auch eher.

Geruchsfilter, Aktivkohlefilter

Geruchsfilter oder Aktivkohlefilter werden nur bei Umluftbetrieb benötigt. Der Filter in Umluftgeräten sollte je nach Herstellerangaben alle 1 bis 2 Jahre ausgetauscht werden.

Arbeitsmittel und Arbeitsablauf

Spülmittellösung,
Wischtuch, Trockentuch,
neuen oder gereinigten, trockenen Filter (Herstellerangaben beachten).

Gerät ausschalten. Netzstecker ziehen, falls möglich.
Fettfilterwechsel:
Gehäusegitter öffnen und gebrauchten Filter entnehmen.
Das Gehäuse von innen und außen abwischen und trockenreiben, Gehäusegitter ebenfalls von beiden Seiten reinigen und abtrocknen.
Fettfilter aus Kunstfasergespinst können meist einige Male in warmer Spülmittellösung im Spülbecken gereinigt werden; klarspülen und trocknen lassen.
Filterkassetten lassen sich meist spülen. Manche Filterkassetten lassen sich sogar in der Spülmaschine reinigen.
Filter aus Vliesstoffen sind meist nicht wiederverwendbar, und müssen durch einen neuen Filter ersetzt werden.
Bei Umluftgeräten nach Bedarf auch den Aktivkohlefilter erneuern.
Die gereinigten, trockenen oder neuen Filter nach Gebrauchsanweisung einsetzen und auf richtigen Sitz des Gehäusegitters achten.
Das Gehäusegitter etwa wöchentlich von außen abwischen, um Fettablagerungen zu entfernen.
Bei Abluftgeräten sollten die Rohre alle drei bis vier Jahre gesäubert werden.

Übrigens ...

Dunstabzugshauben sollten nie ohne Fettfilter benutzt werden.
Es ist normalerweise ausreichend, die Dunstabzugshaube nur mit halber Leistung zu betreiben, wenn die Küche noch anderweitig zu belüften ist.
Nach Beendigung des Kochens die Dunstabzugshaube noch einige Minuten eingeschaltet lassen, damit Restdünste abgezogen werden.

Elektroherde und Elektrokochstellen

In den allermeisten Haushalten wird der Küchenherd täglich benutzt, oft sogar mehrmals. Die Folge sind Verunreinigungen von übergekochten und übergeschwappten Speisen, Fettspritzer und Flecke. Problematisch wird es meistens erst dann, wenn diese Verunreinigungen einbrennen. Deshalb ist schnelles Handeln empfehlenswert.

Standgeräte – Einbaugeräte

In neuen Küchenzeilen sind Herde praktisch immer eingebaut, was sich bei der Reinigung besonders vorteilhaft auswirkt, weil weniger Flächen zu säubern sind. Während bei Standgeräten nämlich überlaufende Flüssigkeiten auch noch die Herdseiten verunreinigen (und evtl. angrenzende Schrankseiten), ist dies bei Einbaugeräten nicht möglich. Zudem müssen Standgeräte für die gründliche Reinigung hervorgezogen werden, damit man an Schrank- und Herdseiten und an den Küchenboden gelangt.
Viele Standgeräte, besonders solche mit Kochplatten, sind mit einer Abdeckhaube versehen, die zusätzliche Reinigungsarbeit erfordert.
Für die Reinigung ist die Unterscheidung nach Kochplatten und Glaskeramik-Kochfeldern von Bedeutung.

Kochplatten aus Gußeisen

Kochplatten erfordern meist einen etwas größeren Aufwand bei der Reinigung als Kochfelder. Allerdings haben notorische »Überkocher« bei einem Herd mit Kochplatten und großer Mulde vielleicht den Vorteil, daß nicht nach jedem Überkochen auch der Fußboden noch geputzt werden muß.
Ob bei herkömmlichen Herden mit Kochplatten die Kochmulde nun aus Edelstahl oder aus Email ist, spielt für die Reinigung keine so große Rolle. Es sei denn, Sie wollen die Edelstahlmulde täglich blitzblank polieren.

Arbeitsmittel und Arbeitsablauf

Spülmittellösung,
Wischtuch,
Schwamm mit Scheuerseite,
flüssiges Scheuermittel,
Trockentuch.

Bei starker Verkrustung die Kochmulde vorweichen, nachdem grobe Verunreinigungen mit einem Tuch aufgenommen wurden.
Falls vorhanden, bei Standherden Abdeckblech (Oberseite, dann Unterseite) reinigen und trocknen.
Mit dem angefeuchteten Schwamm Herdplatten und Überfallrand aus Edelstahl abwischen.

Bei Verkrustungen und Verfleckungen die Platten in Schliffrichtung, den Überfallrand und die Herdmulde mit Scheuermilch und der Scheuerseite des Schwammes bearbeiten.
Danach Platten und Mulde mit heißer Spülmittellösung abwaschen und trockenreiben.
Schalterblende und -knebel mit feuchtem, gut ausgewrungenem Tuch reinigen, trockenreiben.
Frontseite und Backofentür abwischen, trocknen.
Bei Standgeräten Herdseiten reinigen und abtrocknen.
Abdeckblech erst nach dem völligen Trocknen der Platten auflegen.

Spezielle Reinigungshinweise

Bei starker Verschmutzung und Verkrustungen durch eingebrannte Speisen können Sie die Herdplatten und den Überfallrand aus rostfreiem Stahl auch mit verseifter Stahlwolle reinigen. Emaillierte Herdmulden nie mit Stahlwollkissen bearbeiten.
Edelstahlmulden können Sie auch hin und wieder mit Schlämmkreide oder Metallputzmittel für Edelstahl polieren.

Gelegentliche Pflege der Kochplatten:

Die Kochplatten nach der Reinigung für einige Sekunden einschalten. Auf ein Tuch Vaseline oder Nähmaschinenöl geben und auf den erwärmten Platten in Schliffrichtung verreiben oder Spezialmittel für Herdplatten mit dem an der Tube angebrachten Verteilerschwamm dünn auftragen.
Überschüssiges Pflegemittel mit einem Tuch oder Küchenkrepp aufnehmen und nachpolieren. Stärker nacharbeiten bei den graphithaltigen Spezialmitteln, die ansonsten die Topfböden schwärzen.

Kochfelder aus Glaskeramik

Bei normaler Verunreinigung sind Glaskeramik-Kochfelder ohne großen Arbeitsaufwand zu reinigen. Schwieriger wird es bei Verunreinigungen durch Zucker oder durch schmelzende Kunststoffteile.

Arbeitsmittel und Arbeitsablauf

Spülmittellösung,
Wischtuch,
Trockentuch,
Glasschaber oder Rasierklingenschaber.

Die Glaskeramikfläche sollte nach jedem Kochvorgang gereinigt werden, damit Rückstände bei erneuter Benutzung nicht festbrennen.

Stärkere Verkrustungen, wie festgebrannte Speisereste, mit dem Glasschaber entfernen. Leichtere Verkrustungen etwas vorweichen.
Anschließend die Glaskeramik-Fläche in handwarmem oder kaltem Zustand mit Spülmittellösung feucht abwischen und trockenreiben.
Reinigung der Vorderfront (bei Standgeräten zusätzlich Abdeckblech und Seiten) wie beim Herd mit Kochplatten.

Spezielle Reinigungshinweise

Durch die Reinigung mit Spülmittellösung können bläuliche Flecke entstehen, die aber harmlos sind und bei gelegentlicher Reinigung mit einem Spezialmittel verschwinden.
Das gilt auch für zurückgebliebene Verfleckungen durch Speisereste.
Außerdem können durch den Abrieb von Topfböden metallisch schimmernde Verfärbungen entstehen, die aber die Funktion nicht beeinträchtigen. Auch sie verschwinden mit der Zeit.
Kalkrückstände, die durch übergekochtes Wasser entstehen, lassen sich mit einer Essig-Wasser Lösung entfernen.
Zur Reinigung von Glaskeramikflächen keine rauhen Schwämme, Scheuerpulver, Stahlwolle oder aggressiven Reiniger verwenden, die Glaskeramik würde zerkratzt.
Zucker in fester oder flüssiger Form, Kunststoffteile oder Alufolie nie einbrennen lassen, sondern sofort handeln:
Die Kochstelle nicht ausschalten, sondern die Reste mit dem Glasschaber gründlich von der heißen Kochfläche abschaben.
Danach die Kochstelle ausschalten und mit einem Spezialmittel nachreinigen.
Wenn eine mit Zucker oder Kunststoffteilen behaftete Kochzone erkaltet, können je nach Verschmutzungsgrad stecknadelkopfgroße und größere, kraterähnliche Materialausbrüche im Kochfeld entstehen, die sich nicht mehr beseitigen lassen.
Glasschaber erhalten Sie in Haushaltswaren- und Malergeschäften, oder über den Kundendienst Ihrer Herdmarke.
Wichtig: Der Griff des Schabers sollte nicht aus Kunststoff sein.

Übrigens …

So können Sie unnötige Reinigungsarbeit und Energie sparen: Vorsorgemaßnahmen
- Töpfe und Pfannen benutzen, deren Bodenunterseite trocken und sauber ist. Insbesondere Glaskeramikflächen bekommen bleibende Kratzer, wenn sich z. B. unter einem Topf ein Sandkorn befindet und der Topf verschoben wird.
- Verwenden Sie aus diesem Grund auf dem Glaskeramik-Kochfeld nur Kochgeschirr mit unbeschädigtem Topfboden.
- Wegen der Gefahr möglicher Beschädigung die Fläche auch nicht als Arbeitsplatte benutzen.
- In Dampfdrucktöpfen ist bei richtiger Bedienung ein Überkochen und damit die Verunreinigung des Herdes unmöglich.

- Rechtzeitiges Zurückschalten beim Ankochen und Anbraten spart nicht nur Strom, sondern verringert zudem die Gefahr des Überkochens.
- Behalten Sie während des Kochens und Bratens Ihre Töpfe und Pfannen im Blick.
- Stiele von Pfannen und Kasserolen müssen auf dem Herd stets zur Seite oder nach hinten gerichtet sein. Dadurch vermeiden Sie schlimme Verbrennungen, wenn ein Kind den Griff herunterzieht oder wenn Sie selbst daran anstoßen.

Im günstigsten Fall ist vielleicht nur der Herd verunreinigt.

- Gutschließende Deckel verhindern beim Kochen den Austritt von Kondenswasser und helfen Strom sparen.
- Gewöhnen Sie sich ab, Speisen dauernd umzurühren oder mehr als nötig zu wenden. Nicht nur, daß sich dadurch der Stromverbrauch erhöht wegen des geöffneten Deckels, die Hitze hat so kaum Gelegenheit, auf das Gargut einzuwirken. Außerdem schwappt gerade beim Umrühren und Wenden schnell etwas über den Topf- oder Pfannenrand.
- Wenn Sie Ihre gerade hochschäumende Milch ohnehin nicht mehr bis zum Spülbecken bekommen, stellen Sie den Topf augenblicklich auf eine kalte Kochstelle. Das wirkt schneller, als wenn Sie den Topf nur anheben, weil die Nachwärme sofort unterbunden wird.
- Legen Sie keine angedampften Deckel auf Kochplatten.
- Schützen Sie beim Braten unbenutzte Kochplatten vor Fettspritzern durch Siebe, Herdabdeckplatten oder Topfdeckel.
- Zierdeckel nur auf völlig trockene, erkaltete Kochplatten auflegen.

Gasherde und Gaskocher

Beachten Sie die Gebrauchsanweisung Ihres Gasherdes, bevor Sie mit der Reinigung beginnen und stellen Sie sicherheitshalber den Hauptgashahn ab.

Arbeitsmittel und Arbeitsablauf

Spülmittellösung,
Wischtuch,
Spülbürste,
Scheuermilch, Schwamm mit Scheuerseite,
Trockentuch.

Stellrost abwischen und hochklappen, bei starker Verschmutzung abnehmen und am Spülbecken mit Spülmittellösung und Bürste reinigen, abtrocknen.

Starke Verkrustungen der Kochmulde einweichen, z. B. mit aufgelegtem feuchtem Tuch. Benutzen Sie nach Möglichkeit keine scheuernden Mittel oder scharfen Gegenstände zur Reinigung.
Brennerdeckel sind meist selbstreinigend. Ist ein Brennerdeckel durch Speisereste oder übergelaufenes Kochgut verschmutzt, Gasflamme kurze Zeit in Kleinstellung brennen lassen, bis der Deckel sauber ist. Nicht selbstreinigende Brennerdeckel mit einem feuchten Tuch abreiben und gut abtrocknen.
Thermofühler und Zündeinrichtung lassen sich gut mit einer kleinen, weichen Bürste sauberhalten.
Die Zündelektroden bei elektrischen Zündeinrichtungen am Brenner dürfen nicht naß werden, weil sonst kein Funke entsteht.
Bei Verunreinigungen die Zündelektroden mit einem trockenen oder sehr gut ausgewrungenen Tuch vorsichtig abwischen. Brennerdeckel wieder richtig auflegen.
Falls vorhanden, Abdeckblech bei Standherden mit Spülmittellösung und Tuch abwischen, erst Oberseite, dann Unterseite.
Verschmutzungen der Herdmulde durch Überkochen oder Fettspritzer sollten Sie im allgemeinen sofort entfernen, damit nichts antrocknet. Herdmulde abwischen, stärkere Verunreinigungen nach dem Vorweichen mit Scheuermilch und Schwamm bearbeiten. Nachwischen und abtrocknen.
Die Vorderfront des Herdes mit Bedienungsblende, Schalterknebel und Backofentür wird mit Spülmittellösung gereinigt, auch die Herdseiten.

Spezielle Reinigungshinweise

Rippenrost und Herdmulde können vor dem ersten Gebrauch dünn mit Vaseline eingerieben werden, dadurch entsteht ein Schutz vor Säuren und Laugen. Wenn Sie diese Pflege monatlich wiederholen, wird dadurch die Reinigung erleichtert.
Ist Ihre Herdmulde aus Edelstahl, können Sie diese auch hin und wieder mit Schlämmkreide (evtl. auch Metallputzmittel für Edelstahl) polieren.
Unnötige Verschmutzungen können Sie vermeiden, wenn Sie die Hinweise zu Elektroherd-Kochstellen Seite 161 beachten.
Gasbeheizte Glaskeramik-Kochfelder sind heute keine Seltenheit mehr. Reinigung Seite 160.

Backöfen

Seit es moderne Herde gibt, ist die Reinigung der Kochstellen kein besonderes Problem mehr, wohl aber die Reinigung der Backöfen. Aus diesem Grund haben sich die Hersteller von Backöfen und Grillgeräten mit der Zeit einiges einfallen lassen, um die oft mühevolle Reinigungsarbeit zu erleichtern, nämlich die katalytische und die pyrolytische Reinigung.

Katalytische Reinigungshilfe

Spezial-Emaillierung

Backöfen mit katalytischer Reinigungshilfe haben an den Innenwänden eine Spezial-Emaillierung, die entstehende Fettspritzer während des Bratvorganges (oder danach in einem gesonderten Gang) bei Temperaturen über 200 °C chemisch umwandelt und dabei beseitigt. Je höher die Temperatur, um so wirkungsvoller ist die Verbrennung der Fettrückstände.

Kuchenteigreste, Speisereste und Obstsäfte werden dabei nicht beseitigt, sondern müssen von Hand entfernt werden. Das kann bei stark eingebrannten Speiseresten problematisch werden, weil die Spezialemaillierung porös und nicht sehr widerstandsfähig ist.

Sie darf niemals mit harten Bürsten, Messern oder Scheuermitteln bearbeitet werden.

Trotzdem ist auf Dauer eine Abnutzung der Emailschicht nicht zu vermeiden, deshalb gibt es für Backöfen mit katalytischer Reinigungshilfe auswechselbare Innenwände.

Einen brauchbaren Kompromiß können Backöfen bieten, die am Boden mit herkömmlichem Email ausgestattet sind, wo hauptsächlich Obstsaft, Speisereste und Kuchenteig aus undichten und zu kleinen Brat- und Backformen hingelangen, die aber an den Seiten und an der Decke die katalytische Spezialemaillierung gegen Fettspritzer besitzen.

Pyrolytische Selbstreinigung

Während man bei der katalytischen Spezialemaille nur von einer Reinigungshilfe sprechen kann (zusätzliche Reinigung von Hand ist nicht zu vermeiden), wird bei der Pyrolyse der Backofen von selbst gereinigt.

Verbrennung

Bei Temperaturen von über 350 bis 500 °C werden alle Speiserückstände zu Asche verbrannt, die sich leicht mit einem feuchten Tuch aufnehmen läßt. Für diese hohe Temperatur ist stets ein gesonderter Reinigungsgang über mehrere Stunden erforderlich. Der Backofen ist dazu speziell ausgerüstet: stärkere Wärmedämmung, besondere Türabdichtung und Türverriegelung zum Schutz vor Unfällen und ein Extra-Ventilator, der die Außenwände gegen die enorm hohe Wärmeabgabe kühlt.

Natürlich läßt diese Reinigungsmethode den Stromverbrauch in die Höhe schnellen, wenn auch Backöfen dieser Art beim Backen selbst aufgrund sehr guter Isolierung weniger Strom verbrauchen.

Wie Sie sich auch entscheiden: für katalytische oder pyrolytische Reinigung oder aus Kosten- und Umweltgründen für das altmodische und aufwendigere Reinigen von Hand – starke Verschmutzungen sollten Sie gar nicht erst eintreten lassen.

Jede Verunreinigung führt zu einer verlängerten Back- oder Bratzeit und damit zu höherem Stromverbrauch.

Beachten Sie Gebrauchsanweisung und Pflegeanleitung für den Herd und stellen Sie zu Ihrem Schutz die Sicherung ab, vor allem, wenn Ihr Backofen noch eine ungesicherte Steckdose für die Grilleinrichtung besitzt (bei älteren Modellen).
Beachten Sie außerdem die allgemeinen Sicherheitshinweise beim Umgang mit Elektrogeräten, Seite 34.

Reinigung eines Backofens ohne Reinigungshilfen

Arbeitsmittel und Arbeitsablauf

Warme Spülmittellösung,
flüssiges Scheuermittel,
Wischtuch,
Schwamm mit Scheuerseite,
Trockentuch.

Backofentür wenn möglich aushängen oder Backwagen herausziehen, Zubehörteile, wie Bleche und Roste herausnehmen.
Verkrustungen im Backofen vorweichen; während dieser Zeit Backbleche und Roste spülen, die aushängbare Backofentür reinigen. Stärkere Verkrustungen mit Scheuermilch und Schwamm bearbeiten. Gitterroste notfalls auch mit Stahlwollkissen bearbeiten. Abtrocknen.
Decke, Seiten, Rückwand und Boden des Backofens abwischen, zuletzt Türinnenseite; Türanschlag und Falze beachten. Nur bei hartnäckigen Verschmutzungen Scheuermilch und Schwamm einsetzen. Das Email nicht mit kratzenden oder scheuernden Gegenständen bearbeiten. Trockenwischen.
Backofen einräumen, Tür einhängen oder Backwagen einfahren, Sicherung wieder einschalten.

Spezielle Reinigungshinweise

Hat der Backofen bereits eine millimeterdicke Schicht aus eingebrannten Speiseresten, hilft nur noch stundenlanges Einweichen und Scheuern mit Scheuermilch.
Nur notfalls chemische Backofen- und Grillreiniger einsetzen, da sie bedenkliche Inhaltsstoffe enthalten und ätzend wirken. Vor der Reinigung mit chemischen Mitteln Fenster öffnen und Gummihandschuhe anziehen. Beachten Sie unbedingt die Gebrauchsanweisung für das Mittel. Katalytisches Email wird von chemischen Backofenreinigern beschädigt. Backofenreiniger
Unangenehme Gerüche durch das Bratgut lassen sich neutralisieren, indem Sie den Backofen nach der Reinigung mit einem in Essigwasser ausgewrungenen Tuch auswischen.
Grillheizkörper reinigen sich durch die hohe Temperatur selbst.

Die Rückwand von Heißluft-Herden und das Lüfterrad können bei vielen Fabrikaten zum Reinigen herausgenommen werden.
Geschirrwagen je nach Erfordernis mitreinigen.

Übrigens ...

Vorsorgemaßnahmen

So können Sie unnötige Reinigungsarbeit und Energie sparen:
- Benutzen Sie zum Braten geschlossene Gefäße (Bräter, Auflaufform, Römertopf), die trotzdem die erwünschte Bräunung zulassen.
- Füllen Sie Backformen nicht zu voll und verwenden Sie keine undichten Backformen.
- Benutzen Sie gute Topflappen, wenn Sie Back- oder Bratgut aus dem Backofen herausnehmen, dadurch halten Sie die Gefäße sicherer und Überschwappen ist weniger schnell möglich.
- Reinigen Sie den Backofen nach jeder Benutzung, sobald er genügend abgekühlt ist.
- Beim Backen und Braten in Backöfen mit Unterhitze niemals zum Einsparen von Reinigungsarbeit Alufolie auf den Boden legen, das Email kann infolge eines Hitzestaues beschädigt werden.
- Ihr Backofen bleibt zwar auch bei sachgemäßer Anwendung von Bratfolien sauber, aber wenn Sie umweltbewußt handeln, sollten Sie an den entstehenden Abfall denken. Backofenfestes Geschirr hingegen ist wiederverwendbar.
- Kleinere Portionen sollten besser auf der Kochstelle gebraten werden, nur für größere Portionen ab 2 kg lohnt der Backofen.
- Auch in Backöfen kann bei längeren Einschaltzeiten über 40 Minuten die Nachwärme genutzt werden, wenn Sie 5 bis 10 Minuten früher abschalten.

Einkaufstips

Vor dem Kauf sollten Sie Vor- und Nachteile der verschiedenen Reinigungsverfahren gegeneinander abwägen. Vergessen Sie nicht, einen evtl. höheren Anschaffungspreis in Betracht zu ziehen, außerdem die Kosten für Energie und die Ausgaben für neue, katalytisch beschichtete Teile bei Backöfen mit katalytischer Reinigungshilfe.
Die Reinigung von Backöfen mit Grilleinrichtung wird wesentlich vereinfacht, wenn die Grillheizstäbe durch eine Glaskeramikplatte geschützt sind.
Achten Sie darauf, daß Ihr Backofen beleuchtet ist und eine aushängbare Backofentür hat.

Mikrowellengeräte

Mikrowellengeräte

Mikrowellengeräte (auch: Mikrowellen-Kochgeräte), in denen Sie auftauen, erwärmen und garen können, sind problemlos zu reinigen. Der

Garraum wird während des Betriebes nur geringfügig erwärmt, so daß Verschüttetes nicht anbacken kann.

Kombinationsgeräte eröffnen weitere Möglichkeiten durch die zusätzliche Beheizung mit Heißluft oder Ober- und Unterhitze sowie Grillheizkörper. Wenn Sie diese Möglichkeiten nutzen, erfordern Kombinationsgeräte etwa den gleichen Reinigungsaufwand wie Backofen und Strahlungsgrill. Oft sind diese Geräte mit katalytischer Reinigungshilfe ausgerüstet. Kombinationsgeräte

Vor der Reinigung sollten Sie die Gebrauchsanweisung Ihres Gerätes beachten und das Gerät vom Stromnetz trennen.

Beachten Sie außerdem stets die Sicherheitshinweise für Elektrogeräte, Seite 34.

Arbeitsmittel und Arbeitsablauf

Heiße Spülmittellösung,
Wischtuch,
Trockentuch.

Die Glasplatte vom Boden des Gerätes in erhitztem Zustand nicht in kaltes Wasser stellen; sie kann im Spülbecken gereinigt werden.

Das Innere des Gerätes (Garraumdecke, Seiten, Rückwand, Garraumboden) systematisch feucht auswischen. Den Garraum nicht zu naß abwischen, damit kein Wasser in Lüftungsgitter oder -löcher gelangt. Trockenwischen.

Türinneres reinigen, dabei ganz besonders auf Verunreinigungen an Türdichtungen und Türdichtungsflächen sowie auf Beschädigungen achten.

Zuletzt das Gerät von außen feucht abwischen und abtrocknen.

Keine scharfen Gegenstände oder Scheuermittel für die Reinigung verwenden.

Gerüche im Garraum lassen sich neutralisieren, wenn eine Tasse Wasser mit etwas Zitronensaft einige Minuten im Gerät gekocht wird.

Starke Verunreinigungen von Kombinationsgeräten: Siehe Reinigung von Backofen und Grill, Seite 163 und unten.

Grillgeräte

Grillgeräte sind beliebt, weil sie eine fettarme Zubereitung von Nahrungsmitteln bei weitgehender Erhaltung des Eigengeschmacks ermöglichen. Auch in puncto Energiesparen haben die meist kleineren Grillgeräte gegenüber den Backöfen Vorteile, weil gerade zur Zubereitung kleinerer Portionen der Backofen oft unrentabel ist.

Fragen Sie sich trotzdem vor dem Kauf, ob Sie ein solches Gerät benötigen und wie Sie es einsetzen werden, denn neben anfallenden Anschaffungs- und Energiekosten sollten Sie auch an den Platzbedarf

für das Gerät denken, egal, ob Sie einen Strahlungs- oder Kontaktgrill wählen.
Den Strahlungsgrill gibt es als Tischgerät, als Grilltoaster, als Bestandteil eines Kombinationsgerätes mit Mikrowelle und als Backofengrill. Es gibt diese Geräte mit oder ohne Reinigungshilfen.
Viele Geräte sind mit einer katalytischen Reinigungshilfe ausgestattet (siehe Seite 164).

Foliengrills

Geringfügig mehr Arbeitsaufwand benötigen Foliengrills. Bei diesen Geräten sind Rückwand und Decke mit Aluminium-Folie ausgekleidet. Legen Sie die Folienrolle so ein, daß die glänzende Seite der Folie dem Innenraum bzw. dem Grillgut zugewandt ist. Nach dem Grillvorgang wird das fettverschmutzte Stück der Alu-Folie abgerissen und ein neues Stück von der Rolle nachgezogen, die sich an der Rückwand oder im Boden des Gerätes befindet.
Bei diesen Geräten brauchen nur noch rechte und linke Innenseite des Grills, das Türinnere und die Fettpfanne am Boden gereinigt zu werden. Natürlich kostet das Auswechseln der Folienrollen auch Zeit und Geld. Und: Der Müllberg wird vergrößert, auch wenn Sie die verbrauchte Alu-Folie vorschriftsmäßig zum Sondermüll geben.
Es gibt auch Grillgeräte mit Alufolie und katalytisch beschichteten Seitenwänden.
Beachten Sie die Gebrauchsanweisung, außerdem die Sicherheitshinweise für Elektrogeräte, Seite 34.

Reinigung eines Grillgerätes ohne Reinigungshilfen

Arbeitsmittel und Arbeitsablauf

Heiße Spülmittellösung,
Wischtuch, Spültuch,
Spülschwamm mit Scheuerseite,
Geschirrtuch,
Scheuermilch oder
verseifte Putzkissen.

Vor der Reinigung Netzstecker ziehen.
Nehmen Sie unmittelbar nach dem Grillen alle losen Teile aus dem Gerät und weichen Sie Verkrustungen im Inneren des Gerätes vor. Auch Rückstrahlblech und Glasscheibe lassen sich meist herausnehmen und gesondert reinigen.
In der Zwischenzeit im Spülbecken die benutzten Zubehörteile reinigen, wenn nötig mit Scheuermilch. Nur bei sehr starker Verunreinigung der Zubehörteile verseifte Putzkissen verwenden. Abtrocknen.
Das Innere des Gerätes systematisch mit einem feuchten Tuch abwischen, wenn nötig Scheuermilch verwenden. Auch hier nur bei sehr starker Verschmutzung Putzkissen einsetzen. Tockenreiben.

Den Grillheizkörper nicht abwischen, er reinigt sich durch die hohen Temperaturen von selbst.
Das Gerät von außen abwischen und abtrocknen. Lose Teile wieder einräumen.

Spezielle Reinigungshinweise

Verwenden Sie zur Reinigung keine umweltbelastenden Sprays und keine scharfen Gegenstände.
Das Äußere des Gerätes können Sie je nach Material ab und zu mit einem Poliermittel, z. B. Schlämmkreide oder Metallputzmittel, nach Gebrauchsanweisung pflegen.
Manche Teile lassen sich auch in der Spülmaschine reinigen. Beachten Sie hierzu die Herstellerangaben.
Nach dem Grillen die heiße Fettpfanne nicht mit kaltem Wasser abschrecken, sie könnte sich verziehen.

Übrigens ...

Benutzen Sie beim Grillen stets die Fettpfanne, um Verschmutzungen des Innenraumes durch herabtriefendes Fett zu vermeiden. Vorsorgemaßnahme

Kontaktgrillgeräte

Kontaktgrillgeräte eignen sich besonders gut zur Zubereitung flacher Grilladen.
Es gibt sie als Doppelkontakt-Grills mit zwei beheizten, höhenverstellbaren Flächen, zwischen denen das Grillgut gegart wird oder als Partygrills mit nur einer beheizten Kontaktfläche, wobei das Grillgut gewendet werden muß.
Das Angebot an Zubehörteilen ist sehr vielseitig; es gibt Waffeleisenplatten, Backformen, Raclette-Pfännchen, Crepes-Aufsätze, Schaschlik-Garnituren, Glaskeramik-Einsätze und anderes mehr.
Auf ähnliche Weise wie der Kontaktgrill werden auch Waffelautomaten gereinigt.

Arbeitsmittel und Arbeitsablauf

Heißes Wasser, Spülmittel,
Wischtuch, Spültuch,
Spülbürste,
Geschirrtuch.

Netzstecker ziehen, Gerät abkühlen lassen.
Die abnehmbaren Kontaktplatten herausnehmen und mit heißem Wasser und einer Spülbürste gründlich säubern; bei angebackenen oder

fetthaltigen Verunreinigungen unter Zugabe von Spülmittel. Insbesondere bei beschichteten Kontaktflächen keine kratzenden Mittel oder scharfen Gegenstände zur Reinigung benutzen, bei stärkerer Verschmutzung in Spülmittellösung vorweichen.
Das Äußere des Gerätes mit einem feuchten Tuch abwischen, trockenreiben.
Fettrückstände auf der Zuleitung ebenfalls feucht abwischen.
Gerät je nach Art zusammensetzen, Kabel aufwickeln und Gerät staubgeschützt aufbewahren.

Einkaufshinweise

Achten Sie beim Kauf eines Kontakt-Grillgerätes auf die Ausstattung. Arbeitserleichternd sind ein Spritzschutzrand sowie ein Fettauffangbehälter (andernfalls muß ein Gefäß dazu aufgestellt werden). Meist selbstverständlich sind Kabelaufwicklung und Kontrollampe. Wichtig ist auch das Material der zu reinigenden Flächen (Gußeisen oder Aluminium mit Antihaft-Beschichtung).

Friteusen

Ungenügende Reinigung und zu seltener Wechsel des Fritierfettes beeinträchtigen den Geschmack des Fritiergutes und sind gesundheitsschädlich. Gebrauchsanweisung sowie die Sicherheitshinweise zum Umgang mit Elektrogeräten beachten.
Nach dem Fritiervorgang Gerät ausschalten und Netzstecker ziehen.

Arbeitsmittel und Arbeitsablauf

Hitzebeständiger Topf für heißes Fett,
heiße Spülmittellösung,
heißes Wasser zum Nachspülen,
Wischtuch, Spültuch,
Spülbürste,
Geschirrtuch.

Fritierfett reinigen

Das Fritierfett muß gereinigt werden, solange es noch flüssig ist.
In aufwendig verarbeiteten Fritiergeräten ist ein Filtersieb eingesetzt, in das zusätzlich noch ein Filterblatt aus Spezialpapier eingelegt werden kann.
Durch einfaches Herausheben der Filtereinrichtung wird das im Topf verbleibende Fett auch von kleinsten Schwebeteilchen gereinigt. Das Filterblatt mit den Rückständen wird entfernt und weggeworfen. Auf

den umweltbelastenden Verbrauch von Filterpapier kann allerdings normalerweise verzichtet werden, weil durch die Verwendung des Filtersiebes eine ausreichende Reinigung des Fettes erzielt wird.
Hat die Friteuse keine Vorrichtung zum Filtern des Fettes, so muß das noch flüssige Fett in ein anderes Gefäß aus Metall oder Porzellan gefiltert werden, worin es bis zur Wiederverwendung aufbewahrt wird oder aber Sie gießen es in die gereinigte Friteuse zurück.
Verbrauchtes Fett fest werden lassen, in eine Tüte oder in Zeitungspapier wickeln und in den Müll geben; nie in den Ausguß schütten.

Friteuse reinigen

Fritierkorb und Filtersieb werden in heißer Spülmittellösung mit einer Bürste gespült, heiß nachgespült und abgetrocknet.
Wenn sich in der Friteuse kein Fett befindet, können Sie das Topfinnere mit Küchenkrepp ausreiben oder mit heißer Lösung auswischen. Dabei darf weder die Friteuse noch der Deckel in Wasser getaucht werden.
Nach der Reinigung abtrocknen.
Das Gerät von außen und die Zuleitung feucht abwischen, abtrocknen.
Deckel feucht abwischen und abtrocknen.
Nach dem Trocknen Zubehörteile wieder einsetzen, Zuleitung in die Kabelaufbewahrung geben und Gerät wegräumen.

Spezielle Reinigungshinweise

Fett- und Geruchsfilter

Gelegentlich sollte der gesättigte Fett- und Geruchsfilter im Deckel der Friteuse nach Gebrauchsanweisung ausgetauscht werden. In diesem Zusammenhang können Sie das Deckelober- und -Unterteil reinigen (abwischen oder spülen) und abtrocknen, bevor Sie die Teile wieder zusammensetzen.

Kondenswasser-Behälter

Im Deckel oder an der Seite mancher Geräte befindet sich ein Kondenswasser-Behälter. Er verhindert, daß bei geöffnetem Deckel das Kondenswasser auf die Arbeitsfläche tropft. Auch er muß regelmäßig gereinigt werden.
Sichtfenster nur feucht abwischen und abtrocknen, nicht mit Scheuermitteln oder scharfen Gegenständen reinigen.

Kaffeemaschinen

Zur Herstellung von Kaffee mit Hilfe einer Kaffeemaschine wird weniger Energie verbraucht als auf dem Elektroherd. Außerdem sind Sie während dieser Zeit frei für andere Beschäftigungen – Argumente, die für die Kaffeemaschine sprechen.
Maschine ausschalten und Netzstecker ziehen, Gerät abkühlen lassen.
Gebrauchten Papierfilter mit Kaffeesatz entnehmen und wegwerfen.

Arbeitsmittel und Arbeitsablauf

Heißes Wasser mit einem Spritzer Spülmittel,
Spültuch, Spülbürste,
Geschirrtuch.

Abnehmbare Teile im Spülbecken spülen: Glaskanne mit Deckel, abnehmbaren Wasserbehälter und Deckel, Kunststoffilter (bei manchen Geräten als Filterkassette). Goldfilter nur unter fließendem Wasser vorsichtig spülen.
Die Teile abtrocknen.
Das Äußere des Grundgerätes einschließlich Warmhalteplatte mit einem feuchten Tuch abwischen und abtrocknen.
Kaffeemaschine wieder zusammensetzen.

Entkalken

Wenn der Brühvorgang sich wesentlich verlängert oder wenn sich viel Dampf entwickelt, ist dies ein Anzeichen dafür, daß sich Kalkablagerungen gebildet haben und das Gerät entkalkt werden muß.
Auch wenn Kalkablagerungen am Steigrohr des Gerätes sichtbar werden (zur Kontrolle den Wasserauslauf abnehmen), muß das Gerät entkalkt werden.
Das kann bei leicht kalkhaltigem Wasser einmal im Jahr der Fall sein, bei mittlerem Kalkgehalt etwa halbjährlich und bei sehr kalkhaltigem Wasser etwa alle 2 bis 3 Monate.
Zum Entkalken können Sie ein käufliches Entkalkungsmittel auf Zitronensäure-Basis nach Gebrauchsanweisung unter Beachtung eventueller Vorsichtsmaßnahmen benutzen.
In der Regel füllt man das Mittel mit Wasser im vorgeschriebenen Mischungsverhältnis in den Frischwasserbehälter und läßt die Lösung eine Stunde einwirken.
Dann wird das Gerät eingeschaltet (bei untergestellter Kanne), und die Mischung durchläuft ähnlich wie beim Brühvorgang das Gerät, natürlich ohne Filtertüten-Einlage.
Bei starken Kalkablagerungen den Vorgang nach vorherigem Abkühlen wiederholen, auch mehrmals.
Nach dem Entkalken die Kanne mit der Lösung ausgießen, umspülen.
Den Brühvorgang danach noch mindestens zweimal mit frischem, klarem Wasser wiederholen, um Kalkreste und Rückstände des Entkalkungsmittels zu entfernen.

Übrigens ...

Verbrauchtes Kaffeemehl samt Papierfilter zum Kompost geben. Bevorzugen Sie Papierfilter aus ungebleichtem Papier.

Toaster

Ziehen Sie den Netzstecker des ausgeschalteten Gerätes. Beachten Sie Gebrauchs- und Reinigungshinweise für den Toaster, und die allgemeinen Sicherheitshinweise für Elektrogeräte, Seite 34, bevor Sie mit der Reinigung beginnen.

Arbeitsmittel und Arbeitsablauf

Pinsel oder weiches, trockenes Tuch,
feuchtes Spültuch,
Geschirrtuch.

Brotkrümel vom Boden des Toasters entfernen. Dazu je nach Fabrikat Gerät umdrehen und leicht auf den Boden des Toasters klopfen oder Bodenplatte aufklappen oder entfernen und Krümel mit einem trockenen Tuch oder Pinsel entfernen, Bodenklappe schließen.
Manche Geräte haben eine am Boden angebrachte Krümelschublade.
Das Gehäuse des Gerätes außen mit einem feuchten Tuch, evtl. mit etwas Spülmittel, abwischen und trockenreiben.
Bei Toastern mit verchromten Gehäusen können die Chromteile hin und wieder mit Schlämmkreide oder einem Metallputzmittel gepflegt werden.
Brötchen-Röstaufsatz ebenfalls feucht abwischen und abtrocknen.
Kabel aufwickeln und Gerät wegräumen oder einsatzbereit plazieren.

Entsafter und Zitruspressen

Zwei Bauarten lassen sich bei elektrischen Entsaftern unterscheiden:
Saftzentrifugen. Der Trester bleibt im Gerät, deshalb lassen sich nur kleinere Mengen (bis etwa 1 kg) verarbeiten. Bei der Verarbeitung größerer Mengen müssen die Rückstände zwischendurch entfernt werden. Saftzentrifugen
Saftautomaten. Die Rückstände (Trester) werden automatisch ausgeworfen und sammeln sich in einem abnehmbaren Behälter. Saftautomaten

Arbeitsmittel und Arbeitsablauf

Heißes Wasser,
Spülbürste, Spültuch,
kleine Extrabürste oder Zahnbürste,
Geschirrtuch.

Ziehen Sie bei ausgeschaltetem Gerät den Netzstecker.
Das Gerät je nach Fabrikat öffnen/auseinandernehmen.
Tresterbehälter und Saftauffangbehälter leeren.

Bei starker Verkrustung durch längeres Stehenlassen lose Teile in heißem Wasser mit wenig Spülmittel vorweichen.
Normalerweise möglichst sofort Trester- und Saftbehälter, Deckel, Reibscheibenfilter und Stopfer in heißem Wasser mit einer Spülbürste reinigen.
Beim Reibscheibenfilter können Sie eine Zahnbürste zu Hilfe nehmen; unter fließendem Wasser abspülen.
Die Teile abtrocknen.
Das Grundgerät selbst nur mit einem feuchten Tuch abwischen, Zuleitung ebenfalls, abtrocknen.
Vorhandene Farbrückstände von entsaftetem Obst oder Gemüse lassen sich mit einem in wenig Speiseöl getränkten Tuch abreiben.
Nach völligem Trocknen das Gerät zusammensetzen und an einem geeigneten Ort aufbewahren.

Einkaufstips

Wichtig ist, daß sich das Gerät gut auseinandernehmen und zusammensetzen läßt. Auch das Entnehmen von Saftbehälter und Trestersieb sollte einfach zu bewerkstelligen sein.
Ein durchsichtiger Saftbehälter ermöglicht eine bessere Kontrolle über den Füllstand.
Die Preßkegel von Zitruspressen sind unterschiedlich gestaltet. Bei einigen Geräten sind sie am Sieb befestigt, andere können zum Reinigen vom Sieb getrennt werden.
Achten Sie außerdem beim Kauf eines Gerätes auf Standfestigkeit, Säurebeständigkeit und Schlagfestigkeit.

Handrührgeräte

Handrührgeräte kommen in den meisten Haushalten regelmäßig zum Einsatz und gehören praktisch zu den unverzichtbaren Kleingeräten.
Von Wichtigkeit ist ihre betriebsbereite Unterbringung, damit sie wirklich jederzeit einsatzfähig sind.
Ihre Reinigung geht schnell vonstatten im Vergleich zu den größeren Küchenmaschinen.
Beachten Sie die Gebrauchsanweisung Ihres Handrührgerätes, außerdem die allgemeinen Sicherheitshinweise auf Seite 34.
Das abgeschaltete Gerät vom Stromnetz trennen.

Arbeitsmittel und Arbeitsablauf

Heiße Spülmittellösung
Spülbürste
Spültuch, Wischtuch
Geschirrtuch

Die Arbeitsteile (Einsätze) durch Drücken der Auswurftaste lösen, bzw. abschrauben.
Einsatzteile spülen und abtrocknen.
Schneebesen (Quirle) und Knethaken (Spiralkneter) können meist auch in der Spülmaschine gereinigt werden.
Das Gerät selbst und die Zuleitung werden nur mit einem feuchten Tuch abgewischt (dabei sollte in das Gehäuse kein Wasser dringen) und nachgetrocknet.

Spezielle Reinigungshinweise

Vor dem ersten Gebrauch die Arbeitsteile, die mit Nahrungsmitteln in Berührung kommen, gründlich abspülen.
Verwenden Sie zur Reinigung keine kratzenden Gegenstände oder Scheuerpulver.

Übrigens...

Vorsorgemaßnahmen

Verwenden Sie zum Rühren und Kneten nur Gefäße aus geeignetem Material, z. B. Kunststoff, und in ausreichender Größe. So vermeiden Sie, daß Arbeitsteile des Gerätes oder Gefäße beschädigt werden und daß beispielsweise Teig spritzt oder überläuft.
Um unnötige Spülarbeit zu vermeiden, sollten Sie auf einen sinnvollen Arbeitsablauf achten. Beispiel: Schlagen Sie für Teige zuerst das Eiweiß zu Schnee, bevor Sie mit den benutzten Einsatzteilen den Teig fertigstellen.
Beim Arbeiten stets mit niedriger Einschaltstellung beginnen, um Überschwappen oder Stauben bei der Zugabe von Milch oder Mehl zu vermeiden.

Küchenmaschinen

Es gibt drei Arten von Küchenmaschinen:
- Handrührer mit Stativ (Standfuß), 140 bis 170 Watt
- Kompakt-Küchenmaschinen mit einer Leistung von 400 bis 500 Watt
- Universal-Standküchenmaschinen in verschieden großen Ausführungen mit 250 bis 650 Watt Leistung

Für den 1- bis 3-Personenhaushalt eignet sich neben dem Handrührer mit Stativ auch sehr gut eine Kompakt-Küchenmaschine oder ein kleineres Universalgerät.

Handrührer mit Stativ

Handrührer mit Stativ gehören genaugenommen nicht direkt zu den Küchenmaschinen, ihre Reinigung fällt aber je nach benutztem Arbeitsteil unter Handrührgeräte oder Küchenmaschinen.

Kompakt-Küchenmaschinen

Kompakt-Küchenmaschinen können in Sekunden hacken, schnitzeln, schneiden, reiben, pürieren, kneten, rühren, schlagen und mixen.

Die »Kompakten« arbeiten nach dem Prinzip eines Mixers mit einem Schlagmesser. Sie haben meist nur eine Antriebsachse (seltener: Doppelantrieb) und verarbeiten je nach Fabrikat Mengen bis zu etwa 1,5 kg. Für unterschiedliche Einsatzmöglichkeiten lassen sich entsprechende Zusatzteile im Handumdrehen anbringen.

Universal-Küchenmaschinen

Universal-Küchenmaschinen. Im Gegensatz zu den Kompaktgeräten werden hierbei die Zusatzgeräte mit dem Motorblock verbunden, der meist zwei Antriebswellen mit unterschiedlichen Drehzahlen besitzt. Aufgrund der Spezialisierung ist die Arbeitsqualität oft etwas besser als bei Kompakt-Geräten und zumindest mit größeren Universalmaschinen können auch größere Mengen verarbeitet werden. Universalmaschinen sind mit entsprechenden Zusatzgeräten fast immer teurer in der Anschaffung und aufwendiger zu reinigen.

Im folgenden wird die Reinigung einer Küchenmaschine mit folgenden Zusatzgeräten beschrieben:

Schneebesen, Knethaken, Rührschüssel,
Mixer, Fleischwolf, Schneid- und Schnitzelgerät.

Beachten Sie die Gebrauchsanleitung Ihrer Küchenmaschine und hier insbesondere die Reinigungshinsweise.

Wichtig ist außerdem die Beachtung der allgemeinen Sicherheitshinweise, siehe Seite 34.

Netzstecker des ausgeschalteten Gerätes ziehen.

Arbeitsmittel und Arbeitsablauf

Gummischaber,
warmes Wasser,
Spülmittel bei fetthaltigen Verschmutzungen,
Spülbürste, Spültuch,
Geschirrtuch.

Reinigung der Rührschüssel mit Schneebesen oder Knethaken

Schneebesen oder Knethaken herausnehmen, entleerte Rührschüssel mit einem Gummischaber von Teigresten befreien und zusammen mit den Arbeitsteilen in heißer Spülmittellösung reinigen und abtrocknen. Das Grundgerät (Motorblock) wird samt Zuleitung nur mit einem feuchten Tuch abgewischt und nachgetrocknet.

Übrigens ...

Vorsorgemaßnahmen

Durch Verwendung eines Deckels lassen sich Spritzen und Stauben vermeiden.

Sind mehrere Teige zuzubereiten, sollte mit dem hellsten Teig begonnen werden, dann erübrigt sich das Spülen zwischendurch.

Reinigung des Mixers

Mixbehälter abnehmen und entleeren.
Den Mixer nach der Zubereitung fetthaltiger Mischungen zu gut 1/3 mit warmem Wasser (mit einem Spritzer Spülmittel) füllen und das Gerät mit aufgesetztem Deckel kurz einschalten. Spülwasser ausgießen, mit klarem Wasser nachspülen und abtrocknen.
Grundgerät mit Motorblock nur feucht abwischen und nachtrocknen.

Spezieller Reinigungshinweis

Zur gründlichen Reinigung den Mixer nach Gebrauchsanweisung auseinandernehmen und spülen. Dabei die Einzelteile nicht länger als unbedingt notwendig dem Wasser aussetzen, das Messer am besten nur unter fließendem Wasser mit einer Bürste reinigen.
Alle Teile gut abtrocknen und nach dem völligen Trocknen zusammensetzen.

Übrigens ...

Unnötige Spülarbeit läßt sich vermeiden, wenn zuerst trockene Zutaten zerkleinert werden (z. B. Nüsse). Vorsorgemaßnahmen
Erst danach werden weitere Zutaten gemixt, z. B. Flüssigkeiten, wobei ggf. eine weitere Flüssigkeitszugabe durch die Deckelöffnung erfolgen sollte.

Reinigung des Fleischwolfes

Fleischaufnahmeschale abnehmen zum Spülen.
Fleischwolf vom Motorblock abnehmen.
Den Verschlußring vor der Lochscheibe abschrauben, Lochscheibe und Kreuzmesser abnehmen.
Die Schnecke herausziehen und von groben Speiseresten befreien.
Alle Teile, einschließlich Fleischwolfgehäuse und Stopfer, in heißer Spülmittellösung reinigen.
In der Lochscheibe festsitzende Rückstände mit der Spülbürste oder einem Holzstäbchen entfernen.
Die Teile gut abtrocknen und erst nach völligem Trocknen wieder zusammensetzen.

Spezieller Reinigungshinweis

Geben Sie nach dem Durchdrehen von Fleisch ein Stück Pergamentpapier durch den Fleischwolf. So wird das Gerät vollständig entleert, das Papier selbst bleibt im Inneren des Gerätes, wo Sie es beim Auseinandernehmen und Reinigen entfernen können.

Reinigung des Schneid- und Schnitzelgerätes

Das Schneidwerk auseinandernehmen und den Behälter leeren.
Alle Teile wie Behälter, Stopfer, Deckel, Einfüllstutzen, Arbeitsscheiben in heißem Wasser mit der Spülbürste reinigen, nach der Verarbeitung fetthaltiger Lebensmittel unter Zugabe von etwas Spülmittel.
Abtrocknen, die Teile vor dem Wegräumen gut trocknen lassen.
Nur dann zusammensetzen, wenn Sie schon wissen, mit welchem Zubehörteil als nächstes gearbeitet wird.

Spezielle Reinigungshinweise

Verwenden Sie zur Reinigung keine scharfkantigen Gegenstände und keine scheuernden Mittel.
Die Zubehörteile sollten nicht in der Spülmaschine gereinigt werden, außer, der Hersteller erlaubt dies ausdrücklich.
Bei neuen Geräten vor dem ersten Gebrauch alle Teile sorgfältig spülen, die mit Lebensmitteln in Kontakt kommen.
Vorsicht bei der Reinigung von Kompaktküchenmaschinen: Die Messer sind sehr scharf.

Allesschneider, Brotschneidemaschine

Kaum ein anderes Küchengerät kommt so viel mit Lebensmitteln in Berührung wie der Allesschneider. Deshalb sollten Sie ihn bei der Reinigung nicht vernachlässigen, sondern ihm besonderes Augenmerk schenken. Wichtig ist, daß er nach jeder Benutzung gesäubert wird, damit keine Mikroorganismen von anhaftenden verdorbenen Rückständen übertragen werden können.
Außerdem gewährleistet nur eine öftere Reinigung die einwandfreie Funktion des Gerätes. Bei einem verunreinigten Gerät büßt das Messer sehr schnell seine Schneidkraft ein. Schließlich können durch mangelnde Hygiene unerwünschte Geschmacksübertragungen stattfinden.
Gebrauchsanleitung mit Pflegehinweisen sowie allgemeine Sicherheitshinweise (Seite 34) beachten.

Arbeitsmittel und Arbeitsablauf

Spülmittellösung,
Spülbürste, Spültuch, Wischtuch,
Geschirrtuch,
Zahnstocher.

Restehalter, Schneidgutschlitten und Schneidtisch (Anschiebetisch) abnehmen, spülen (nicht im Wasser liegen lassen, bei manchen Geräten könnte Wasser ins Innere eindringen). Abtrocknen.

Messerabdeckung, soweit vorhanden, entfernen und ebenfalls reinigen.
Messer lösen durch Drücken einer Auswurftaste oder Drehen einer Schraube mit einer Münze oder ähnlichem.
Messer vorsichtig herausnehmen und in Spülmittellösung mit der Bürste gründlich reinigen und abtrocknen. Vorsicht, Verletzungsgefahr. Deshalb bei der Reinigung das Messer in der Hand behalten, nicht ins Spülbecken legen.
Grundgerät sorgfältig mit einem feuchten Tuch abwischen, Ecken und Ritzen lassen sich mit einem Zahnstocher reinigen.
Nach der Reinigung das Gerät wieder zusammensetzen.

Spezielle Reinigungshinweise

Vor allem nach dem Schneiden salzhaltiger oder weicher, saftiger oder fetter Lebensmittel, wie Schinken, Wurst, Käse oder Obst sollten der Allesschneider und das Messer gründlich gereinigt werden.

Elektromesser

Elektromesser bestehen aus einem Handgriff mit inliegendem Motorteil und zwei gegeneinanderlaufenden Sägemessern, die sich durch Einrasten befestigen lassen.
Die gründliche Reinigung ist nach jeder Benutzung notwendig.
Ziehen Sie vor der Reinigung den Netzstecker und beachten Sie auch die Gebrauchsanweisung Ihres Elektromessers, außerdem die allgemeinen Sicherheitshinweise Seite 34.

Arbeitsmittel und Arbeitsablauf

Spülmittellösung,
Spültuch, Wischtuch, Spülbürste,
Geschirrtuch.

Die Klingen nur am Fingerschutz herausziehen.
Beide Klingen trennen und in heißer Spülmittellösung reinigen, indem man sie in der einen Hand behält und mit Hilfe der Spülbürste säubert.
Klingen abtrocknen.
Das Gerät selbst nur mit einem feuchten Tuch abwischen, abtrocknen.
Trockene Klingen zusammensetzen und in die Schutzhülle schieben.
Bewahren Sie das Elektromesser für Kinder unerreichbar auf.

Spezielle Reinigungshinweise

Das Gerät oder die noch mit dem Gerät verbundenen Klingen zur Reinigung nie unter Wasser halten oder in Wasser eintauchen.
Vor dem ersten Gebrauch Klingen spülen und Gerät feucht abwischen.

Spülen

Spülen von Hand

An dieser oftmals ungeliebten Arbeit ist nicht vorbeizukommen. Aufschieben ist keine Lösung. Trotzdem können Sie einiges tun, um diese Arbeit angenehmer zu gestalten und zu reduzieren, indem Sie die richtigen Arbeitsmittel verwenden und planvoll arbeiten.

Vorsorgemaßnahme

Vermeiden Sie unnötige Spülarbeit
Schon beim Kochen können Sie Spülarbeit sparen, wenn Sie Herd und Kochgeschirr im Blick behalten und dadurch Anbrennen, Überkochen und Fettspritzer am Geschirr vermeiden.

Delegieren Sie Arbeit
Wie kaum eine andere Arbeit ist das Spülen geeignet, alle »mitanpakken« zu lassen. Berufstätige teilen sich die Arbeit und auch Kinder können hier die pädagogisch geforderten kleinen Aufgaben übernehmen.

Spülen Sie zum richtigen Zeitpunkt
Das bedeutet beim Spülen fast immer: direkt nach den Mahlzeiten, damit Speisereste nicht antrocknen können.
Wenn Sie aber nur einige Kaffeetassen und Frühstücksbrettchen gebraucht haben, kann es hier und da günstiger sein, diese erst nach dem Mittagessen mitzuspülen. So sparen Sie Wasser, Spülmittel und auch noch etwas Zeit.

Kaufen Sie pflegeleichtes Geschirr
Bevorzugen Sie glatte Oberflächen und einfache Formen, wenn Sie Wert auf Arbeitserleichterung legen.
Siehe hierzu auch die Einkaufshinweise unter den verschiedenen Materialien.

Die richtigen Arbeitsmittel

Gummischaber,
Gefäße oder Abfalleimer für Speisereste,
Spülbecken mit heißem Wasser, 50–60 °C, mit wenig Spülmittel (bei fetthaltigen Verunreinigungen),
Spülbecken oder Schüssel mit heißem Wasser ohne Zusatz,
Spülbürste, Spültuch,

Schwamm mit Scheuerseite,
Geschirrständer mit Besteckkorb aus Kunststoff,
Geschirrtücher.
Zusätzlich:
Flaschenbürste,
Verseifte Putzkissen,
Scheuermilch,
Gummihandschuhe.

Planvoller Arbeitsablauf

Die Speisen mit Hilfe eines Gummischabers aus dem Kochgeschirr entleeren; in Kochtöpfe mit angesetzten Speisen etwas Wasser füllen und auf den noch warmen Herd stellen.
Nach der Mahlzeit wiederverwertbare Essensreste mittels Gummischaber zum Aufbewahren in verschließbare Behälter füllen und nach dem Erkalten in den Kühlschrank stellen.
Übrige Essensreste vom Geschirr in ein Gefäß abschaben (Haustiere, Kompost) oder notfalls in den Mülleimer geben.
Das gebrauchte Geschirr rechts neben der Spüle abstellen, dabei gleichzeitig ordnen in der Reihenfolge des Spülens:
Glas - Porzellan - Besteck (in einem Korb oder Topf gesammelt) - Holz - Kunststoff - Kochtöpfe - Pfannen.
Einweichwasser aus Kochtöpfen jetzt ausgießen, wenn kein gesonderter Abfluß mehr zur Verfügung steht.
In die gesäuberten Spülbecken (oder Becken und Schüssel) Wasser einlaufen lassen und erst dann in das rechte Becken einen Spritzer Spülmittel geben. Arbeiten Sie von rechts nach links.
Empfindliches Geschirr (Gläser, Tassen, Kaffeekannen) einzeln spülen, nachspülen, im Ständer trocknen lassen oder abtrocknen (Glas). So wird vermieden, daß empfindliches Geschirr aneinanderstößt und beschädigt wird. Gläser, Tassen
Sonst immer mehrere gleichartige Teile zusammen ins Spülwasser geben und spülen.
Bei Tellern können Sie so verfahren: Stapelweise in das Spülwasser einsetzen, einzeln mit Bürste, Schwamm oder Tuch von oben und unten reinigen und nacheinander ins Klarspülwasser geben. Stapelweise aus dem Klarspülwasser herausnehmen und auf die Abtropffläche oder in den Ständer stellen. Teller
Bei Schüsseln ebenso zuerst Innen-, dann Außenseite spülen. Schüsseln
Besteckteile, besonders Messer und Gabeln, wegen möglicher Verletzungsgefahr nicht einfach ins Spülwasser legen, sondern etliche Teile mit einer Hand greifen und mit Spülbürste oder -schwamm reinigen, ins Klarspülwasser eintauchen und zum Abtropfen in den Besteckkorb des Geschirrständers oder in ein Sieb geben, Griffe nach unten. Besteck
Töpfe und Pfannen nur bei starken Verkrustungen mit der Scheuerseite des Schwammes und Scheuermilch, unempfindliches Material auch Töpfe, Pfannen

mit verseiften Stahlwollkissen reinigen, sonst mit Bürste oder Schwamm säubern. Außen- und Unterseiten nicht vergessen.
Beschichtete Töpfe und Pfannen nicht scheuern, wenn nötig, länger vorweichen.
Glaswaren und Edelstahlgeschirr möglichst sofort abtrocknen, weil trocknende Wassertropfen Flecke auf dem Geschirr hinterlassen.
Restliches Geschirr gut abtropfen und selbsttätig trocknen lassen oder abtrocknen. Gleichzeitig ordnen und sortiert abstellen. Geschirrtücher nach Bedarf wechseln.
Geschirr wegbringen und geordnet einräumen.

Spezielle Reinigungshinweise

Speisereste auf Edelstahl- und Silbergeschirr nie antrocknen lassen, beide Metalle können anlaufen.
Das Vorspülen von Geschirr unter fließendem Wasser ist meist genauso überflüssig wie die Vorwäsche beim Waschen. Es kann entfallen, wenn das Geschirr mit dem Gummischaber von gröberen Speiseresten befreit und sofort gespült wird. So können Sie den Wasserverbrauch einschränken.
Immer zuerst Wasser ins Becken einlaufen lassen und erst dann Spülmittel zugeben, andernfalls bildet sich zuviel Schaum.
Es gibt kein Gebot, welches besagt, daß zum Spülen grundsätzlich auch Spülmittel verwendet werden muß. Lediglich bei fetthaltigen Verunreinigungen kann nicht darauf verzichtet werden.

Silber, Edelstahl

Silber und Edelstahl getrennt spülen; das weichere Silber könnte vom härteren Stahl Kratzer bekommen.

Holz

Holzbrettchen, geleimte Kunststoffbrettchen, Messer und Besteckteile mit geleimten Kunststoff- oder Holzgriffen niemals im Wasser liegen lassen. Das Holz quillt und reißt; es bleicht aus und wird grau; Griffe lösen sich.
Bestecke aus verschiedenen Materialien (Heftbesteck) sollten Sie nur handwarm spülen. Durch zu heißes Wasser dehnt sich das Metall aus und kann schlimmstenfalls das mit ihm verbundene Holz oder die Keramik sprengen.

Messer

Messer und Schälgeräte nicht längere Zeit heißem Wasser aussetzen, die Klingen werden stumpf.
Nicht rostfreie Messerklingen lassen sich gut mit einem Korken, dessen Ende befeuchtet und in Scheuermittel getaucht wurde, reinigen; die Klinge vorher etwas anfeuchten.
Beim Abtrocknen von Messern die Schneide vom Geschirrtuch weg nach außen halten, um das Tuch nicht zu beschädigen.
Messer nie in großer Hitze trocknen. Aufbewahren in einem luftigen, gesonderten Schubladenfach oder hängend an einem Magnetband.

Glas

Glasgegenstände mit einem nicht fusselnden Tuch abtrocknen. Am besten geeignet sind hierfür Tücher aus Leinen oder Halbleinen oder Spezial-Gläsertücher mit denen das Glas feucht abgetrocknet wird.

Gegenstände, die beim Auftauen und bei der Zubereitung von Geflügel benutzt wurden (Geflügelschere, Messer, Behälter, Sieb), gesondert sehr gründlich unter kochendheißem Wasser abspülen. Die Spüle danach besonders sorgfältig reinigen, gebrauchte Tücher in die Wäsche geben. Gegenstände nochmals gründlich spülen.

Denken Sie daran, daß auch der Geschirrständer gereinigt werden muß. Geschirrständer

Zuletzt den Abfalleimer leeren und auswaschen, unter Zugabe von einem Schuß Essig, um Gerüche zu neutralisieren. Gut abtrocknen oder trocknen lassen. Abfalleimer

Auslegen mit Papier, z. B. von Verpackungen oder Zeitungen (umweltfreundlich) oder neuen Müllbeutel einlegen (hygienisch, dafür aber Verbrauch zusätzlicher Rohstoffe und Erzeugung weiteren Abfalls).

Spüle säubern

Reinigungsmittel und Arbeitsablauf

Edelstahlspülen: Scheuermilch, Wiener Kalk oder Schlämmkreide, Metallputzmittel
Keramikspülen: Scheuermilch
Emaillierte Spülen: Scheuermilch, Emailreiniger

Abtropffläche, Armaturen und zuletzt Beckeninneres sowie Spülbürste und Schwamm reinigen, Spüle abtrocknen, Reinigungsmittel wegräumen.

Tücher zum Trocknen aufhängen oder mit dem Schwamm in die Wäsche geben.

Spülen in der Maschine

Eine richtig bediente und genutzte Spülmaschine bringt große Arbeitserleichterung, und das Geschirr wird hygienisch sauber und optimal geschont.

Arbeitsmittel und Arbeitsablauf

Gummischaber,
Gefäß oder Abfalleimer, für Speisereste,
Geschirrspülmittel für Spülmaschinen,
Geschirrtuch.

In die Kochtöpfe mit angesetzten Speisen etwas Wasser füllen und auf den noch warmen Herd stellen.

Nach dem Essen gröbere Speisereste mit Hilfe des Gummischabers vom Servier- und Eßgeschirr entfernen (Haustiere, Kompost, notfalls Müll).

Noch eßbare Reste zum Aufbewahren in verschließbare Behälter füllen und nach dem Erkalten in den Kühlschrank stellen.
Das gebrauchte Geschirr möglichst sofort in die Spülmaschine einordnen.

Zuerst den unteren Korb einräumen
Den Korb bis zum Anschlag herausziehen und von hinten beginnend das Geschirr nach vorne einstellen.
In den Unterkorb gehört schweres, großes und stärker verunreinigtes Geschirr, wie Teller, Schüsseln, Platten und Kochgeschirr. Gläser nie in den unteren Korb einräumen.

Teller, Schüsseln
Platten, Kochgeschirr

Besteck

Besteck unsortiert mit dem Griff nach unten in den Besteckkorb einstellen. Beachten Sie dabei, daß Löffelkellen nicht ineinanderliegen und daß sich keine Besteckteile gegenseitig abdecken. Lange Besteckteile können auch in den Oberkorb eingelegt werden.
Bei Maschinen mit speziellen Besteckleisten wird das Besteck zum Reinigen in die Halterungen eingelegt. Gegenseitiges Abdecken ist dabei nicht möglich.
Gefäße stets mit der Öffnung nach unten einordnen und die Öffnungen nicht zustellen. Hohe, schlanke Hohlgefäße möglichst im mittleren Bereich der Körbe einordnen, dort werden sie von den Sprühstrahlen optimal erreicht.

Beschicken des oberen Korbes
In den oberen Korb wird vorwiegend kleines, leichtes, feines und weniger verunreinigtes Geschirr eingeräumt.

Gläser

Gläser sollten spannungsfrei eingeräumt werden; sie dürfen sich gegenseitig und andere Teile nicht berühren, um Glasschäden und Wasserflecke zu vermeiden.

Tassen

Bei klappbaren Tassenhalterungen die Tassen in der oberen Halterung versetzt zu den unteren Tassen einstellen, damit die Sprühstrahlen sie eüberall erreichen.
Teile mit tiefen Böden möglichst schräg einstellen, um Wasseransammlungen darin zu verhindern.
Reiniger zugeben nach Gebrauchsanweisung, Verschmutzungsgrad und Füllmenge. Um Überdosierung zu vermeiden, am Anfang abwiegen.
Anzeige für das Klarspülmittel überprüfen.

Kontrolle

Kontrollieren Sie vor dem Schließen der Tür
- ob die Sprüharme frei beweglich sind
- ob alle Geschirrteile vom Wasser umspült werden können
- ob der Zulauf-Trichter für den Sprüharm am Oberkorb nicht abgedeckt ist und
- ob kein Geschirr den Reinigungsmittel-Behälter blockiert.

Tür schließen, Wasserhahn öffnen und Programm nach Verschmutzungsgrad und Geschirrart wählen. Programm starten.

Programmende

Nach Programmende den Programmwähler ausschalten und den Wasserhahn schließen.
Tür etwas öffnen (anlehnen), dadurch wird die Trockenzeit verkürzt.
Wenn die Abdeckplatte Ihrer Küche allerdings feuchtigkeitsempfindlich ist, die Tür geschlossen halten, bis das Geschirr getrocknet ist.
Viele Bestecke vertragen keine lange Verweildauer in der Maschine, weil Hitze und aggressive Dämpfe die Messerklingen angreifen können. Falls Sie Schäden befürchten müssen, holen Sie einfach nach Programmablauf den ganzen Besteckkorb oder die Besteckleiste aus der Maschine und lassen Sie das Besteck außerhalb trocknen.
Das Entnehmen des übrigen Geschirrs sollte auf jeden Fall erst dann erfolgen, wenn es getrocknet und abgekühlt ist, weil heißes Glas- und Keramikgeschirr stoßempfindlicher ist.
Zuerst wird der Unterkorb, dann der Oberkorb ausgeräumt.
So vermeiden Sie, daß Wassertropfen aus Vertiefungen des Geschirrs im Oberkorb auf das Geschirr im Unterkorb gelangen.
Falls sich noch Wasser in Vertiefungen befindet, können Sie mit einem Geschirrtuch über die noch im Korb stehenden Teile gehen und diese abtupfen.
Beim Ausräumen das Geschirr auf Sauberkeit überprüfen und stapelweise geordnet wegräumen.
Maschine reinigen, besonders Siebe und Tür mit Dichtung (siehe auch Seite 155).
Tür angelehnt etwas geöffnet lassen.

Spezielle Reinigungshinweise

Verwenden Sie zum Spülen nur spezielle Maschinen-Geschirrspülmittel. Bevorzugen Sie umweltverträgliche Reiniger und dosieren Sie sparsam nach Gebrauchsanweisung (abwiegen, abmessen).
Klarspülmittel verhindern Fleckenbildung beim Trocknen. Das Mittel wird automatisch zugegeben, die Dosierung kann aber meist reguliert werden:
Bei Unterdosierung oder ohne Klarspülmittel bleiben besonders auf Gläsern angetrocknete Wassertropfen oder weißgraue Tropfenränder zurück.
Bei Überdosierung bilden sich auf Gläsern Schlieren und Streifen, milchige oder blauschimmernde Schleier.
Achten Sie beim Nachfüllen von Klarspüler darauf, daß nichts danebenläuft.
Wenn Sie aus Gründen des Umweltschutzes den Klarspüler weglassen, so hat dies weder nachteilige Folgen für Ihre Maschine noch für das Geschirr, sondern lediglich für die Optik: Das Geschirr trocknet schlechter und es können sich dabei Wasserflecke bilden. Weniger sauber ist es deshalb aber nicht.
Beachten Sie die optische Regenerieranzeige.
Enthärtersalz verhindert Kalkablagerungen an Maschine und Geschirr.

Nach Möglichkeit nur spezielles Regeneriersalz nach Gebrauchsanweisung verwenden.
Erfragen Sie die Wasserhärte Ihres Wohnortes beim Wasserwerk. Liegt Ihre Wasserhärte unter dem Härtebereich 2, erübrigt sich das Regenerieren.

Wasserhärtebereiche

Spülmaschinen sind vom Werk aus auf einen Härtebereich von 2 bis 3 eingestellt.

Wasserhärtebereiche

Härtebereich		Millimol	Deutsche Härtegrade
1	weich	bis 1,3	bis 7 °dH
2	mittelhart	1,3–2,5	7–14 °dH
3	hart	2,5–3,8	14–21 °dH
4	sehr hart	über 3,8	über 21 °dH

1 Millimol = 56 mg CaO (Calciumoxid) in 1 l Wasser

Bei Silber können durch längeres Einwirken von Speiseresten (Ei, Senf) Verfärbungen entstehen. Deshalb Silbergegenstände sofort nach der Mahlzeit in einem speziellen Silberbesteckkorb spülen, getrennt von anderen Metallen.
Silber- und Edelstahlgegenstände nie zusammen in die Spülmaschine geben. Durch elektrochemische Prozesse wird der Edelstahl vom Silber angegriffen.
Auch Aluminium kann auf diese Art den Stahl beschädigen, wenn beide Metalle zusammen in der Spülmaschine gereinigt werden.
Bestecke aus verschiedenen Materialien (Heftbestecke) sollen im Zweifelsfall besser nicht in der Spülmaschine gereinigt werden. Das erhitzte Metall dehnt sich aus und kann die Griffe aus Holz oder Keramik sprengen.
Außerdem leiden Holzgriffe durch längeres Einwirken von Wasser. Das Holz quillt, kann reißen und durch das Auslaugen verbleichen und grau werden.
Spülmaschinengeeignete Heftbestecke mit Kunststoffgriffen nie so einordnen, daß sie den Heizspiralen zu nahe kommen; sie können spröde oder rissig werden.
Verfärbungen auf Edelstahl durch maschinelles Spülen lassen sich beseitigen durch Abreiben mit heißem Essig, Zitrone, Wiener Kalk, Schlämmkreide oder Metallputzmittel für Edelstahl.
Kristallglas darf nur dann in die Spülmaschine, wenn es als »spülmaschinenfest« gekennzeichnet ist; das gilt meist auch für Glas- und Porzellanwaren mit Gold- oder Silberrand. Vorsicht auch bei bemaltem und handgraviertem Glas, es ist oft ungeeignet. Nach oftmaligem Spü-

len in der Maschine können ungeeignete Gläser trüb werden, ungeeignete Aufglasurdekors verblassen mit der Zeit.
Steingutgeschirr, das maschinell gespült werden soll, muß als »spülmaschinenfest« gekennzeichnet sein. Ungeeignet ist handbemaltes und unglasiertes Steingut.
Nicht eloxiertes Aluminiumgeschirr ist nur bedingt spülmaschinentauglich, da es zu Verfärbungen neigt.

Ungeeignet für die Spülmaschine sind
- sehr dünnes, feines Porzellan
- nicht hitzefeste Kunststoffe, da sie sich verformen
- praktisch alle Holzteile
- geklebte und geleimte Teile, z. B. ältere Messer, bei denen Griffe und Klingen verklebt sind, geleimte Kunststoffbrettchen
- Heftbestecke mit Holz-, Horn-, Porzellan- und Perlmuttgriffen
- rostempfindliche Messer aus Stahl und rostempfindliche Metalle
- Zinn-, Messing- und Kupfergegenstände, die durch maschinelles Spülen matt werden
- kunstgewerbliche Gegenstände.

Übrigens ...

Von besonderer Wichtigkeit ist richtiges Geschirr.
Es sollte spülmaschinenfest oder zumindest spülmaschinengeeignet sein. Robuster als spülmaschinengeeignetes ist natürlich spülmaschinenfestes Geschirr.
Fragen Sie beim Neukauf von Geschirr, insbesondere bei feinen Glaswaren, Porzellan und anderen keramischen Erzeugnissen, Holz und Aluminiumgeschirr sowie beim Besteckkauf nach der Eignung für die Spülmaschine.

Achten Sie beim Kauf ferner auf einfache Formen und gerade Oberflächen, genügend große Öffnungen und keine zu starken Vertiefungen an der Unterseite.
Besteckteile mit schmal zulaufenden Griffen sind häufig unzweckmäßig zum Spülen in der Maschine, da sie unten aus dem Besteckkorb herausragen und beschädigt werden können oder die Sprüharme behindern.
Spülen Sie grundsätzlich nur dann, wenn die Maschine wirklich voll wird. Ist dies nach einer Hauptmahlzeit nicht der Fall, warten Sie doch bis nach der nächsten Mahlzeit. Um zu verhindern, daß in der Zwischenzeit Speisereste antrocknen, ein Kurzspülprogramm (z. B. Kalt abspülen, Vorspülen oder Kurzspülen) ohne Zugabe von Reiniger einschalten. Auf diese Weise werden zwar 6 bis 8 Liter Wasser verbraucht, aber Sie können beim späteren Spülen getrost auf den Vorspülgang verzichten. Halten Sie die Gerätetür bis zur nächsten Beschickung geschlossen.
Verzichten sollten Sie auch auf das Vorspülen von normal verschmutztem Geschirr unter fließendem Wasser, wobei sehr schnell mehr als 6 oder 8 Liter Wasser wegfließen. Beseitigen Sie aber Speisereste mit dem Gummischaber, denn die Spülmaschine ist kein Abfalleimer.
Stark verunreinigte Töpfe, die zudem viel Platz wegnehmen, sollten besser vorgeweicht und von Hand gespült werden.
Bewahren Sie die Packung mit dem Reiniger gut verschlossen auf. Das Mittel klumpt sonst und verliert an Reinigungskraft. Vor allem sollten Sie die Mittel für Kinder unerreichbar aufbewahren.

Reinigung und Pflege verschiedener Materialien

Glas

Glasklar sollen die Gegenstände aus den verschiedenen Glasarten nach der Reinigung wieder sein. Man unterscheidet: Einfachglas oder Gebrauchsglas, Kristallglas, Bleikristallglas und Spezialglas (z. B. hitzebeständiges Glas).

Einfachglas

Aus Einfachglas werden meist einfache, maschinell gefertigte Gläser, Flaschen, Schüsseln und ähnliches, aber auch Einmachgläser hergestellt.

Kristallglas

Bleikristallglas

Feinere Glasgegenstände, wie gute Trinkgläser, Schalen, Schüsseln und Vasen sind sehr häufig aus mundgeblasenem Kristallglas. Aus Bleikristall sind schwere oder geschliffene Gläser, Schalen und Kunstgegenstände.

Spezialglas

Spezialglas findet Verwendung für Back- und Auflaufformen sowie für Babyflaschen.

Reinigung von Glas

Bei fast allen Glaswaren besteht die normale Reinigung aus Spülen (s. Seite 180), Wassertemperatur 40–50 °C. Spezielle Verunreinigungen werden vor dem Spülen beseitigt. Bei starken Verkrustungen (Back- und Auflaufformen) kann Einweichen in Spülmittellösung hilfreich sein.

Zusätzliche Arbeitsmittel je nach Bedarf
Flaschenbürste,
Feinkörniges Salz und Essig
oder Edelstahlpads
oder Schwamm mit Scheuerseite und flüssiges Scheuermittel.

Glasgegenstände rechts neben der Spüle so anordnen, daß zuerst die Glaswaren gespült werden können, die mit Lebensmitteln in Berührung kommen. Erst danach werden Ziergegenstände, Vasen und Aschenbecher gespült.

Stielgläser beim Spülen und Abtrocknen am Kelch halten und nicht am Stiel, er könnte abbrechen.

Bei hohen Glasgegenständen die Flaschenbürste einsetzen.

Stark verkrustete Glasformen aus hitzebeständigem Glas mit Salz und Essig oder flüssigem Scheuermittel und Scheuerschwamm abreiben, hartnäckige Verkrustungen mit verseiften Putzkissen bearbeiten.

Nachdem das Glasgeschirr abgetropft ist, muß es abgetrocknet werden, wenn Wasserflecke vermieden werden sollen. Verwenden Sie dazu am besten ein sauberes, fusselfreies Tuch aus Leinen oder Halbleinen.

Einmachgläser

Einmachgläser, die anschließend gebraucht werden, spülen und nachspülen, aber nicht abtrocknen, sondern nur abtropfen lassen, Deckel ebenfalls.

Vasen, Karaffen

Enghalsige Vasen oder Karaffen, deren Boden Sie beim Abtrocknen nicht erreichen können, im Geschirrständer trocknen lassen. Ist dies nicht möglich, können Sie auch saugfähiges Papier zusammenrollen und in die Vase stellen, so wird die meiste Feuchtigkeit aufgesaugt.

Zwischen empfindliches Glasgeschirr, wie Glasteller, im Schrank Papierdeckchen oder Servietten legen. Solche Zwischenlagen sind auch bei Glasschüsseln angebracht, wenn Ineinanderstellen oder Stapeln sich aus Platzgründen nicht vermeiden läßt.

Trinkgläser mit der Öffnung nach unten in den Schrank einstellen.

Spezielle Reinigungshinweise

Glasgegenstände mit Eignung für das maschinelle Spülen können Sie selbstverständlich auch in der Spülmaschine reinigen. Dabei ist Geschirr mit der Kennzeichnung »spülmaschinenfest« grundsätzlich robuster als solches mit der Bezeichnung »spülmaschinengeeignet«.

Kristallglas darf nur dann in die Spülmaschine, wenn es als »spülmaschinenfest« gekennzeichnet ist; das trifft im allgemeinen auch für Glaswaren mit Metallverzierung, z. B. Gold- oder Platinrand zu.

Beim Beschicken der Spülmaschine sollten Gläser und Glasgegenstände spannungsfrei eingeordnet werden, das heißt, sie sollten keine anderen Gläser oder Geschirrteile berühren, um Glasschäden und Wasserflecke zu vermeiden.

Spülen Sie Glas vorzugsweise im Schonprogramm.

Ungeeignete Gläser können nach mehrmaligem Spülen in der Maschine trüb werden; Aufglasurdekors und Malereien können mit der Zeit verblassen.

Bemalte Glasgegenstände, dickwandiges Glas und Bleikristall am besten nur in handwarmer Lösung schonend von Hand spülen.

Streifenfreies Abtrocknen von Glasgegenständen gelingt am einfachsten mit einem sauberen, fusselfreien Tuch aus Leinen oder Halbleinen oder mit einem speziellen Gläser- und Geschirrtuch, mit dem feucht abgetrocknet wird.

Hausmittel bei speziellen Problemen

Kalkablagerungen

Kalkablagerungen: Essig einwirken lassen, mit Salz und etwas Essig bearbeiten. Zeitungsschnitzel in einem Glasgefäß mit warmem Wasser übergießen und einwirken lassen. Zerkleinerte Eierschalen mit Essigwasser übergießen. Oder zerkleinerte Stücke von rohen Kartoffeln mit etwas Wasser übergießen.

Teeränder in Teegläsern lassen sich ebenfalls mit Essig und Salz entfernen. Teeränder

Blindes Glas mit erwärmtem Essigwasser abreiben. blindes Glas

Schönen Glanz bekommen Ziergegenstände aus Glas, wenn sie mit Spiritus abgerieben werden (etwas Spiritus auf ein Tuch geben). Glanz

Übrigens...

Vorteilhafte Eigenschaften von Glas:
Leicht zu reinigen aufgrund der glatten Oberfläche, geschmacksneutral und weitgehend säureunempfindlich.
Es wirkt edel, da es Licht sowohl brechen als auch reflektieren kann.
Nachteilige Eigenschaften:
Glas ist empfindlich gegen Druck durch Schwingungen, Fall und Stoß.
Es verträgt keine plötzlichen Temperaturschwankungen (außer Spezialglas). Bei einem plötzlichen Temperaturwechsel springt dickwandiges Glas schneller als dünnwandiges. Bei dünnwandigem Glas findet ein schnellerer Temperaturausgleich von der inneren Gefäßwand, die sich durch die Wärmeeinwirkung dehnt, zur äußeren Wand des Gefäßes statt. Dieser Ausgleich erfolgt bei dickwandigem Glas langsamer, was dann zu einer erhöhten Spannung führt, die das Glas springen läßt. Temperaturwechsel
Heiße Flüssigkeiten, Gelee, Marmelade, am besten etappenweise in die Gläser einfüllen, damit ein größerer Temperaturschock vermieden wird.
Denselben Zweck erfüllt ein Teelöffel, den man in das Glas stellt. Er leitet die Wärme ab, wodurch ein Temperaturausgleich stattfindet.
Hitzebeständiges Glas nie auf bereits erhitzte Kochstelle oder offene Flamme stellen, Drahtuntersetzer benutzen.
Glaswaren trocken aufbewahren; durch den Einfluß von Feuchtigkeit (in feuchten Räumen, in feuchter Verpackung) kann Glas blind werden oder in Regenbogenfarben schillern.
Altglas zum Sammelcontainer bringen, damit es der Wiederverwertung zugeführt werden kann. Verschlüsse aus Metall und Kunststoff vorher entfernen. Altglas

Einkaufstips

Je nach Zusammensetzung lassen sich die für den Haushalt wichtigsten Glasarten unterscheiden:
Einfachglas (Kalk-Natronglas oder Kalk-Sodaglas) besteht aus den Rohstoffen Kalk, Soda und Quarzsand. Einfachglas
Kristallglas (Kalk-Kaliglas) wird aus Quarzsand, Pottasche und Kalk unter Zugabe von etwas Bleioxid geschmolzen. Kristallglas
Bleikristallglas enthält im wesentlichen die gleichen Rohstoffe wie Kristallglas, der Zusatz von Bleioxid beträgt aber mindestens 24%. Bleikristall hat einen edlen Glanz und einen schönen Klang. Bleikristallglas

Bleikristall ist mit einem Gold-Etikett, Kristallglas mit einem Silber-Etikett gekennzeichnet.
Erkundigen Sie sich beim Einkauf auch nach der Glasart, wenn Sie hitzebeständiges Spezialglas kaufen. Glasgegenstände mit der Bezeichnung »feuer-frost-fest« vertragen im Gegensatz zu hitzebeständigem Glas auch höhere Temperaturschwankungen.
Koch- und Bratgeschirr aus Glaskeramik mit besonderer Eignung verträgt sowohl die offene Flamme des Gasherdes als auch Tiefkühltemperaturen. Es eignet sich zum Garen im Backofen und im Mikrowellenherd und kann als Serviergeschirr verwendet werden.
Glas läßt sich zusätzlich unterscheiden nach Flachglas (Fensterscheiben, Bilderglas, Spiegel), das gegossen oder gewalzt wurde und nach Hohlglas (Gläser, Flaschen, Vasen, Gefäße), das geblasen oder gepreßt wurde.
Prüfen Sie beim Kauf, ob das Glas fehlerlos ist; es sollte keine Blasen, Risse oder Streifen haben. Halten Sie zur Prüfung die Glaswaren gegen das Licht. Das gilt natürlich auch für Einfachglas.
Bedenken Sie auch die spätere Reinigung:
Glatte Formen und ein genügend weiter Hals bei Karaffen und Vasen vereinfachen die Reinigung.
Wenn Sie eine Spülmaschine besitzen oder später zu kaufen gedenken, vergewissern Sie sich, ob die Glasgegenstände »spülmaschinengeeignet«, besser aber »spülmaschinenfest« sind. Auch wenn Sie keine Spülmaschine besitzen, ist diese Kennzeichnung ein Hinweis auf ein höheres Maß an Strapazierfähigkeit.
Um Schäden bei der Benutzung oder Reinigung zu vermeiden, achten Sie beim Kauf auf ausreichende Standfestigkeit.
Glasteller sollten nicht zu flach sein, allerdings auch nicht zu hoch, wenn sie in die Spülmaschine eingeordnet werden müssen.
Lange, dünne Stiele an Gläsern brechen leichter als stabile.
Bei geschliffenen Gläsern sollte der Schliff am Kelch nicht bis zum Trinkrand gehen, weil sonst das Glas leichter bricht.
Erfragen Sie beim Kauf auch die Nachkaufmöglichkeiten, die bei Markenwaren fast immer gegeben sind.

Porzellan und anderes keramisches Geschirr

Einer der wichtigsten Werkstoffe für Haushaltsgeschirr ist Porzellan. Es besteht im wesentlichen aus Kaolin, Feldspat und Quarz. Durch zweimaliges Brennen bei etwa 990 °C (Glühbrand) und 1400 °C (Glattbrand) entsteht ein dichter Scherben. Zum Aufbrennen der Dekore sind meist nochmals bis zu vier Brände notwendig.

Porzellan und Steingut wird von Hand oder in der Maschine gespült (s. Seite 180). Steinzeug und Töpferwaren sind meist nicht maschinengeeignet. Kennzeichnung beachten.

Vorsicht ist geboten bei Geschirr
- ohne Hinweis auf die Spülmaschineneignung
- mit Aufglasurdekor ohne Spülmaschineneignung
- mit Metallverzierung, wenn auch Golddekors inzwischen schon recht beständig sind. Sicherheit besteht nur bei spezieller Kennzeichnung.

Im Zweifelsfall diese Gegenstände besser von Hand spülen.

Keramische Erzeugnisse			
Tonzeug dichtgebrannter, wasserdichter Scherben		Tongut poröser, nicht wasserdichter Scherben	
Porzellan	Steinzeug	Steingut	Töpferware
relativ unempfindlich gegen Temperaturwechsel u. chem. Einflüsse, druckunempfindlich	empfindlich gegen Temperaturwechsel chemikalienbeständig	empfindlich gegen Temperaturwechsel Folge: feinste Haarrisse chemikalienbeständig	empfindlich gegen Temperaturwechsel
mit unterschiedlichen Glasuren	oft mit blauem Dekor und Salzglasur	meist mit Unterglasurdekor	ohne oder mit Glasur
Eß- und Serviergeschirr, Ziergegenstände	Einmachtöpfe, Maßkrüge, Schüsseln, Ziergegenstände	Rustikales Eß- und Serviergeschirr	ohne Glasur: Römertopf, Blumentöpfe mit Glasur: Vasen, Schüsseln, Krüge
Sanitäreinrichtungen (Sanitärporzellan)	überwiegend Bodenfliesen	überwiegend Wandfliesen	

Spezielle Reinigungshinweise

Steinzeug, Steingut

Glasiertes Steinzeug und Steingut wird ebenso gereinigt wie Porzellan. Unglasiertes Tongut, wie Tontöpfe zum Brotbacken oder Römertopf nur in heißem Wasser ohne Zusatz von Spülmittel einweichen, danach mit Hilfe einer Bürste spülen. Spülmittellösung höchstens kurzfristig, Scheuermittel möglichst überhaupt nicht verwenden; es würde in die Poren eindringen und bei erneutem Gebrauch in das Lebensmittel übergehen, außerdem können Scheuermittel die Poren verstopfen.
Stark verkrustetes Porzellan oder Steinzeug im Spülwasser vorweichen und erst dann spülen. Nur bei hartnäckigen Verunreinigungen mit

flüssigem Scheuermittel oder notfalls Putzkissen bearbeiten. Keine scharfen Scheuermittel oder kratzenden Gegenstände zur Reinigung benutzen.
Besteckspuren auf Porzellantellern mit einem in Schlämmkreide, Wiener Kalk oder Metallputzmittel getauchten feuchten Tuch abreiben.

Übrigens ...

Vorsorgemaßnahmen

Geben Sie in unglasiertes Steingut nach Möglichkeit kein Fett und benutzen Sie Steingut und Steinzeug immer für den gleichen Zweck, um Geschmacks- und Geruchsübertragungen zu vermeiden.
In der Regel sollte unglasierte Töpferware nicht zur Zubereitung oder Aufbewahrung von Lebensmitteln verwendet werden.
Feuerfestes keramisches Geschirr ohne besondere Eignung nicht auf bereits erhitzte Kochstellen oder offene Flamme setzen, sondern Drahtuntersetzer benutzen.

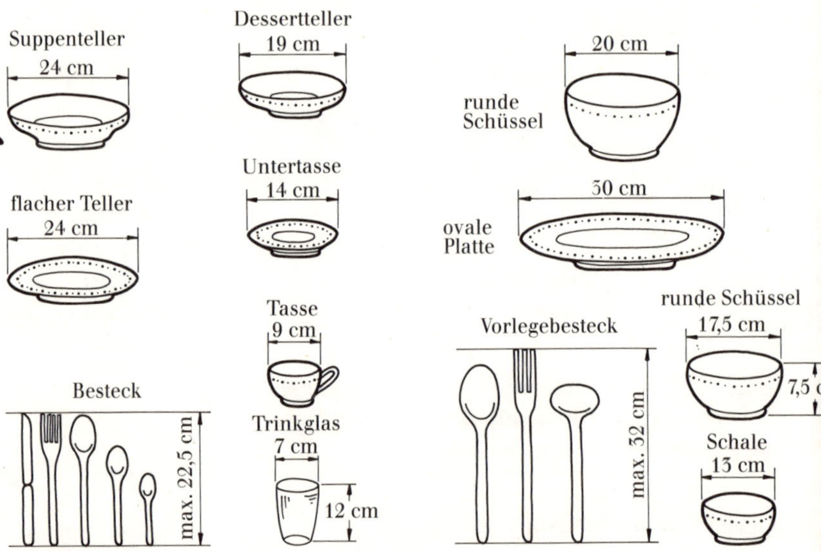

Einkaufstips

Bevorzugen Sie beim Kauf keramischer Erzeugnisse glasiertes Geschirr, es ist glatter und hygienischer und damit unempfindlicher gegen Verschmutzungen und leichter zu reinigen.

Dekors

Es gibt Geschirre mit Unterglasurdekors, Inglasurdekors und Aufglasurdekors. Bei Geschirr mit Unterglasurdekor und Inglasurdekor sind Muster und/oder Farben mit Glasur überzogen und somit beständiger

und unempfindlicher. Durch spezielle Verfahren kann allerdings die Empfindlichkeit von Aufglasurdekors herabgesetzt werden, so daß auch diese recht beständig und sogar spülmaschinengeeignet sein können.
Als »spülmaschinengeeignet« gekennzeichnete Dekors halten etwa 1000 Spülgänge durch, bevor Abnutzungserscheinungen auftreten.
Spülmaschinenfeste Dekors sind nahezu unverwüstlich. Allerdings steht für dieses Geschirr nur eine begrenzte Farbauswahl zur Verfügung, auf intensive Farbtöne muß meist verzichtet werden. Außerdem sind sie teurer.
Das bedeutet in der Praxis, daß spülmaschinenfeste Dekors beständiger sein können als das Geschirr selbst, welches oft vor dem Dekor Abnutzungserscheinungen zeigt, während bei spülmaschinengeeignetem Geschirr die Abnutzungserscheinungen an Dekor und Geschirr gleichermaßen auftreten.
Einfache, abgerundete Formen lassen sich im allgemeinen leichter reinigen.
Bei Kaffeekannen muß die Ausgießtülle so hoch wie die Kanne selbst sein, sie darf nicht tropfen und soll sich leicht mit einer Flaschenbürste reinigen lassen.
Achten Sie darauf, daß Geschirröffnungen an Kaffeekannen, Zuckerdosen und Milchgießern genügend groß sind, um sie ungehindert reinigen zu können.
Geschirrteile, z. B. Tassen mit starker Vertiefung an der Unterseite, sind für die Reinigung in der Spülmaschine ungünstig, weil sich das Wasser darin sammelt.
Ziehen Sie beim Kauf spülmaschinenfestes oder zumindest spülmaschinengeeignetes Geschirr vor, es ist unempfindlicher als solches ohne Kennzeichnung.

Rohholz

Rührlöffel, Backrollen, Frühstücksbrettchen und Schneidbretter, Tabletts, Fleischklopfer und Stampfer sind auch heute noch häufig aus Rohholz gefertigt.
Ahorn, Buche und Eiche liefern das Material, aber auch exotische Hölzer werden verarbeitet, z. B. Teakholz für Schüsseln, Schalen und Salatbestecke. Auch robuste Arbeitstische haben häufig noch oder heute wieder eine mehrere Zentimeter dicke Arbeitsfläche aus Rohholz. Schließlich kommt Holz bei Haushaltsgegenständen vor in Verbindung mit anderen Materialien, etwa bei Eß- und Vorlegebestecken und bei Küchengerät, als Griff an Gummischabern, Schneebesen, Schneidmessern.
Unbehandeltes und damit offenporiges Holz ist ein idealer Nährboden für viele Krankheitskeime. Ein Grund mehr, dem Holzgerät besondere Beachtung zu schenken.

Spezielle Reinigungshinweise

Die Gegenstände einzeln nacheinander spülen, um das Holzgeschirr nicht länger als notwendig dem Wasser auszusetzen. Nie im Wasser liegenlassen.
Sofort mit kaltem Wasser nachspülen, damit sich die Poren wieder schließen.
Bei Besteckteilen und Küchengeräten mit Holzgriffen den Übergang vom Holz zum anderen Material besonders auf Verschmutzung kontrollieren.
Starke Verunreinigungen und Flecke nach kurzem Anfeuchten mit Scheuermittel und Bürste, Scheuerschwamm oder Putzkissen bearbeiten. In Richtung der Holzmaserung scheuern, damit das Holz nicht mehr als erforderlich aufgerauht wird.
Nach dem Scheuern stets gründlich spülen und kalt nachspülen.
Abtrocknen und an der Luft nachtrocknen lassen.
Nie in Herd- oder Heizungsnähe oder in der Sonne trocknen; das Holz könnte sich verziehen oder reißen.
Feucht weggeräumtes Geschirr aus Rohholz riecht muffig und kann sogar Schimmel ansetzen.
Die Gegenstände so aufbewahren, daß Luft an das Holz gelangt.
Holzgeschirr niemals zum Reinigen in die Spülmaschine geben, es würde aufquellen.
Fettflecke mit fettlösendem Scheuermittel behandeln.
Verfärbungen von Nahrungsmitteln, Brandstellen und Flecke mit Sandpapier oder Putzkissen bearbeiten.

Übrigens ...

Vorsorgemaßnahmen

Benutzen Sie Schneidbretter nur angefeuchtet, besonders, wenn Sie feuchte, färbende oder stark riechende Lebensmittel darauf schneiden möchten, wie Zwiebeln, Fisch, verschiedene Obst- und Gemüsesorten, aber auch bei Fleisch und Geflügel.
Durch das Abspülen mit kaltem Wasser wird die Aufnahmefähigkeit des Holzes für Flüssigkeiten, Farben und Gerüche herabgesetzt.
Schneidbretter nach Gebrauch sofort abspülen.
Nicht mit Holzlöffeln in flüssigem oder erhitztem Fett rühren.

Einkaufstips ...

Beim Kauf Holzgeschirr auf sichtbare Fehler wie Risse, Knoten oder Verziehung überprüfen.
Schneidbretter und Frühstücksbrettchen sollten aus einem Stück gearbeitet sein, da sich zusammengeleimte Bretter lösen können.
Rohholz ist als Naturprodukt ein ausgesprochen umweltfreundliches Material, aber es ist porös, und mit zunehmendem Gebrauch entstehen Aufrauhungen und Schnitte an der Oberfläche. In diesen entstehen in

Verbindung mit Feuchtigkeit (z. B. Spülwasser) regelrechte Brutstätten für Mikroorganismen. Bei einer Neuanschaffung ist deshalb zu überlegen, ob nicht ein alternatives Material zu wählen ist.

Kunststoffe

Kunststoffe sind im Haushalt allgegenwärtig. Ihr Einsatzbereich erstreckt sich von Steckdose und Stecker über Gehäuse für Haushaltsgeräte und Arbeitsflächen sowie Möbel bis hin zu Haushaltsgeschirr. Hier finden Kunststoffe überwiegend bei der Nahrungsvor- und -zubereitung, als Serviergeschirr, bei der Aufbewahrung von Lebensmitteln und zur Gefrierlagerung Verwendung. Über den Gebrauch von Kunststoffen in Verbindung mit Nahrungsmitteln gibt es immer wieder auch kritische und warnende Stimmen, weil einige dieser durch chemische Umwandlungsverfahren entstandenen Stoffe mit Nahrungsmittelbestandteilen reagieren oder in Nahrungsmittel übergehen können. Nichtsdestoweniger lassen sie sich häufig nur schwer durch andere Materialien ersetzen, zumal sie viele Vorteile besitzen.
Die größten Pluspunkte: leichte Reinigung, da die Oberfläche glatt und hygienisch ist, Bruchfestigkeit und geringes Gewicht.
Nachteile: Hitzeempfindlichkeit, elektrostatische Aufladung und damit verbunden staubanziehende Wirkung, Empfindlichkeit gegen Kratzer.
Kunststoffe lassen sich in zwei Hauptgruppen aufteilen:
Thermoplaste sind die meist hitzeempfindlicheren Kunststoffe, die bei höheren Temperaturen erweichen und sich verformen. Sie fühlen sich weich oder hart an. Thermoplaste
Verwendung:
Behälter und Folien zum Aufbewahren und Gefrieren von Lebensmitteln, Salatbestecke, Eierlöffel, Tortenplatten, Tortenheber, Meßbecher, Kinder-Eßgeschirr, Serviergeschirr, Mikrowellen- und Campinggeschirr, Siebe, Eimer, Wannen, Waschkörbe. Gehäuse von Elektrogeräten, Rolläden, Bodenbeläge, Kunststoffbeschichtungen von Brat- und Backgeschirr u. a. m.
Duroplaste hingegen sind relativ hitzestabil, sie erweichen auch bei hohen Temperaturen nicht und sind im allgemeinen hart. Duroplaste
Verwendung:
Campinggeschirr, Serviergeschirr, backofenfeste Topfgriffe, Bügeleisengriffe, Schalter, Steckdosen, Maschinenteile, Spülbecken, Furnierplatten für Kunststoffmöbel u. a. m.

Spezielle Reinigungshinweise

Gutes Kunststoffgeschirr läßt sich fast immer auch in der Spülmaschine reinigen. Hierbei sollten Sie auf eine gute Verankerung im Korb achten, damit die meist leichtgewichtigen Gegenstände nicht vom Sprühstrahl »befördert« werden.

Um Verformungen beim maschinellen Spülen vorzubeugen, die Teile im Geschirrkorb möglichst spannungsfrei einordnen.

Beim Ausräumen kann Nachtrocknen mit einem Tuch erforderlich sein, da Kunststoffe im allgemeinen schlecht trocknen.

Wenn Sie beim Auftauen und Vorbereiten von Geflügel und Wild Kunststoffbehälter und -Siebe benutzt haben, sollten Sie der Reinigung besondere Aufmerksamkeit schenken. Auf jeden Fall dürfen die Teile nach Benutzung nicht gedankenlos für andere Nahrungsmittel weiterverwendet oder mit anderen Gegenständen gespült werden.

Salmonellen in Geflügel werden zwar bei ausreichender Garzeit und höheren Temperaturen inaktiv, aber an schlecht gespültem Geschirr bleiben diese Mikroorganismen haften.

Die benutzten Kunststoffgegenstände gesondert unter sehr heißem Wasser spülen, gut nachspülen. Spüle gut reinigen und Hände gründlich waschen.

Noch sicherer ist es, wenn Sie zu diesem Zweck hitzebeständige Kunststoffteile und sonstige Gegenstände, die mit dem Geflügel oder der Auftauflüssigkeit Berührung hatten, im Spülbecken mit sehr heißem, fast kochenden Wasser übergießen und danach gründlich spülen.

Hartnäckige Verschmutzungen an Kunststoffen nie mit scheuernden Mitteln oder kratzenden Gegenständen entfernen. Es würden Beschädigungen an der Oberfläche entstehen, die an den aufgerauhten Stellen schneller wieder anschmutzen, die Reinigung erschweren und hygienisch problematisch sind. Bei Kunststoff-Schneidbrettern sind Beschädigungen auf die Dauer unvermeidlich, um so wichtiger ist die gründliche Reinigung mit einer weichen Bürste.

Die Verwendung von Spülmittel oder heller Schmierseife bewirkt bei Kunststoffen eine Verringerung der unerwünschten elektrostatischen Aufladung, die ähnlich einem Magneten Schmutz und Staub anzieht.

Eimer, Wannen, Waschkörbe

Eimer, Wannen und Waschkörbe mit Spülmittel- oder Schmierseifenlösung naß oder feucht reinigen.

Gehäuse von Elektrogeräten

Gehäuse von Elektrogeräten bei gezogenem Netzstecker mit einem in Reinigerlösung getauchten und gut ausgewrungenen Tuch abwischen, trockenreiben.

Schalter, Steckdosen, Stecker

Schalter, Steckdosen und Stromstecker mit einem antistatisch ausgerüsteten Staubtuch säubern oder äußerst vorsichtig mit einem sehr gut ausgewrungenen Tuch; bei Steckdosen die Vertiefung für den Stromstecker aussparen.

beschichtete Arbeitsflächen

Kunststoffbeschichtete Arbeitsflächen feucht oder naß mit Spülmittellösung abwischen, abtrocknen. Systematisch arbeiten. Hartnäckige Verkrustungen vorher einweichen.

Farbflecke

Farbflecke, z. B. durch Tomatenketchup, auf Kunststoffen sofort mit einem in Speiseöl getauchten Tuchende abreiben, nicht einziehen lassen.

Gerüche unangenehmer Art in verschließbaren Behältern werden neutralisiert, wenn Sie zusammengeknülltes Zeitungspapier eine Weile im Behälter verschließen.

Zur Pflege von Kunststoffmöbeln oder Geräten und Geräteteilen können Sie gelegentlich auch ein käufliches Spezialmittel verwenden.

Übrigens...

Vermeiden Sie Beschädigungen an Kunststoffgegenständen. Schneiden Sie nicht in Kunststoffgefäßen und verwenden Sie keine scharfkantigen oder spitzen Gegenstände. Vorsorgemaßnahmen
Arbeiten Sie in kunststoffbeschichteten Pfannen nicht mit metallenen Pfannenwendern und lösen Sie aus beschichteten Backformen das Gebäck nicht mit einem Messer.
Überhitzen von kunststoffbeschichteten Brat- und Backformen muß unbedingt vermieden werden, weil gesundheitsschädliche Abfallprodukte entstehen und die Beschichtung zerstört wird. Setzen Sie beschichtete Pfannen deshalb auch nie leer auf erhitzte Kochstellen.
Vermeiden sie Berührung und Nähe von Kunststoffgegenständen mit heißen Kochstellen, offenen Flammen oder sonstigen Hitzequellen.
Stellen Sie heiße Töpfe oder Pfannen nicht auf ungeschützten kunststoffbeschichteten Arbeitsflächen ab.
Füllen Sie in Kunststoffgefäße kein heißes Öl oder siedendes Fett.
Benutzen Sie zur Lebensmittel-Bevorratung nur Kunststoffbehälter und -Folien mit spezieller Eignung.
Verwenden Sie Plastiktüten oder käufliche Müllbeutel nicht zweckentfremdet zur Aufbewahrung und Gefrierlagerung von Lebensmitteln. Es ist nicht erwiesen, inwieweit schädliche Stoffe aus nicht lebensmittelechtem Kunststoffmaterial in die Lebensmittel übergehen.
Ausgediente Kunststoffgegenstände können mancherorts gesondert entsorgt und der Wiederverwendung zugeführt werden. Ist dies nicht möglich, die Abfälle in den Hausmüll geben. Verbrennen Sie keine Kunststoffe; bei der Verbrennung von PVC werden Chloride, Salzsäure, Cadmium und Dioxin freigesetzt.
Verpackungsmaterial aus Polyethylen ist chlorfrei und damit umweltverträglicher.
Am besten ist es, die Entstehung solcher Abfälle von vornherein zu vermeiden, auf Wegwerfartikel aus Kunststoff zu verzichten, beim Einkauf statt Plastiktüten eine Tasche zu verwenden, zum Braten im Backofen einen Bräter anstelle von Bratfolie und bei der Vorratshaltung statt Folien wiederverwendbare Kunststoffbehälter zu benutzen.

Einkaufstips

Kunststoffgeschirr sollte spülmaschinenfest sein; nicht spülmaschinenfestes Geschirr verformt sich leicht.
Bevorzugen Sie beim Kauf solche Formen, an deren Unterseiten und Rändern sich das Wasser nicht sammeln kann.
Wenn Sie Kunststoff-Folien oder farbige Kunststoff-Behälter kaufen, vergewissern Sie sich, ob diese gesundheitlich unbedenklich sind.

Umweltschutz

Informieren Sie sich über Wiederverwertung und Abbaubarkeit. Das gilt auch für Kunststoffgegenstände, die nicht mit Lebensmitteln in Berührung kommen, wie Wäschekörbe.
Denken Sie aber auch beim Kauf von scheinbar unverzichtbaren Dingen an die Umwelt. Überlegen Sie, ob Sie nicht den Konsum der Nahrungsmittel reduzieren oder einstellen können, die, oft unnötigerweise, in Kunststoffen verpackt sind.
Bevorzugen Sie bei Essig und Öl recyclinggerechte Glasflaschen vor Wegwerfflaschen aus Kunststoff.
Überlegen Sie, ob Sie beim Einkauf von Wasch- und Reinigungsmitteln nicht solche wählen können, die in Pappkartons verpackt sind.
Für lebensmittelrechtlich unbedenkliche Kunststoffe gibt es eine Kennzeichnung, die EG-weit Gültigkeit hat.

Chrom und Nickel

Chrom und Nickel gehören zur Gruppe der Nichteisenmetalle.
Chrom ist ein silbrig-weißes, hochglänzendes Schwermetall; es kommt hauptsächlich als nichtrostender und säurebeständiger Überzug bei Haushaltsgegenständen aus Stahlblech oder Stahl, beispielsweise Grill, Toaster und Bügeleisen vor. Das Material findet auch Verwendung für Armaturen und Kleingeräte wie Scheren, Fleischklopfer, Nußknacker, Eierschneider. Treten Beschädigungen der Chromschicht auf, etwa durch Kratzer, kann der darunterliegende Stahl rosten.
Außerdem ist Chrom ein wichtiger Bestandteil von Legierungen, z. B. beim bläulich schimmernden Chromstahl und bei Chromnickelstahl.
Nickel hat einen silberweißen Glanz und wird als nichtrostendes, sehr hartes Schwermetall ebenfalls zu Überzügen verwendet, wobei es gut polierbar ist. Zudem findet Nickel als Bestandteil von Legierungen Verwendung, z. B. im Chromnickelstahl. Diese Legierung mit Chrom und Nickel macht Stahl zum rostfreien und damit pflegeleichten Edelstahl.

Arbeitsmittel und Arbeitsablauf

Warme Spülmittellösung,
Wischtuch,
Geschirrtuch, Trockentuch,
Schlämmkreide, Wiener Kalk oder Universal-Metallputzmittel oder Spezial-Chrompflegemittel,
Tücher zum Auftragen und Polieren.

Normalerweise reicht es vollkommen aus, die verchromten Gegenstände mit Spülmittellösung feucht abzuwischen. Dabei ist besonders auf Übergänge und Verbindungsstellen zu anderen Materialien und Rillen zu achten.

Keine kratzenden oder scheuernden Gegenstände oder Mittel benutzen, um die Überzüge nicht durch mechanische Beanspruchung zu zerstören, da das Metall sonst korrodiert.
Trockenreiben, polieren.

Spezielle Reinigungshinweise

Um einen besonderen Glanz zu erzielen, können Sie Schlämmkreide oder Wiener Kalk mit etwas Wasser oder Spiritus zu einem Brei verrühren und die Gegenstände damit abreiben.
Mit einem sauberen, weichen Tuch nachpolieren.
Zur Reinigung und Pflege mit einem weichen, in Spiritus getränkten Tuch abreiben.
Auch ein spezielles Metallputzmittel kann nach Gebrauchsanweisung benutzt werden.

Aluminium

Aluminium ist ein silberweißes Nichteisenmetall, das mit einer Oxidschicht überzogen ist, die das Leichtmetall vor Korrosion schützt.
Für Haushaltsgeschirr hat Aluminium gegenüber anderen Metallen einige Vorzüge:
Es ist billig in der Anschaffung, sehr leicht, rostfrei und besonders gut wärmeleitend.
Aufgrund seiner guten Wärmeleitung ermöglicht es bei Kochgeschirr kurze Ankochzeiten und damit sparsamen Energieverbrauch.
Andererseits können aber gewisse Nachteile nicht übersehen werden: Rein-Aluminium neigt zur Verfärbungen und durch die Weichheit des Materials kann es leicht zu Beulen, Kratzern und am Topfboden zu Wölbungen kommen.
Aluminium geht mit Säuren oder Laugen Verbindungen ein, dadurch ist es nicht immer geschmacksneutral.
Es findet im Haushalt Verwendung für Kochgeschirr, Pfannen, Dampfdrucktöpfe, Wasserkessel, Backbleche und -formen, verschiedenstes Küchengerät und Alu-Folien.
Um die Gebrauchseigenschaften zu verbessern und das Übertreten von Aluminium in Speisen zu verhindern, werden insbesondere Alu-Pfannen sehr oft mit einer Beschichtung (Anti-Haft-Beschichtung) versehen. Sie eignen sich sehr gut zum fettarmen Garen.

Arbeitsmittel und Arbeitsablauf

Heißes Wasser mit einem Spritzer Spülmittel,
Heißes Wasser zum Nachspülen,
Spülschwamm mit Scheuerseite, Spültuch,
Geschirrtuch,
Scheuermittel oder verseifte Putzkissen (nur für Rein-Aluminium).

Reines Aluminiumgeschirr
Bei normaler Verschmutzung nur spülen.
Bei stärkerer Verunreinigung vorweichen und zusätzlich in Schliffrichtung scheuern. Falls keine Schliffrichtung erkennbar ist, mit kreisenden Bewegungen scheuern.
Danach gründlich spülen, nachspülen.
Abtrocknen ist erforderlich, wenn vermieden werden soll, daß trocknende Wassertropfen Flecke hinterlassen.

Kunststoff-beschichtetes Aluminiumgeschirr
Bei leichteren Verunreinigungen reicht es oft schon aus, die Pfanne oder Backform nach Gebrauch mit Küchenkrepp abzureiben.
Stärkere Verkrustungen in Spülmittellösung vorweichen.
Danach mit Schwamm oder Tuch spülen; Griffbereich und äußeren Topfboden besonders beachten.
Beschichtetes Geschirr nie mit einer harten Bürste, Scheuermitteln oder Putzkissen bearbeiten.
Nachspülen, abtrocknen.

Eloxiertes Aluminium (Eloxal)
Scheuern oder das Bearbeiten mit kratzenden Gegenständen zerstört bei Eloxal die schützende Oxidschicht.
Deshalb empfiehlt sich das gleiche schonende Spülverfahren wie bei kunststoffbeschichtetem Aluminium.

Spezielle Reinigungshinweise

Nicht eloxiertes Aluminiumgeschirr ist nur bedingt spülmaschinentauglich, da es zu Verfärbungen neigt.
Zum Reinigen von Aluminium niemals einen konzentrierten Seifenreiniger verwenden, das Metall wird davon angegriffen.

Übrigens...

Vorsorgemaßnahmen

Zum Rühren und Wenden in Alugeschirr nur Holz- oder Kunststoffgeräte verwenden; durch den bei Metallgeräten entstehenden Abrieb können sich die Speisen grau verfärben.
In Alugeschirr werden eiweißhaltige Speisen grau, deshalb keinen Eischnee, keine Teige, abgeschlagenen Cremes und kein Rührei darin rühren oder herstellen.
Durch Einwirkung säurehaltiger Lebensmittel entstehen Verfärbungen, die zwar unschön, aber nicht gefährlich sind.
Reines Aluminiumgeschirr nicht trocken erhitzen und nicht zur Aufbewahrung von Speisen verwenden.
Kunststoffbeschichtetes Aluminium nie länger als 3 bis 4 Minuten auf höchster Stufe aufheizen, niemals leer auf bereits erhitzte Kochstellen setzen oder beim Braten über 250–260 °C erhitzen. Bestandteile der

Schicht verdampfen und können zu Gesundheitsschäden führen; außerdem leidet die Beschichtung.

Zur Herstellung von Aluminium aus Bauxit wird sehr viel mehr Energie benötigt als beim Umschmelzen von Alt-Aluminium. Führen Sie deshalb ausgebrauchtes Alugeschirr dem Recycling zu, außerdem Folien, Deckel von Joghurtbechern, Menüschalen, Verschlüsse von Getränkedosen, Töpfe, Geräte. Umweltschutz

Entfernen Sie Speisereste weitgehend.

Bei Unsicherheiten bezüglich des Materials können Sie die Magnetprobe machen: Als Nichteisenmetall ist Aluminium nicht magnetisch.

Verwenden Sie zum Braten und zur Vorratshaltung möglichst selten Alufolie, um Rohstoffe zu schonen.

Einkaufstips

Reines Aluminium gibt es nur noch selten. Als Kochgeschirr ist es eher für Gas- und Kohleherde geeignet als für den Elektroherd.

Aluminiumlegierungen, Aluminium mit einem anderen Metall wie Mangan, Magnesium, Kupfer, besitzen den Vorteil, schwerer und stoßfester zu sein und damit besser geeignet für das elektrische Kochen.

Aluminium-Kochgeschirre werden auch mit einer Email- oder Lackschicht versehen, um die Gebrauchseigenschaften zu verbessern.

Wenn Sie Wert auf widerstandsfähiges Aluminiumgeschirr legen, das säurefest ist und sich zudem nicht verfärbt, sollten Sie im Geschäft nach Eloxal fragen. Elektrisch oxidiertes Aluminium ist mit einem schützenden Überzug versehen. Es liegt preislich um einiges höher als Rein-Aluminium.

Gußeisen

Gußeisen findet überwiegend Verwendung für Bräter, Pfannen und Kochtöpfe, Maschinenteile, z. B. Fleischwolf, außerdem für Elektro- und Kohleherdplatten.

Die positiven Eigenschaften dieses Eisenmetalls: gute Wärmeleitung und -speicherung, gleichmäßige Wärmeabgabe, deshalb besondere Eignung für Schmortöpfe und Bräter.

Wohl größter Nachteil bei Gußeisen ist das Gewicht. Außerdem kann Gußeisen durch seine Sprödigkeit leicht springen. Aber auch das hygienische Verhalten ist nicht optimal, denn in der rauhen Oberfläche können sich leicht Krankheitskeime festsetzen. Gußeisen ist nicht geruchs- und geschmacksneutral sowie nicht korrosionsbeständig.

Arbeitsmittel und Arbeitsablauf

Warmes Wasser mit wenig Spülmittel,
heißes Wasser zum Nachspülen,

Spülbürste,
Geschirrtuch,
Schwamm mit Scheuerseite, flüssiges Scheuermittel (nur für Gußeisen ohne Überzug).

Stark angesetzes Geschirr kurz vorweichen.
Bei normaler Verschmutzung mit der Bürste spülen.
Lassen sich Verkrustungen bei Gußeisengeschirr ohne Überzug nicht durch Spülen entfernen, diese zuerst mit der Scheuerseite des Schwammes und etwas Spülmittel pur behandeln, nur ausnahmsweise mit Scheuermittel bearbeiten.
Gußeisen mit Überzug keinesfalls scheuern, um die Schutzschicht nicht zu beschädigen.
Heiß nachspülen und sorgfältig abtrocknen, um einer möglichen Rostbildung vorzubeugen.
Erst nach völligem Trocknen (auf dem noch warmen Herd oder im Backofen) wegräumen.

Spezielle Reinigungshinweise

Gußeisengeschirr ohne Überzug vor dem ersten Gebrauch mit etwas Speiseöl einige Minuten hoch erhitzen und nach dem Abkühlen spülen.
Häufig gebrauchte gußeiserne Bräter und Pfannen nach dem Spülen innen dünn mit Speiseöl einreiben.
Reinigung gußeiserner Elektroherd-Kochplatten s. Seite 159.

Übrigens ...

Gußeisen-Geschirr nicht zum Aufbewahren von Nahrungsmitteln verwenden, da sich der Geschmack verändern kann und das Geschirr Rost ansetzt.

Einkaufstips

Bevorzugen Sie beim Kauf Gußeisentöpfe, die mit einem Überzug versehen sind (z. B. Email oder Spezialglasur). Die Reinigung der ansonsten porösen Oberfläche wird dadurch vereinfacht. Eine unbeschädigte Glasurschicht verhindert auch weitgehend die Korrosion.
Bratgeschirre aus Gußeisen werden innen häufig auch mit einer Kunststoffbeschichtung versehen, um die Gebrauchseigenschaften zu verbessern.

Edelstahl

Reiner Stahl ist sehr korrosionsanfällig. Um diese nachteilige Eigenschaft aufzuheben, werden häufig Legierungen mit Stahl, sogenannte Edelstähle, verwendet.

Chromnickelstahl

Der dunkel-silbrig glänzende Chromnickelstahl 18/10 ist eine der bekanntesten Edelstahllegierungen. Die Ziffern bedeuten: Der Gegen-

stand besteht zu 18% aus Chrom, zu 10% aus Nickel und der überwiegende Anteil von 72% ist Eisenstahl.
Andere Legierungen sind:
Chromnickelstahl 18/8 und Chromstahl mit einem Chromanteil von 12–13%. Dieser bläulich glänzende Edelstahl wird im Haushalt überwiegend zu Messerklingen und zu Schlagmessern in Küchenmaschinen und Mixern verarbeitet. Chromstahl

Chrommanganstahl glänzt hell-silbrig und wird mit 12% Chrom und 18% Mangan überwiegend zu Bestecken und Ziergegenständen verwendet. Chrommanganstahl

Guter Edelstahl hat eine sehr lange Lebensdauer, er ist rostfrei, geruchs- und geschmacksneutral, säurebeständig, recht abriebfest und besonders leicht zu reinigen.
Nachteilig sind der relativ hohe Anschaffungspreis und die schlechte Wärmeleitfähigkeit. Um diese Nachteile bei Kochgeschirr aufzuheben, werden gut leitende Metalle wie Aluminium oder Kupfer schichtweise in den Topfboden eingearbeitet. Diese Böden sind bekannt unter verschiedenen Bezeichnungen wie Kompens-, Sandwich-, Thermic- oder Mehrschichtböden.
Außer zu Kochtöpfen, Dampfdrucktöpfen und Pfannen findet Edelstahl für weitere Haushaltsgegenstände Verwendung:
Schüsseln, Platten, Bestecke, Küchengerät, Spülen, Elektroherd-Kochmulden, Inneres von Elektrogeräten, z. B. Spülmaschinen, Waschmaschinen.

Arbeitsmittel und Arbeitsablauf

Warme Spülmittellösung,
heißes Wasser zum Nachspülen,
Spülbürste, Spültuch,
Spülschwamm mit Scheuerseite,
Geschirrtuch,
flüssiges Scheuermittel oder Schlämmkreide, Wiener Kalk oder Metallputzmittel für Edelstahl,
Tücher zum Auftragen und Polieren,
verseifte Putzkissen,
Essig.

Töpfe und Pfannen vorweichen, falls notwendig.
Bei starken Verkrustungen oder Verfleckungen Geschirr anfeuchten und mit flüssigem Scheuermittel behandeln.
Verseifte Putzkissen sollten nur zur Entfernung hartnäckiger Verunreinigungen am äußeren Topfboden eingesetzt werden. Mit dem Putzkissen in Schliffrichtung arbeiten.
Danach spülen und nachspülen.
Um zu verhindern, daß trocknende Wassertropfen Flecke auf Edelstahl hinterlassen, das Geschirr abtrocknen.

Spezielle Reinigungshinweise

Edelstahl sollte nach Gebrauch möglichst bald gespült werden, weil durch antrocknende Speisereste Flecke entstehen können.
Praktisch alle Gegenstände aus Edelstahl können in der Spülmaschine gereinigt werden.
Edelstahlgegenstände nach Möglichkeit nicht zusammen mit Silber oder Aluminium in die Spülmaschine geben. Durch elektrochemische Prozesse kann der Stahl angegriffen werden.
Nicht ganz auszuschließen beim maschinellen Spülen sind harmlose Verfärbungen, die in der Regel beim nächsten Spülgang verschwinden.
Gegen Wasserflecke, Kalkablagerungen und Verfärbungen durch maschinelles Spülen hilft Abreiben mit Schlämmkreide oder Wiener Kalk, mit Zitronensaft oder Essig vermischt. Auskochen mit Essigwasser oder Abreiben mit heißem Essig oder Zitrone kann ebenfalls helfen, ebenso Edelstahlreiniger.
Um Edelstahlgeschirre auf Hochglanz zu bringen, können Sie Poliermittel einsetzen:
Schlämmkreide oder Wiener Kalk mit wenig Wasser zu einem Brei verrühren und den Edelstahl damit bearbeiten.
Nach der Behandlung mit einem solchen Poliermittel, aber auch nach der Anwendung eines Edelstahlreinigers die Gegenstände gründlich spülen, damit keine Bestandteile des Mittels in Speisen übergehen.

Übrigens ...

Edelstahl eignet sich sowohl zur Zubereitung als auch zur Aufbewahrung von Lebensmitteln.

Email

Emailgeschirr hat einen Kern aus Stahl, der mit einer glasharten, zweifach eingebrannten Emailschicht überzogen ist. Rostfrei, säurebeständig, geruchs- und geschmacksneutral sowie hygienisch durch die porenfreie Emailschicht, dabei aber gut wärmeleitend durch den Stahlkern und häufig noch farbenfroh im Design – das sind die Eigenschaften, die Emailgeschirr so beliebt machen.
Haushaltsgeschirr und -geräte aus emailliertem Stahl gibt es in großer Zahl:
Kochtöpfe, Schnellkochtöpfe, Pfannen, Fettpfannen im Backofen, Innengehäuse von Backöfen, Elektroherd-Kochmulden und Geräteäußeres von Herden, Spülmaschinen, Spülbecken.
Email ist leicht zu reinigen, aber etwas kratzempfindlicher als Edelstahl. Gute Emailgeschirre vertragen eine Reinigung mit einem milden, flüssigen Scheuermittel, aber es sollte nicht mit kratzenden Topfreinigern oder spitzen Gegenständen bearbeitet werden.

Arbeitsmittel und Arbeitsablauf

Warme Spülmittellösung,
heißes Wasser zum Nachspülen,
Spülbürste, Spülschwamm mit Scheuerseite,
Geschirrtuch,
Scheuermilch oder Wiener Kalk,
Emailreiniger.

Starke Verkrustungen in Spülmittellösung vorweichen, in extremen Fällen den Topf mit der Lösung auskochen, Dauer je nach Intensität. Falls notwendig, hartnäckige Verunreinigungen vorsichtig mit der Scheuerseite des Schwamms und etwas Spülmittel pur oder mit Scheuermilch bearbeiten.
Spülen, nachspülen und selbsttätig trocknen lassen oder abtrocknen.

Spezielle Reinigungshinweise

Verkrustungen auf Emailgeschirr nicht mit rauhen Scheuermitteln oder scharfen Gegenständen bearbeiten und auch keine Putzkissen zur Reinigung verwenden.
Hartnäckige Rückstände lassen sich mit Hilfe von Scheuermilch oder einem speziellen Emailreiniger entfernen. Gebrauchsanleitung beachten.
Emailgeschirr mit der Kennzeichnung »spülmaschinenfest« darf maschinell gereinigt werden.

Übrigens ...

Vorsorgemaßnahmen

Leeres Emailgeschirr nicht auf den erhitzten Herd stellen und stark erhitzte Töpfe und Pfannen nicht mit kaltem Wasser abschrecken; die Glasur leidet dadurch. Minderwertige Qualitäten dürfen aus diesem Grund nicht trocken erhitzt werden.
Der äußere Topfboden ist nur mit einer dünnen Emailschicht versehen, damit er gegen Rost geschützt ist, trotzdem aber eine gute Wärmeübertragung von der Kochstelle zum Topf gewährleistet wird. Deshalb den Topfboden schonend behandeln.
Durch gewaltsame Einwirkungen (Fall, Stoß) kann die Glasur abspringen. Dicke Emailschichten platzen schneller ab als dünne. An beschädigten Stellen rostet der Stahlkern sehr schnell.
Anbrennen in Email-Bratgeschirr läßt sich weitgehend vermeiden, wenn Pfannen nur in heißem Wasser ohne Zusatz von Spülmittel gereinigt werden, weil so eine dünne Fettschicht erhalten bleibt. Den gleichen Effekt erzielen Sie bei Bratgeschirr durch Abreiben mit Küchenkrepp statt Spülen bei leichten Verunreinigungen.
Emailgeschirr eignet sich sowohl zur Zubereitung als auch zur Aufbewahrung von Speisen.

Einkaufstips

Wichtig bei Email-Kochgeschirr ist eine gute Verarbeitung der Schüttränder. Ideal ist es, wenn der Rand fugenlos verchromt ist. Ein Metallring als Abschluß birgt die Gefahr, daß sich Krankheitskeime darunter ansiedeln können.
Auch Deckelränder können verchromt sein, wodurch die Kanten geschützt sind.
Die Innenemaillierung muß cadmiumfrei sein. Vorsicht bei ausländischer Ware, deren Emaillierung gelb, orange oder rot ist.
Eine dunkle Innenemaillierung ist unempfindlicher als eine helle und hat den Vorteil, daß darin das Bratgut besser bräunt, weil sie die Hitze besser abgibt.
Achten Sie auf die Kennzeichnung »spülmaschinenfest«, wenn Sie das Geschirr in der Maschine spülen möchten.
Silitstahl ist besonders widerstandsfähig durch die eingebrannte Spezialglasur aus Siliciumcarbid. Sie macht Koch- und Bratgeschirre sehr haltbar und beständig gegen Korrosion, Säuren und Laugen.

Weißblech und Schwarzblech

Heute gibt es, abgesehen von Konservendosen aus Weißblech nur noch wenige Haushaltsgegenstände aus Blech. Lediglich Backformen und -bleche sowie Siebe und Ausstechförmchen für Kleingebäck werden noch aus Weiß- oder Schwarzblech gefertigt.

Weißblech

Weißblech ist ein Eisenblech mit einem dünnen Zinnüberzug, der bei Gebrauch und Reinigung nicht beschädigt werden sollte. An den Stellen, wo die Zinnschicht zerstört wird, rostet Weißblech sehr schnell.

Schwarzblech

Schwarzblech ist entweder schwarz lackiertes Weißblech oder das Weißblech wurde schwarzgebrannt (oxidiert) in Feuer. Lackiertes Schwarzblech ist sehr kratzempfindlich, die Lackschicht nutzt sich mit der Zeit ab. An beschädigten Stellen setzt schnell Rost an.
Weißblech und Schwarzblech sind leicht und billig in der Anschaffung.

Arbeitsmittel und Arbeitsablauf

Küchenkrepp,
heißes Wasser zum Spülen,
Spülbürste oder Schwamm,
Geschirrtuch,
Spülmittel.

Leichtere Verunreinigungen lassen sich häufig durch trockenes Ausreiben mit Küchenkrepp beseitigen.

Starke Verkrustungen in heißem Wasser (bei Bedarf mit Spülmittelzusatz) vorweichen.
Beim Spülen mit der Bürste säubern, besonders auf Kanten, Ecken und Falze achten. Grundsätzlich nicht scheuern, um die Überzüge nicht zu zerstören und Rostbildung zu verhindern.
Nachspülen, wenn Spülmittel benutzt wurde.
Siebe ebenfalls mit der Spülbürste reinigen, zum Nachspülen kurz unter warmes Wasser halten, ausschlagen.
Gegenstände aus Weiß- und Schwarzblech gut abtrocknen, zum Nachtrocknen in den noch warmen Backofen stellen. Erst nach dem völligen Trocknen wegräumen.

Spezielle Reinigungshinweise

Blechbackformen nicht in der Spülmaschine reinigen, weil durch die aggressiven Reiniger die Korrosion gefördert wird.
Zum Reinigen nie mit scharfkantigen Gegenständen bearbeiten.
Backformen und andere Gegenstände aus Weißblech keinesfalls auf heißen Kochstellen trocknen, der Zinnüberzug könnte schmelzen.
Nach dem Trocknen Backformen nicht einfetten. Das Fett kann bei längeren Benutzungspausen ranzig werden und den Geschmack von Gebäcken negativ beeinflussen. Außerdem kann die Fettsäure das Metall angreifen.
Neue Backformen vor dem ersten Gebrauch etwa 15 bis 20 Minuten auf 200 °C erhitzen, damit die Gebäcke weniger stark anhaften. Gut nachspülen.

Übrigens ...

Gebäck stets vorsichtig aus der Form lösen; beim Gebrauch von Messern u. ä. wird leicht der Überzug angekratzt und löst sich immer mehr. Vorsorgemaßnahmen
Wenn Backbleche und Kuchenformen nur mit heißem Wasser ohne Spülmittelzusatz gereinigt werden, läßt sich das Gebäck leichter lösen.
Leere Weißblechdosen können getrennt von anderem Müll gesammelt und zum Alteisenhandel gebracht werden.

Einkaufstips

In Backformen aus Schwarzblech und in Kupfer-Backformen mit Schutzüberzug erfolgen Wärmeübertragung und Bräunung besser als in Weißblechformen.
Feuerverzinntes Weißblech ist relativ beständig gegen Rost.

Silber

Silber ist ein Edelmetall und findet sich im Haushalt bei Bestecken, Serviergeschirr, Ziergegenständen und Schmuck. Häufiger sind auch versilberte Gegenstände oder Legierungen mit Silber.

Zur Reinigung von Silber gibt es mehr Mittel und Methoden als zur Reinigung und Pflege anderer Metalle.
Deshalb stellt sich die Frage: Welches Mittel, welche Methode ist geeignet? Bei der Auswahl sollten Sie sich von zwei Gesichtspunkten leiten lassen: Von der Umweltverträglichkeit des Mittels und einer Arbeitsmethode, die schnell und einfach durchzuführen ist. Intensiver wirkende Mittel und aufwendige Arbeitsmethoden können angewendet werden, wenn einfache erfolglos bleiben.

Arbeitsmittel und Arbeitsablauf

Warme Spülmittellösung (50 °C),
heißes Wasser zum Nachspülen,
Spülschwamm oder Spültuch,
Geschirrtuch,
Wattestäbchen oder kleine, sehr weiche Bürste,
Mittel zur Spezialreinigung,
Tuch, Zeitung oder Folie als Arbeitsunterlage.

Sehr wichtig:
Silbergegenstände mit künstlich erzeugter Oxidschicht zur Dekoration dürfen grundsätzlich nicht in ein Silbertauchbad oder in Alu-Salzlösung gegeben werden, damit die Oxidschicht erhalten bleibt.
Gegenstände aus Silber, die mit einem Anlaufschutz versehen sind, sollten nur gespült werden. Die Schicht hält viele Jahre, wenn Sie intensives Putzen vermeiden und darauf achten, daß die Gegenstände keine Kratzer bekommen.
Silbergegenstände, die mit Lebensmitteln in Berührung kommen, wie Bestecke, müssen nach der Spezialreinigung immer gespült werden, damit keine Rückstände verwendeter Mittel in Speisen übergehen.
Ziergegenstände aus Silber können Sie je nach angewandter Methode hinterher spülen, manchmal kann aber auch darauf verzichtet werden.

Reinigung leicht angelaufener Gegenstände

Silberputztuch
Silberputzwatte

Abreiben mit Silberputztuch oder mit Silberputzwatte.
Beim Bearbeiten die Hand, die das Besteckteil hält, auf den Tisch auflegen, so kann mit einem gewissen Druck gearbeitet werden.
Nach dem Abreiben spülen.

Reinigung stärker angelaufener Silbergegenstände

Hierfür sind drei Methoden möglich:

Pasten

1. Schlämmkreide oder Wiener Kalk mit Spiritus zu einem Brei verrühren und mit Hilfe eines weichen Tuches oder eines Schaumstoff-

schwämmchens den Gegenstand mit dieser Paste abreiben. Die Wirksamkeit kann durch vorheriges Erwärmen des Silbers erhöht werden (im Backofen bei 50 °C oder in heißem Wasser).
2. Möglich ist auch, Wiener Kalk nur mit einem angefeuchteten Tuch auf dem Gegenstand zu verreiben.
3. Außerdem gibt es Spezialmittel, wie Paste oder Emulsion (mit oder ohne Anlaufschutz), die nach Gebrauchsanweisung anzuwenden sind.

Achten Sie bei der Behandlung unter anderem auch auf Zwischenräume, etwa zwischen Gabelzinken sowie auf Übergänge, Rillen und plastische Verzierungen. Mit Hilfe eines Wattestäbchens oder einer kleinen, weichen Bürste lassen sich diese Stellen mühelos erreichen. Danach spülen.

Reinigung stark angelaufener Gegenstände

Silbertauchbad

Eine Kunststoffschüssel mit Alu-Folie auslegen und das Silber hineingeben. Besteck so anordnen, daß jedes Teil die Alu-Folie berührt, evtl. mehrere Schichten wechselweise mit Alufolie und Besteck einlegen. Kochendheiße Salzlösung (1 gehäufter Eßlöffel Salz pro Liter Wasser) darübergießen. Mindestens 10 bis 15 Min., auch bis 1 Stunde einwirken lassen oder den Vorgang wiederholen.
Danach spülen.
Diese Methode ist ideal, weil kein Abrieb entsteht und somit kein Silber »verloren«geht, was besonders wichtig ist bei versilberten Bestecken und Gegenständen.
Das für die schwarze Färbung des Silbers verantwortliche Silbersulfid wird bei diesem Tauchbad wieder in Silber umgewandelt.
Dieses Silberbad ist käuflichen Tauchbädern vorzuziehen, da es weniger umweltbelastend ist. Die Alufolie kann mehrmals für diesen Zweck verwendet werden.

Spülen von Silber

Silbergeschirr nach Benutzung möglichst sofort spülen, damit die Einwirkzeit von Speiserückständen nicht unnötig verlängert wird. Das ist besonders wichtig nach Eierspeisen, Fischgerichten, Lauch, Kohl und säurehaltigen Salatmarinaden.
Wichtig ist die Trennung der Messer von den übrigen Besteckteilen, damit beim Spülen durch die Klingen keine Kratzer und Schnitte auf den übrigen Besteckteilen entstehen.
Greifen Sie immer mit einer Hand etliche Besteckteile, die Sie mit der anderen Hand im Spülwasser reinigen. Achten Sie auf die Zwischenräume der Gabelzinken.
Auch silberne Schalen und Platten einzeln spülen, um Beschädigungen zu vermeiden.

Nachspülen, ablaufen lassen und sofort abtrocknen und polieren.

Aufbewahrung

Beim Einräumen die Gegenstände nicht ineinanderstellen. Bei Platzmangel Seidenpapier oder Samt zwischenlegen.
Oder Silberschutzstoff bzw. Silberschutzpapier (Fachhandel) zwischen das Geschirr legen.
Bestecke in Besteckschubladen aufbewahren, die mit einem anlaufschützenden Tuch ausgeschlagen sind. Oder die Besteckteile in Seidenpapier, Samt oder Alufolie einwickeln. Nicht anzuraten ist die Aufbewahrung in oder zwischen gebleichtem Papier (weißen Servietten) oder weißgebleichtem Stoff wegen des möglichen Chlorgehaltes; das Silber kann sich verfärben bzw. anlaufen.

Spezielle Reinigungshinweise

Zur Reinigung von Silber in der Spülmaschine einen speziellen Silberkorb aus Aluminium verwenden, der in abgeschwächter Weise den gleichen Effekt bewirkt wie ein Tauchbad in Alufolie.
Silber nie mit Scheuermittel oder kratzenden Gegenständen reinigen.
Da käufliche Silberputzmittel, insbesondere Silbertauchbäder bedenkliche Zusätze (z. B. Thioharnstoff) enthalten können, vorzugsweise andere, harmlosere Mittel anwenden.
Messerschneiden von Silberbestecken sollten nicht mit dem Tauchbad in Berührung kommen, da sie aus einem anderen Material gefertigt sind.
Silbertauchbäder werden nach Gebrauch weggegossen und gelangen ins Abwasser. Hingegen ist bei richtigem Vorgehen mit einer käuflichen Paste oder Emulsion die Konzentration im Spülwasser geringer, durch Silberputztuch und -watte entstehen keine nennenswerten Rückstände.

Übrigens ...

Vorsorgemaßnahmen

Silber reagiert mit Schwefel, Säuren und Chlor; es entstehen dunkle Verfärbungen, die das gute Aussehen beeinträchtigen. Aus diesem Grund alles vermeiden, was das Anlaufen begünstigt:
- Silberlöffel nicht zum Essen von Ei verwenden
- Nach Gebrauch sofort spülen
- Silber richtig aufbewahren

Die ideale Pflege, der beste Anlaufschutz für Silberbesteck ist häufiger, d. h. täglicher Gebrauch.
Um Kratzer zu vermeiden, auf silbernen Platten nicht schneiden.

Einkaufstips

Man unterscheidet bei Silber zwischen
- versilberten und
- echtsilbernen Gegenständen

Versilberte Bestecke und Gegenstände haben meist einen Metallkern aus Edelstahl 18/8 oder Alpaka (auch: Neusilber), eine Legierung aus Kupfer, Zink und Nickel. Andere, minderwertigere Grundmetalle müssen gekennzeichnet sein: Messing mit M, einfacher Stahl - E, Chromstahl - R, minderwertiges Alpaka mit K.

Feinsilberauflage

Am gebräuchlichsten ist die 90 g-Feinsilberauflage. Der Stempel 90/18, z. B. auf einem Teelöffel bedeutet, daß auf 24 qdm (das entspricht der Oberfläche von 12 Eßlöffeln und 12 Eßgabeln) 90 g Silber aufgebracht sind. Durch die Ziffer 18 wird ausgedrückt, daß zur Versilberung von 12 Teelöffeln 18 g Silber verwendet wurden.

Die Angabe 90/3,5 auf einem Einzelteil bezieht sich auf die benötigte Silbermenge für dieses Teil, hier 3,5 g.

Besonders beanspruchte Stellen des Besteckes sind meist stärker versilbert, d. h. die Silberschicht wird hier bis zu einem Drittel stärker niedergeschlagen. Diese Verstärkung bedeutet allerdings keinen Mehrverbrauch an Silber, es handelt sich lediglich um eine Umverteilung.

Achten Sie auf Vermerke wie »hartversilbert«, »hartglanzversilbert« oder auch »patentversilbert«, was sich auf ein besonderes, patentiertes Verfahren bezieht. Durch diese Verfahren wird die Empfindlichkeit gegen Kratzer herabgesetzt, das Silber bleibt länger schön und glänzend.

Reines Silber wird, da es relativ weich ist, nur selten angeboten. Stattdessen werden brauchbare Legierungen verwendet, meist mit Kupfer als Härtungsmetall.

Echtsilberne Bestecke bestehen durch und durch aus einer Silberlegierung. Die Zahlenangabe 800, 835 oder - bei Sterlingsilber 925 - auf dem Silberstempel bedeutet, daß in der Legierung 800 bzw. 835 oder 925 von 1000 Teilen reines Silber sind, der Rest ist Kupfer. Neben dem Herstellernamen sind diese Gegenstände noch mit Mondsichel und Krone gestempelt.

Auch die Oberfläche echtsilberner Bestecke wird in einem besonderen Verfahren zusätzlich versilbert, um die Empfindlichkeit gegen Kratzer herabzusetzen und den Glanz des Silbers länger zu erhalten.

Natürlich ist es eine Preisfrage, ob die Kaufentscheidung zugunsten versilberter oder echtsilberner Gegenstände ausfällt.

Silbergegenstände mit eingebrannter Schutzschicht gegen das Anlaufen sind gekennzeichnet (Anlaufschutzmarke).

Kupfer

Kupfer ist ein rötlich-schimmerndes Schwermetall, das Wärme und Elektrizität sehr gut leitet. Es ist gut polierbar, weich und sehr dehnbar, dabei aber zäh. An der Luft bildet Kupfer eine dünne, schützende Oxidationsschicht, auch Patina genannt. In Verbindung mit Säuren (z. B. Essigsäure) oder bestimmten Fetten bildet sich giftiger Grünspan. Aus diesem Grund sind Kupfergefäße, die für Nahrungsmittel bestimmt

sind, innen mit einer Zinn-, Edelstahl- oder Nickelschicht versehen und Kupfer-Backformen und Ziergegenstände mit einer Lackschicht überzogen.
Kupfer wird außerdem für Legierungen verwendet, z. B. mit Nickel und Zink zu Alpaka, mit Zink zu Messing oder als Härtungsmetall mit Silber.

Arbeitsmittel und Arbeitsablauf

Drei Methoden sind möglich:
1. Tuch mit Wasser oder Essig (erwärmt) anfeuchten, in feinkörniges Salz tauchen und den Gegenstand damit abreiben.
Achten Sie besonders auf Übergänge, plastische Verzierungen, Rillen und Zwischenräume, die Sie mit Hilfe einer weichen Zahnbürste erreichen können.
Je nach Verwendungszweck spülen und mit einem sauberen, weichen Tuch polieren.
2. Wiener Kalk oder Schlämmkreide mit Wasser oder Spiritus zu einem Brei verrühren, Tuch eintauchen und damit bearbeiten, weiter wie oben verfahren.
3. Käufliches Universal-Metallputzmittel oder Spezialmittel für Kupfer nach Gebrauchsanweisung anwenden.

Spezielle Reinigungshinweise

Sofern eine Schliffrichtung erkennbar ist, die Außenseite der Kupfergegenstände in Schliffrichtung polieren, sonst mit leicht kreisenden Bewegungen.
Küchen- und Serviergeschirr, das mit Nahrungsmitteln in Berührung kommt, wird nach der Behandlung mit einem käuflichen oder selbsthergestellten Mittel stets gut gespült. Nur so wird verhindert, daß Rückstände des Mittels bei erneutem Gebrauch in Lebensmittel übergehen. Gut abtrocknen.

Bei Ziergegenständen hingegen kann auf das Spülen verzichtet werden. Kupferbackformen und Ziergegenstände, die mit einem Schutzlack überzogen oder innen verzinnt sind, werden nur mit einem feuchten Tuch abgewischt oder bei Bedarf gespült und gut abgetrocknet. Zur Schonung des Überzuges nicht mit scheuernden oder kratzenden Mitteln bearbeiten.
Mit der Zeit löst sich allerdings der Schutzlack, so daß die Backform dann mit Poliermitteln bearbeitet werden kann.
Grünspan mit warmem Essig abreiben, spülen, polieren.
Ein Hausmittel: Gegenstand mit der Schnittfläche einer rohen Kartoffel abreiben, spülen, nachpolieren.

Übrigens…

In Kupfergeschirr keine Speisen aufbewahren oder servieren.
Ziergegenstände aus Kupfer können Sie auch selbst mit einem schützenden Klarlack überziehen.

Messing

Messing sieht goldähnlich aus und ist eine Legierung aus 50–70% Kupfer, der Rest ist Zink. Da es sich sehr gut polieren läßt, findet sich Messing im Haushalt hauptsächlich bei Ziergegenständen, Lampen, Tür- und Möbelbeschlägen und Armaturen. Wegen möglicher Grünspanbildung ist diese Legierung für Koch- und Serviergeschirr wenig geeignet. Auch Messinggegenstände können mit einem Schutzlack überzogen sein.

Arbeitsmittel und Arbeitsablauf

Drei Methoden werden zum Aufpolieren und Reinigen von Messing empfohlen:
1. Spiritus oder Wasser und Schlämmkreide oder Wiener Kalk zu einem Brei verrühren. Tuch eintauchen und den Gegenstand damit abreiben. Übergänge, Zwischenräume und Verzierungen mit Hilfe einer weichen Zahnbürste behandeln, trocknen lassen, (spülen), nachpolieren mit einem sauberen, weichen Tuch.
2. Tuch anfeuchten, in Wiener Kalk eintauchen und Gegenstand damit abreiben.
3. Universal-Metallputzmittel oder Spezialmittel für Messing nach Gebrauchsanweisung anwenden.

Spezielle Reinigungshinweise

Mit einer Lackschicht überzogene Messinggegenstände dürfen nicht mit scheuernden Mitteln behandelt werden, damit die Schutzschicht

nicht beschädigt wird. Am besten nur feucht abwischen und abtrocknen, bzw. polieren.
Ist eine Schliffrichtung erkennbar, sollten die Gegenstände in Schliffrichtung bearbeitet werden, sonst mit kreisförmigen Bewegungen.
Nur sehr selten findet Messing als Küchen- und Serviergeschirr Verwendung. In diesem Fall müssen die Messinggegenstände, die mit Nahrungsmitteln in Berührung kommen, nach Anwendung eines selbsthergestellten oder käuflichen Mittels stets gespült werden, um zu verhindern, daß Rückstände des Mittels bei erneutem Gebrauch in Lebensmittel übergehen. Sofort gut abtrocknen.
Bei Ziergegenständen kann dagegen auf das Spülen verzichtet werden. Ziergegenstände mit Lacküberzug können auch mit Spiritus abgerieben werden.

Übrigens...

Ziergegenstände aus Messing können Sie auch selbst mit einem schützenden Klarlack überziehen.

Zinn

Zinn ist ein silberweiß aussehendes Schwermetall, auf dessen Oberfläche sich durch Sauerstoffeinwirkung eine graue Oxidschicht bildet. Zinn ist weich und daher empfindlich gegen Kratzer.
Verwendet wird es überwiegend zu Ziergegenständen und wegen seiner Korrosionsbeständigkeit zum Verzinnen, als Überzug für Küchengeschirr aus Weißblech, außerdem als Bestandteil von Legierungen.
Zinn ist nicht gesundheitsschädlich.

Arbeitsmittel und Arbeitsablauf

Es gibt mehrere Möglichkeiten für die Pflege von Zinn:
1. Wasser oder Spiritus und Schlämmkreide oder Wiener Kalk zu einem Brei verrühren.
Zinn damit abreiben (Tuch), dabei besonders auf Übergänge, Zwischenräume und Verzierungen achten. Diese mit Hilfe einer weichen Zahnbürste bearbeiten. Danach evtl. spülen und nachpolieren mit einem sauberen, weichen Tuch.
2. Magnesia und Essig zu einem Brei verrühren und weiter wie oben beschrieben verfahren.
3. Tuch mit Essig anfeuchten, in feinkörniges Salz tunken und wie oben weiter bearbeiten.
4. Zinngegenstände mit Scheuermilch abreiben.
5. Universal-Metallputzmittel oder Spezialmittel für Zinn nach Gebrauchsanweisung anwenden.

Spezielle Reinigungshinweise

Ist bei Zinngegenständen die Schliffrichtung zu erkennen, wird das Zinn in dieser Richtung bearbeitet, andernfalls mit leicht kreisenden Bewegungen.
Zinngeschirr, das mit Lebensmitteln in Berührung kommt, sollte immer gespült werden, nachdem es mit einem käuflichen oder selbsthergestellten Mittel behandelt wurde. So läßt sich der Übergang von Rückständen des Mittels in Nahrungsmittel ausschließen. Möglichst sofort abtrocknen.
Das Spülen von Ziergegenständen ist nach der Behandlung mit einem Poliermittel nicht unbedingt erforderlich.
Keine groben Scheuermittel verwenden, da Zinn ein weiches Metall ist.
Zinngegenstände möglichst nicht in der Spülmaschine reinigen, sie könnten durch aggressive Reinigungsmittel beschädigt werden.

Hausmittel:
Zinngegenstände im Sommer mit Zinnkraut (Schachtelhalm) oder mit einem Aufguß aus Zinnkraut, im Winter mit Kohlblättern abreiben.
Tuch mit Bier anfeuchten und Zinn damit abreiben.
Verzinnte Gegenstände aus Weißblech: s. Seite 208.

Übrigens ...

Zinn verträgt keine trockene Hitze über 250 °C, es schmilzt bei hohen Temperaturen.
Keine Lebensmittel in Zinngefäßen aufbewahren, da Zinn von Säuren angegriffen wird.

Leder

Gute Lederwaren haben ihren Preis, deshalb ist es nur recht und billig, ihre Lebensdauer durch richtige Reinigung und Pflege zu verlängern, zumal sie im Aussehen dadurch auch gewinnen. Außer den bereits angesprochenen Leder-Sitzmöbeln (s. Seite 113) gibt es noch eine Reihe von Lederartikeln, wie Taschen, Mappen, Koffer, die nicht zur Bekleidung gehören. Trotzdem können fast alle Pflegemaßnahmen auch auf Lederbekleidung und -schuhe übertragen werden.
Welches Verfahren Sie zur Reinigung und Pflege von Lederwaren anwenden, hängt von verschiedenen Faktoren ab:
- vom Verschmutzungsgrad,
- von der Lederart, wie Glattleder, Rauhleder
- von der Oberflächenbehandlung
- von der Farbe
- von der Verarbeitung und
- vom Verwendungszweck

Arbeitsmittel und Arbeitsablauf

Staubtuch oder feuchtes Ledertuch,
für größere Stücke auch Staubsauger,
Lederpflegemittel, Wildlederspray (am besten farbneutral),
Poliertuch für Glattleder,
Weiche Bürste(n),
Wildlederbürste mit Gummi- und Metallborstenseite,
Zeitung oder Folie als Unterlage,
Nähzeug für kleine Reparaturen des Futters.
Bei starker Verschmutzung zusätzlich:
Lauwarmes Wasser mit etwas Feinwaschmittel oder Neutralreiniger,
Schwamm oder Bürste,
Trockentuch.

Entstauben:
Zunächst wird das Innere der Lederartikel entstaubt, entweder mit einer weichen Bürste oder mit der Fugendüse des Staubsaugers (geringe Saugkraft einstellen).
Danach von außen entstauben. Glattes Leder mit Hilfe eines Staubtuches, bei stärkerer Verschmutzung feucht abwischen.
Rauhleder mit der Wildlederbürste entstauben oder absaugen.
Nur bei starker Verschmutzung feucht (nicht naß) reinigen.

Feuchtreinigen:
Sortieren Sie vorher die Gegenstände nach dem Verschmutzungsgrad und der Farbe. Beginnen Sie mit dem hellsten Leder, und reinigen Sie dann dunkles und zuletzt schwarzes Leder.
Die stark verschmutzten Glattlederwaren mit einem feuchten Tuch abwischen und abtrocknen; keineswegs das Leder durchnässen und nicht zu stark reiben, um die Farbe zu schonen.
Sehr stark verschmutzte, helle Rauhleder mit Schwamm oder Bürste und Feinwaschmittellösung oder -schaum bearbeiten; danach dunkle, stark verschmutzte Gegenstände aus Rauhleder feucht reinigen. Beachten Sie, daß das Leder nicht zu sehr durchnäßt wird. Damit keine Scheuerstellen entstehen und die Färbung nicht zu sehr leidet, sollte starkes Reiben vermieden werden.
Bei Zimmertemperatur trocknen, nicht in Heizungsnähe aufstellen.

Pflegen:
Notwendige Reparaturen durchführen (z. B. Futter flicken).
Bei Glattleder farbloses Pflegemittel dünn und gleichmäßig mit einem weichen Tuch auftragen, zuerst helles, dann dunkles, zuletzt schwarzes Leder eincremen.
Vor dem Polieren das Mittel eine Zeitlang einwirken lassen.
Polieren: Wieder mit den helleren Lederwaren beginnen. Verwenden Sie ein weiches Tuch, bei derberen Gegenständen eine weiche Bürste.

Rauhleder muß nach der Feuchtreinigung und dem Trocknen mit der Wildlederbürste aufgerauht werden.
Gelegentlich können Sie Rauhleder auch mit einem Spray behandeln. Gebrauchsanweisung beachten und bei ausreichender Belüftung, besser aber im Freien arbeiten.
Aufbewahren der Ledergegenstände an einem luftigen Ort, Koffer am besten in einer Staubschutzhülle.

Spezielle Reinigungshinweise (Glattleder)

Neue Ledergegenstände vor dem ersten Gebrauch mit Pflegemittel behandeln, dadurch entsteht ein schützender Film auf dem Leder.
Verwenden Sie zur Pflege von Taschen und Koffern stets farbneutrale Pflegemittel, andernfalls könnte es zu unschönen Verfärbungen Ihrer Kleidung kommen.
Lederpflegemittel dienen zwar vorrangig der Pflege des Leders, aber sie haben bei geringer Verschmutzung auch reinigende Wirkung.
Bei zu häufiger Verwendung von Selbstglanzmitteln kann auf dem Leder ein Schmierfilm entstehen.
Lackleder mit Spezialmittel behandeln oder Hausmittel anwenden: Abreiben mit Milch oder mit halbierter Zwiebel, polieren.

Kunststofftaschen oder -koffer:
Feucht mit Lösung (Spülmittel, Schmierseife, Neutralreiniger) abwischen, trockenreiben.

Spezielle Reinigungshinweise (Rauhleder)

Speckränder mit Velourstein oder Wildlederbürste bearbeiten.
Wildledersprays nur ausnahmsweise benutzen, sie können gesundheitsschädlich sein und die Umwelt belasten. Verwenden Sie nur Produkte mit Pumpzerstäuber ohne Treibgas.
Falls Sie Wildlederspray verwenden, muß es farbneutral sein. Andernfalls können Verfärbungen der Kleidung die Folge sein, etwa durch eine schwarz eingesprühte Handtasche.

Fleckentfernung

Wasserflecke auf Glattleder großflächig mit einem Tuch verreiben.
Fettflecke auf Glattleder ziehen ins Leder ein und verschwinden mit der Zeit.
Wasserflecke auf Rauhleder: Noch nasse Wasserflecken mit einem Tuch abtupfen und nach dem Trocknen die Stelle mit einer Wildlederbürste bearbeiten.
Fett- oder Ölflecke: Mit Kreide dick betupfen und längere Zeit einwirken lassen; die Kreide saugt das Fett auf. Vorgang bei Bedarf wiederholen, zuletzt abbürsten oder absaugen.
Bei stärkeren Verunreinigungen die Lederwaren zur Reinigung geben. Beachten Sie das Gütezeichen Lederreinigung.

Die Reinigung der Arbeitsmittel zur Haushaltspflege

Bürsten und Besen

»Neue Besen kehren gut« – aber auch gereinigte erfüllen ihren Zweck bestens, wenn sie nicht schon zu viele Putzstunden hinter sich gebracht haben und total abgenutzt sind. Selbst für Reinigungsgerät ist ab und zu eine Reinigung unumgänglich, wenn es lange funktionstüchtig bleiben soll. Dadurch wird auch Keimen der Nährboden entzogen, die sich auf verunreinigten Bürsten regelrecht tummeln.

Besen-, Bürstenrücken

Besen- und Bürstenrücken sind meistens aus Holz oder Kunststoff, die Borsten können aus tierischem, pflanzlichem oder synthetischem Material sein.

Borstenmaterial

Tierisches Borstenmaterial (Roßhaar, Schweinsborsten u. a.) ist glänzend, elastisch und relativ haltbar, jedoch empfindlich gegen Temperaturen über 65 °C, es quillt auf.

Borsten aus pflanzlichem Material (Kokosfaser, Palmblattfaser, Bassine, Fiber, Reisstroh, Reiswurzel u. a.) sind in trockenem Zustand hart und spröde, durch Lauge werden sie aber geschmeidig.

Synthetisch hergestellte Kunststoffborsten (Perlon, Nylon u. a.) können in ihren Eigenschaften bei der Herstellung auf den späteren Verwendungszweck ausgerichtet werden, sie können hart oder weich sein, elastisch oder starr.

Allen Kunstborsten ist aber einiges gemeinsam:

Sie sind sehr haltbar und widerstandsfähig. Auch gegen höhere Temperaturen und Nässe sind sie unempfindlich. Außerdem sind sie preisgünstig; sie lassen sich problemlos reinigen und schnell trocknen. Durch ihre Eigenart, sich elektrostatisch aufzuladen, binden sie Staub und Schmutz besonders gut.

Arbeitsmittel und Arbeitsablauf

Besenkamm oder -kratzer,
handwarmes Wasser mit Seifenreiniger oder Feinwaschmittel,
Wischtuch oder Schwamm,
kaltes Wasser zum Nachspülen,
Trockentuch,
Scheuermittel, Arbeitsunterlage, Abfallgefäß.

Besen und Bürsten, die für trockene Reinigungsarbeiten bestimmt sind, sollten nach jedem Gebrauch trocken gereinigt und solche für die Naßreinigung nach Benutzung kurz ausgewaschen werden. Das ist

aber nicht immer möglich, z. B. aus Zeitgründen, und auch nicht immer nötig, etwa bei Schuhbürsten.
Vor der Naßreinigung werden die Besen, Bürsten etc. grundsätzlich trocken vorgereinigt; grober Schmutz und Staub, Fäden, Haare und Verfilzungen werden von Hand oder mit Hilfe eines Besenkammes oder -kratzers entfernt. Dabei vom Bürsten- oder Besenrücken zu den Borstenspitzen arbeiten.

Naßreinigung
Zuerst werden die Holz- oder Kunststoffteile gereinigt. Holzteile aus empfindlichen Materialien, z. B. poliertes oder lackiertes Holz, dürfen nicht ins Wasser gelangen, sie werden nur feucht abgewischt. Rohholz hingegen kann sogar gescheuert werden.
Danach werden die Borsten durch Schwenken in der Reinigungslösung ausgewaschen. Die Reinigungswirkung kann verstärkt werden durch Reiben mit der Hand oder bei mehreren Bürsten durch Gegeneinanderreiben der Borsten.
Nach der Reinigung Bürsten und Besen in oder unter kaltem Wasser kurz nachspülen und gut ausschlagen oder ausschütteln. Holz- und Kunststoffteile mit einem Tuch abtrocknen.
Während des Trockenvorganges muß vermieden werden, daß ablaufendes Wasser in Bürstenrücken aus Holz gelangt. Deshalb Bürsten zum Trocknen auf eine Seite legen, bei sehr harten, kurzen Borsten auch mit den Borsten nach unten. Tuch unterlegen, um die Feuchtigkeit aufzunehmen.
Besen und Schrubber hängend trocknen lassen.
Bürsten, Besen und Schrubber nie in praller Sonne, Heizungs- oder Ofennähe trocknen.

Spezielle Reinigungshinweise

Spülbürsten, Topfbürsten, Flaschenbürsten
Nach Gebrauch gut abspülen, bei stärkerer Verunreinigung in Spülmittellösung säubern, klar nachspülen, hängend trocknen. Nie in verschmutztem Spülwasser liegen lassen. Kunststoffbürsten gelegentlich in der Spülmaschine mitreinigen.

Backpinsel
Überschüssiges Fett mit Küchenkrepp entfernen. Dann mit warmem bis heißem Wasser reinigen, zur Entfernung von Fettrückständen mit einem Tropfen Spülmittel pur abreiben. Direkt mit klarem Wasser gut nachspülen, abtrocknen und erst nach völligem Trocknen wegräumen.

Zahnbürsten
Der Benutzer reinigt seine Zahnbürste nach Gebrauch selbst durch Abreiben und Abspülen mit klarem Wasser.

Handwaschbürsten
Nach Gebrauch kurz mit klarem Wasser durchreiben oder zwei Bürsten gegeneinanderreiben, bei stärkerer Verschmutzung in Seifenlösung.

Haarbürsten
Anhängende Haare nach dem Frisieren von Hand oder besser mit einem Kamm entfernen (Abfallbehälter). Im Handwaschbecken in wenig warmer Seifenlösung die Haarbürsten gegeneinanderreiben, bis Borsten und Bürstenrücken sauber sind. Nachspülen, ausschlagen, Holzteile abtrocknen und auf einem Tuch seitlich liegend trocknen.

Kämme
Nach dem Frisieren anhaftende Haare entfernen (Abfallbehälter). Der trockenen Reinigung mit einer Bürste oder einem Kammreiniger ist die Naßreinigung vorzuziehen, da Kämme nur eine kurze Trockenzeit benötigen und schnell wieder einsatzbereit sind.
Kämme möglichst nicht vorweichen oder in zu warmem Wasser reinigen, sie können sich je nach Materialempfindlichkeit verziehen.
Im Handwaschbecken in wenig Seifenlösung mit Hilfe der Haarbürste oder einer Handwaschbürste säubern. Kurz nachspülen, abtrocknen.

Kleiderbürsten
Öfters entstauben und Flusen, Haare etc. entfernen, entweder von Hand, mit einem Bürstenkamm oder mit Hilfe des Staubsaugers (Fugendüse). Gründliche Reinigung in Feinwaschmittel- oder Seifenlösung durch Gegeneinanderreiben von zwei Bürsten. Klar nachspülen, ausschlagen, Bürstenrücken abtrocknen und seitlich liegend trocknen lassen.

Besen, Handfeger, Schrubber, Spinnenbesen
Gut vorreinigen mit Besenkamm (Fachgeschäft) oder Staubsauger (Fugendüse).
Zunächst Besen- und Schrubberstiele, danach Bürstenrücken mit einem feuchten oder nassen Tuch je nach Empfindlichkeit abwischen.
Die Borsten in Seifenlösung bewegen, stärkere Verschmutzungen durch Kneten und Reiben beseitigen, klar nachspülen.
Wasser abschütteln, Stiele und Rücken abtrocknen und hängend trocknen lassen, Handfeger auch seitlich liegend.
Hängend aufbewahren.

Heizkörperbürsten
Heizkörperbürsten für Rippenheizungen bestehen meist aus zwei oder drei Bürstenwalzen, wobei die Borsten in Drahtspiralen eingearbeitet sind. Der Griff ist aus Holz oder Kunststoff.
Im allgemeinen vertragen Heizkörperbürsten eine Naßreinigung. Zum Trocknen aufhängen oder mit dem Griff nach unten in ein Gefäß einstellen.

Teppichkehrer
Schmutzbehälter leeren und mit einem trockenen Tuch auswischen. Randbürsten und Bürstenwalze mit Besenkamm oder -kratzer auskämmen. Sollten sich Fäden oder Haare um die Bürsten gewickelt haben, diese mit einer Schere aufschneiden und entfernen.
Stiel und Kehrgerät feucht abwischen.

Schuhbürsten
Typisch für Verunreinigungen von Schuhbürsten sind Ansammlungen von Schuhcreme am Bürstenrücken. Entstauben oder gar Auskämmen würde in diesem Fall wenig nützen, aber eine gründliche Reinigung wirkt wahre Wunder, weil hinterher die Borsten viel länger erscheinen. Sortieren Sie die Bürsten in solche, die zur Pflege heller, brauner und schwarzer Leder verwendet werden.
Bei starker Verunreinigung die sortierten Bürsten zum Vorweichen in warme Seifenlösung geben. Dauer je nach Verschmutzung.
Zum Reinigen zuerst die Bürsten für helle Schuhe, dann die für braune und zuletzt die Bürsten für schwarze Schuhe in neuer, warmer Seifenlösung gegeneinanderreiben. Bei Bedarf Reinigungslösung wechseln. Klar nachspülen in kaltem Wasser, ausschlagen, Bürstenrücken mit Tuch abtrocknen und seitlich liegend trocknen lassen.

Einkaufstips

Prüfen Sie Material und Verarbeitung:
Das Borstenmaterial sollte beständig sein gegen Laugen, Säuren und Temperaturen.
Besen- oder Bürstenkörper müssen stabil und unempfindlich sein.
Es ist praktisch, wenn an Handfegern die Borsten am vorderen Ende etwas länger sind, weil sie dort schneller abnutzen.
Achten Sie darauf, daß Borsten gut in den Bürsten- oder Besenrücken eingearbeitet sind.
Besen- und Schrubberstiele sollen die richtige Länge haben, damit Sie aufrecht stehend arbeiten können. Ideal: Körpergröße der arbeitenden Person minus 15 Zentimeter.

Schwämme

Im Haushalt werden Schwämme zum Saubermachen eingesetzt, wenn schonendes Arbeiten bei nur geringem Druck angesagt ist. Aber auch als Badeschwämme finden sie Verwendung. Regelmäßige gründliche Reinigung ist bei Schwämmen sehr wichtig, wenn sie nicht zu Brutstätten für Krankheitskeime werden sollen.

Kunststoffschwämme

Sie können aus unterschiedlichem Material (PVC, Polyurethan) hergestellt sein und dadurch in ihren Eigenschaften sehr variieren. Sie sind abrieb- und kochfest, auch in trockenem Zustand weich, aber nicht sehr saugfähig. Bekannteste Vertreter sind die Spülschwämme mit Scheuerseite. Diese Schwämme aus Polyurethan besitzen ein Scheuervlies, in das oft Scheuerkristalle oder Kunststoffpartikel eingearbeitet sind. Zu den Kunststoffschwämmen zählen auch die Spezialschwämme zur Polsterreinigung und Schwammüberzüge für Schrubber.

Viskoseschwämme

Die halbsynthetisch hergestellten Viskoseschwämme aus natürlicher Zellulose sind ideale Reinigungsschwämme, da sie sehr saugfähig und unempfindlich auch gegen höhere Temperaturen (kochfest) sind. Nachteilig ist die mangelnde Abriebfestigkeit bei starker Beanspruchung. In trockenem Zustand sind sie hart, werden aber durch Wasseraufnahme weich. Für die schonende Reinigung empfindlicher Materialien gibt es ebenfalls Spezialschwämme aus Viskose mit Scheuerkristallen oder Kunststoffpartikeln im Vlies. Zur Kategorie der Viskoseschwämme gehören auch die Schwammtücher und Tuchschwämme, die sich zum fusselfreien Abwischen und Nachtrocknen eignen.

Reinigung

Kunststoff- und Viskoseschwämme nach Gebrauch in klarem, warmen Wasser ausdrücken. Schwämme niemals wringen. Bei Verschmutzung in der Waschmaschine je nach Erfordernis im Feinwasch-, Heißwasch- oder Kochwaschgang mitwaschen.

Gummischwämme

Sie eignen sich sowohl zur Haushaltsreinigung wie auch zur Körperpflege. Sie sind nicht besonders saugfähig, besitzen aber eine gute Reib- und Frottierwirkung.

Reinigung

Nach Gebrauch reinigen durch Ausdrücken in klarem, warmem Wasser. Stärker verschmutzte Gummischwämme in einen genügend großen Kochtopf mit lauwarmer Feinwaschmittellauge geben. Langsam bis auf 60 °C erhitzen, bei sehr starker Verschmutzung auch höher, aber nicht kochen. In der Lösung abkühlen lassen und danach in klarem Wasser spülen durch Ausdrücken.

Naturschwämme

Luffaschwämme sind aus pflanzlichem Material. Sie sind hart und damit ideale Frottierschwämme, während echte Schwämme aus tierischem Material weicher sind. Nachteilig ist, daß sie relativ teuer sind.

Reinigung

Nach Benutzung in warmer, schwacher Feinwaschmittellauge auswaschen, in klarem Wasser spülen durch Ausdrücken.

Trocknen und Aufbewahren von Schwämmen

An der Luft trocknen (aufhängen oder auf ein Gitter legen).
So aufbewahren, daß von allen Seiten Luft an den Schwamm gelangen kann, z. B. in einem kunststoffbeschichteten Korb oder auf einem Rost.

Spezielle Reinigungshinweise

Verseifte, glitschige Schwämme einige Stunden in Salz- oder Essigwasser legen, dann in schwacher, warmer Feinwaschmittellauge auswaschen, in klarem Wasser spülen durch Ausdrücken. Notfalls Badeschwämme in Desinfektionslösung auswaschen.
Neue Schwämme vor dem ersten Gebrauch gut durchwaschen.

Einkaufstip

Für unterschiedliche Reinigungsarbeiten gibt es spezielle Schwämme; Material, Ausstattung (Vliesbeschichtung, Porung) und Größe sind verschieden. Prüfen Sie beim Kauf neben der Eignung für bestimmte Reinigungsarbeiten auch die Handlichkeit.

Tücher

Neben Besen, Bürsten und Schwämmen werden zum Saubermachen die unterschiedlichsten Tücher verwendet. Die meisten sind für viele

oder zumindest für mehrere Reinigungszwecke gedacht, während manche nur eine spezielle Eignung für eine ganz bestimmte Reinigungsarbeit besitzen.
Schon beim Kauf sollten Sie die spätere Reinigung mit in Betracht ziehen. Wenig sinnvoll sind Tücher, die sich nicht waschen lassen oder dabei spezielle Eigenschaften einbüßen.
Natürlich können neben gekauften auch selbsthergestellte Tücher aus gebrauchten Textilien zum Einsatz kommen, z. B. aus Trikot.

Allgemeines zur Reinigung

Alle Tücher, die zur Naßreinigung verwendet werden, sollten vor dem ersten Gebrauch in klarem Wasser gründlich ausgewaschen werden.
Beim Auswaschen insbesondere Vliestücher nicht wringen, sondern nur ausdrücken.
Tücher nach jedem Gebrauch in klarem Wasser auswaschen, bei Verschmutzung in die Wäsche geben.
Nach dem Waschen zum Trocknen aufhängen, luftig und trocken aufbewahren.
Aus hygienischen Gründen die Tücher immer nur für eine bestimmte Reinigungsarbeit verwenden.

Staubtücher

Sie sind entweder aus kochfestem Baumwollflanell oder aus einem imprägnierten und dadurch staubbindenden Gewebe oder Spezialvlies. Imprägnierte Staubtücher sind fusselfrei und waschbar bis 30 °C, jedoch geht nach wenigen Wäschen die staubbindende Eigenschaft verloren.

Poliertücher

Saubere Staubtücher können auch als Poliertücher verwendet werden, aber ebenso sind weiche Wolltücher dazu geeignet.

Wisch-, Spül- oder Haushaltstücher

Sie sind vielseitig einzusetzen: zum trockenen, aber häufiger zum feuchten Staubwischen, zum feuchten oder nassen Reinigen von Flächen und Gegenständen, zum Spülen, zum Fensterputzen. So verschieden wie das Material (es gibt Vlies-, Schwamm-, Baumwolltücher und Tücher aus Mischgeweben), so verschieden sind auch Größe, Format, Aussehen und Reinigungs- bzw. Waschmöglichkeiten, jedoch sind die meisten kochfest. Die Fähigkeit, den Schmutz zu lösen, ihn aufzunehmen und festzuhalten, wird durch Lochungen, Prägungen, Riffelungen und Waben verstärkt.

Gläser- und Geschirrtücher

Zum Abtrocknen von Gläsern und Geschirr dienen Tücher aus Baumwolle, Halbleinen oder Leinen. Je höher der Anteil an Baum-

wolle desto größer die Saugkraft, aber auch die Gefahr des Fusselns. Leinentücher sind praktisch fusselfrei, deshalb gut zum Abtrocknen von Gläsern geeignet. Sie nehmen allerdings die Feuchtigkeit nicht so gut auf wie Tücher aus Halbleinen, die kaum fusseln, durch den Baumwollanteil das Geschirr aber recht gut trocknen.
Spezialtücher vereinigen in sich die Vorteile von Baumwolle und Leinen, sie sind saugfähig, kochfest und fusselfrei. Obwohl diese Tücher in feuchtem Zustand zum Abtrocknen benutzt werden, trocknet sogar Glas streifenfrei.
Alle Tücher, die zum Spülen oder Abtrocknen von Geschirr verwendet werden, sollten kochfest sein.

Fenstertücher, Fensterleder

Ledertücher, ganz gleich ob käufliche Fenstertücher oder echte Fensterleder, eignen sich zum streifen- und fusselfreien Wischen und Trocknen, beispielsweise von Glas, lackierten und glasierten Oberflächen.
Käufliche Fenstertücher aus Spezialvlies haben echten Fensterledern einiges voraus: Sie sind billiger, saugfähiger und geschmeidiger, werden aber nicht schlüpfrig und können bei starker Verschmutzung im Kochwaschgang gewaschen werden. Bei normaler Verschmutzung genügt es vollkommen, sie von Hand auszuwaschen oder im Feinwaschgang zu reinigen.
Echte Fensterleder in warmer Seifenlösung ausdrücken (nicht wringen), nachspülen in klarem Wasser.
Wenn das Leder hart und spröde ist, können Sie einige Tropfen Glycerin ins Nachspülwasser geben. Damit es wieder weich und geschmeidig wird, kann aber auch in Salzwasser nachgespült werden.
Nach dem Waschen und Spülen wird das Leder in Form gezogen und an der Luft getrocknet.

Spezialtücher

Die meisten Spezialtücher, z. B. Silberputztücher und Reinigungstücher für Bügeleisen, sollten nicht gewaschen werden, weil sie dabei ihre Reinigungswirkung, die auf einer Spezial-Imprägnierung beruht, verlieren. Zum Reinigen ausschütteln oder mit dem Staubsauger absaugen, dabei Tuch gut festhalten.

Putz- oder Wischlappen

Lappen werden nur einmal gebraucht bei Säuberungsaktionen, wo alle bisher erwähnten Tücher zu schade sind und wo schwer zu entfernender Schmutz anfällt, wie Schmieröl, Teer u. ä.
Als Putzlappen werden gebrauchte, ausgediente Textilien oder Stücke davon verwendet. Nach Gebrauch werden sie weggeworfen.

Putztücher, Bodentücher, Aufnehmer

Diese Tücher sind hergestellt aus einem strapazierfähigen Baumwollgewebe oder aus Spezialvlies. Sie sind maschinenwaschbar und kochfest. Nach der Maschinenwäsche das Flusensieb auf Verstopfung kontrollieren. Nach jedem Gebrauch durchwaschen in klarem, warmen Wasser und aufhängen zum Trocknen.

Wischmop und Mop
Den Wischmop mit Streifen aus Spezialvlies reinigen Sie am besten, indem Sie nach Beendigung der Putzarbeit den Stiel feucht abwischen und die Vliesstreifen in sauberem Wasser, bei sehr starker Verschmutzung zunächst in Seifenlösung, durch Hin- und Herbewegen reinigen. Auswringen im dazugehörigen Wringsieb und hängend aufbewahren.
Der Mop mit Baumwollschlingen wird vom Grundgestell abgenommen und von Hand oder in der Waschmaschine (im Netz) im Feinwasch- oder Heißwaschgang gewaschen. Stiel und Grundgestell feucht abwischen.

Sonstige Hilfsmittel und Reinigungsgeräte

Außer Bürsten, Schwämmen und Tüchern sind beim Saubermachen noch weitere Hilfsmittel und Geräte notwendig oder zur Bewältigung spezieller Reinigungsprobleme zweckmäßig.

Eimer und Wannen
Zur Aufnahme der Reinigungslösung bei allen Naßreinigungsarbeiten sind Eimer und Wannen, am besten in verschiedenen Größen, unentbehrlich. Durch eine Liter-Skala läßt sich die eingefüllte Wassermenge ablesen und so die richtige Dosierung des Reinigungsmittels leichter erreichen.
Nach Gebrauch mit Schwamm oder Tuch und bei Bedarf mit Scheuermittel von innen und außen bearbeiten, klar nachspülen und trocknen.

Kehrblech, Kehrschaufel
Nach Gebrauch mit dem Handfeger abkehren, gelegentlich feucht oder naß abwischen, trocknen.

Gummiabzieher
Das Fensterputzen erfolgt meist mit kurzstieligen Geräten, die zwei Funktionen erfüllen können: Die Schaumgummiseite dient zum Abwaschen und die Seite mit dem Gummischieber zum schnellen Trocknen großflächiger Fensterscheiben.
Größere Exemplare mit langem Stiel leisten außerdem nach dem Naßwischen großer glatter Bodenflächen ebenfalls gute Dienste beim Trocknen.
Zur Reinigung Stiel mit einem feuchten Tuch abwischen, Wischkörper evtl. in Wasser spülen oder feucht abwischen. Rille im Gummischieber beachten. Trocknen.

Jalousettenreiniger
Die Reiniger bestehen im allgemeinen aus einem zangenförmigen Kunststoffkörper, dessen Enden mit Schaumstoff unterlegt sind. Reinigung: Schaumstoff auswaschen, Handgriff abwischen und trocknen lassen.

Heizkörperreiniger
Neben speziell geformten Bürsten (s. Seite 223) gibt es für Rippenheizkörper noch Schaumstoffreiniger, die sowohl trocken als auch feucht verwendet werden können.
Reinigung: Gründlich auswaschen durch Reiben und Drücken in Reinigerlösung, Wasser ausdrücken, in klarem Wasser nachspülen, ausdrücken, Griff abwischen und trocknen lassen.

Topfreiniger, Metallreiniger
Die sogenannten Topfreiniger sind natürlich nicht nur für Töpfe gedacht, sondern sie sind Hilfsmittel für die mechanische Reinigung von unempfindlichen Metallgegenständen.
Topfreiniger aus verzinkten Stahlschlingen sind wirklich nur zur Entfernung hartnäckiger, grober Verunreinigungen von mechanisch unempfindlichen Oberflächen geeignet.
Topfreiniger aus Kunststoff-Geflecht eignen sich auch für empfindlichere Materialien, wenn grobe Verschmutzungen zu entfernen sind.
Reinigung: Die Topfreiniger nach Gebrauch so lange durchspülen, bis keine Rückstände mehr anhaften, Wasser abschütteln und luftig aufbewahren.

Stahlwollkissen (Putzkissen, Pads)
Die verseiften Putzkissen wirken gegen hartnäckige Verkrustungen bei vielen Metallen, Backformen aus feuerfestem Glas und Glaskeramik sowie bei eingebrannten, verkohlten Rückständen im Backofen. Verseifte Putzkissen nicht für Aluminium verwenden, die Seife greift das Metall an.

Stahlwollspäne
Für wasserempfindliche Holzfußböden wie Rohholzdielen, unversiegeltes Parkett dienen Stahlwollspäne als Reinigungsmittel. Durch Schleifen werden damit Bohnerwachsschichten und Schmutz abgetragen.

Verzeichnisse

Anschriften von Verbraucherorganisationen und Beratungsstellen (Stand 1991)

Verbraucher-Zentrale Baden-Württemberg e. V.
Augustenstraße 6, 7000 Stuttgart 1
Tel. 07 11/61 09 23

Verbraucher-Zentrale Bayern e. V.
Haydnstraße 7, 8000 München 2
Tel. 0 89/53 98 70

Verbraucher-Zentrale Berlin e. V.
Bayreuther Straße 40, 1000 Berlin 30
Tel. 0 30/2 19 07-0

Verbraucherberatungsstelle
Warschauer Straße 43, O-1017 Berlin
Tel. (00 37) 2-5 88 20 14 und 21 14

Verbraucher-Zentrale Brandenburg e. V.
Hegelallee 6–8, O-1561 Potsdam
Tel. (00 37) 33-30 39 81

Verbraucher-Zentrale des Landes Bremen e. V.
Ansgaritorstraße 3, 2800 Bremen 1
Tel. 04 21/32 08 34

Verbraucher-Zentrale Hamburg e. V.
Große Bleichen 23, 2000 Hamburg 36
Tel. 0 40/35 00 14 85

Verbraucher-Zentrale Hessen e. V.
Berliner Straße 27, 6000 Frankfurt/Main 1
Tel. 0 69/28 07 01

Verbraucher-Zentrale Mecklenburg/Vorpommern e. V.
Neuer Markt 11, O-2500 Rostock
Tel. (00 37) 81-3 73 01

Verbraucher-Zentrale Niedersachsen e. V.
Georgswall 7, 3000 Hannover 1
Tel. 05 11/3 04 06-0 <1 24 06 -0>

Verbraucher-Zentrale Nordrhein-Westfalen e. V.
Mintropstraße 27, 4000 Düsseldorf 1
Tel. 02 11/38 09-0

Verbraucher-Zentrale Rheinland-Pfalz e. V.
Große Langgasse 16, 6500 Mainz 1
Tel. 0 61 31/2 84 82-0

Verbraucher-Zentrale des Saarlandes e. V.
Hohenzollernstraße 11, 6600 Saarbrücken 1
Tel. 06 81/5 20 49
Verbraucher-Zentrale Sachsen-Anhalt e. V.
Leninallee 93, O-4020 Halle/Saale
Tel. (00 37) 41-2 89 02
Verbraucher-Zentrale Schleswig-Holstein e. V.
Bergstraße 24, 2300 Kiel
Tel. 04 31/5 12 86
Verbraucher-Zentrale Thüringen e. V.
Wilhelm-Külz-Straße 26, O-5020 Erfurt
Tel. (00 37) 61-6 13 56
Stiftung Warentest
Lützowplatz 11–13, 1000 Berlin 30
Tel. 0 30/2 62 30 14
Arbeitsgemeinschaft der Verbraucher e. V.
Heilsbachstraße 20, 5300 Bonn 1
Tel. 02 28/64 10 11
Verbraucherschutzverein
Lützowstraße 33–36, 1000 Berlin 30
Tel. 0 30/2 54 90 70
Stiftung Verbraucherinstitut
Reichpietschufer 72–76, 1000 Berlin 30
Tel. 0 30/2 61 17 65
Arbeitsgemeinschaft Hauswirtschaft e. V.
Poppelsdorfer Allee 15, 5300 Bonn 1
Tel. 02 28/22 40 63
Deutscher Hausfrauenbund e. V.
Adenauerallee 193, 5300 Bonn 1
Tel. 02 28/23 77 18
Deutscher Landfrauenverband
Godesberger Allee 142–148, 5300 Bonn 2
Tel. 02 28/37 80 51
Deutscher Verbraucher-Schutzverband
Fichtenstraße 2, 6272 Niedernhausen
Tel. 0 61 27/35 38
Bund für Umwelt- und Naturschutz
In der Raste 2, 5300 Bonn
Tel. 02 28/23 00 01
Ministerium für Umwelt, Naturschutz und Reaktorsicherheit
Bundeskanzleramt
Adenauerallee 139–141, 5300 Bonn 1
Tel. 02 28/56-1
Umweltbundesamt
Bismarckplatz 1, 1000 Berlin 33
Tel. 0 30/8 90 31

Literaturverzeichnis

Altmann-Gädke G., Greving C.: Haushaltsführung und Haushaltspflege. Verlag Handwerk u. Technik, Hamburg 1985.

Bosch G., Kapp-Telkemeyer H.: Gesundheitspflege. BLV-Verlagsgesellschaft, München 1978.

Brockert H.: 1000 ganz konkrete Umwelt-Tips. Droemersche Verlagsanstalt Knaur, München 1987.

Bundesminister f. Umwelt, Naturschutz u. Reaktorsicherheit (Hrsg.): (erarbeitet vom Umweltbundesamt, Berlin). Was Sie schon immer über Umweltchemikalien wissen wollten. Verlag W. Kohlhammer, Stuttgart–Berlin–Köln–Mainz 1980.

Buschmann M., Kehr B., Schabacker M., Spitlbauer G.: Markt- und Verbraucherkunde. BLV-Verlagsgesellschaft, München 1979.

Dobrick T., Gebhardt B., Heimberger B., Spindler J.: Werkstofflehre für die Hauswirtschaft. Verlag H. Stam, Köln 1985.

Doering A. L.: Haus- und Textilpflege, Textilarbeit. Verlag Handwerk u. Technik, Hamburg 1986.

Freese E., de Groot-Böhlhoff H., Jamsen A.: Unser Haushalt, Praxis der Haus- u. Wäschepflege. Verlag Europa-Lehrmittel, Wuppertal 1986.

Frömsdorf O.: Erfolgsbuch f. d. hauswirtschaftliche Berufsbildung. H. Holzmann Verlag, Bad Wörishofen 1985.

Heinze GmbH (Hrsg. u. Verlag): bauen–modernisieren–einrichten (das Handbuch des Bauherrn). Verlag Heinze, Celle 1988 und 1989.

Henkel/Thompson: Haushaltspflege heute. (Firmenschrift) Nathan Verlag, München 1985.

Koch E. R.: Umweltschutz zu Hause. Mosaik Verlag, München 1984.

Langhoff A.: Arbeitsgestaltung und Unfallverhütung. Verlag Handwerk u. Technik, Hamburg 1987.

Philips: Elektrokleingeräte im Haushalt (Firmenschrift). Nathan Verlag, München 1983.

Schwartau-Schuldt S.: Umweltfreundlich haushalten. Verlag Handwerk u. Technik, Hamburg 1987.

Stiftung Verbraucherinstitut (Hrsg.): Der Neue Öko-Putzschrank. Stiftung Verbraucherinstitut, Berlin 1988.

Stiftung Warentest: Küche und Haushalt. Stiftung Warentest, Berlin 1989.

Vollmer G.-Franz M.: Chemische Produkte im Alltag. Thieme Verlag, Stuttgart–New York 1985.

Wagner Ch.: abc der Werkstoffe, der Reinigungsmittel und Pflegemittel im Haushalt. Verlag Handwerk und Technik, Hamburg 1981.

Waniorek L. und A.: Umweltfreundlich Saubermachen. Windpferd Verlagsges.mbH, Durach 1989.

Wildbrett G.: Technologie der Reinigung im Haushalt. Verlag E. Ulmer, Stuttgart 1981.

Periodika

test, Stiftung Warentest (Hrsg.) Berlin

Rationelle Hauswirtschaft, Verlag Neuer Merkur, München

Sachregister

Abfalleimer 183
Abflußreiniger 49
Abluft-Trockner 140
Abrasivkomponenten 45 f.
Abtauautomatik 150 f.
abtauen 151
Aktivkohlefilter 158
Alkalien 44 f.
Allesschneider 178
Allzweckreiniger 50
Alpaka 213
Aluminium 201, 203
Anilinleder 114
Arbeit 30 f.
Arbeitsablauf 35 ff.
Arbeitsbewältigung 9
Arbeitsbewegungen 28 ff.
Arbeitsdurchführung 35
Arbeitseinteilung 15
Arbeitsersparnis 11 ff.
Arbeitsgestaltung 25 ff.
Arbeitsgrundsätze 9
Arbeitskleidung 32
Arbeitsorganisation 9 f.
Arbeitspausen 16
Arbeitspläne 16 ff.
Arbeitsplanung 9 ff.
Arbeitsplatz 25 ff.
Arbeitsstuhl 30
Arbeitstechnik 37
Arbeitsvergabe 14
Arbeitsverteilung 14
Arbeitszeit 15

Backöfen 163 ff.
Backofenreiniger 50 f.
Backpinsel 222
Badewanne 92 f.
Beleuchtung 26
Besen 221 ff.
Betonwerkstein 98 f.
Betten 128 ff.
Bettenreinigung 128 f.
Bewegungsarbeit 31
Bleichmittel 46
Bleikristallglas 189, 191
Bodenbelag
- glatter 94 f.
- textiler 103 f.
Bodenstaubsauger 70, 134
Bohnerwachs 56
Bouclé 105, 107
Brotschneidemaschine 178
Bücher 124
Bücherregal 124 f.
Bügeleisen 144 ff.
Bügelmaschine 142 ff.
Bügelmulde 143
Bügelsohle 145 f.
Builder 43
Bürsten 221 f.
Bürst- und Klopfsauger 108, 134 f.

Carbonate 44
Chrom 200 f.
Citrate 44
Color-Finish-Leder 114

Dampfdüse 146
Desinfektionsmittel 51
DIN-Norm 24
Dispersionsfarbanstriche 75
Duftstoffe 47 f.
Dunstabzugshaube 157 f.
Duroplaste 197
DVGW-Prüfzeichen 24

Edelstahl 204 ff.
Eimer 229
Einfachglas 189, 191
Elektroherd 158 ff.
Elektromesser 179
Eloxal 202
Email 206 ff.
Emulgator 47
Entkalkungsmittel 51 f.
Entsafter 173 f.
Entspannung 16
entstauben 69 ff.
Essig 52

Farbauffrischung 107
Farbechtheitsprobe 104, 110
Farbstoffe 48

Federbetten 130 f.
fegen 72
Feierabend 16
Feinsilberauflage 213
Felle 107
Fenster 37, 79 ff.
Fensterleder 228
Fensterputzmittel 52 f.
Fenstertücher 228
Fettfilter 157 f.
Firmenwerbung 21
Flachheizkörper 88
Flaschenbürste 222
Fleckentferner 53
Fleckentfernung 109 ff., 115, 220
Fleischwolf 177
Foliengrill 168
Friteuse 170 f.
Frühjahrsputz 18
Furnier 120
Fußböden
- glatte 94 f.
- textile 103 f.
Fußbodenreiniger 54 ff.
Fußleisten 75, 96

Gallseife 54
Garantieschein 22
Gardinen 84 f.
Gasherd 162 f.
Gaskocher 162
Gebrauchsanweisungen 22
Gefahrensymbole 40
Gefrierfach 151
Gefriergerät 152 ff.
Gerüststoffe 43
- Carbonate 44
- Citrate 44
- Natrium-Aluminiumsilikat 44
- Phosphate 43
- Polycarboxylate 44
Geschirrspülmaschine 155 ff.
Geschirrspülmittel 56 f., 59
Geschirrtuch 227
Glas 189 ff.
Gläsertuch 227
Glattleder
- Lederwaren 218 ff.
- Möbel 114 ff.
Granit 98 f.
Greifbereich 27 f.
Grillgerät 167 ff.
Grillreiniger 50 f.
Grundreiniger 54
GS-Zeichen 23
Gummiabzieher 219
Gummibeläge 95, 100
Gummischwämme 225 f.
Gußeisen 203 f.

Haarbürsten 223
Haltearbeit 31
Handfeger 223
Handrührgerät 174 f.
Handstaubsauger 133 f.
Handwaschbürste 223
Haushaltstücher 227
Heizkörper 87 f.
Heizkörperbürste 223
Heizkörperreiniger 230
Herdputzmittel 57
Hilfsstoffe 49
Holzbekleidung 76
Holzdecke 73
Holzdielen 97
Holzfußböden 95 ff.
Hydrotrope 47
Hygiene 31 f.

Information 21 ff.
Inhaltsstoffe 43 f.
Innenputze 75
Inselsaugen 71

Jalousettenreiniger 230
Jalousien 86 f.

Kaffeemaschine 171
- entkalken 172
Kämme 223
katalytische Reinigung 164
Kehrblech 229
kehren 72
Keramik 193
- Fliesen 77, 93
- Geschirr 192 ff.
Kissen 128 ff.
Klarspülmittel 59
Kleiderbürste 23
Kleiderschränke 126 ff.
Klopfsauger 108, 134 f.
Kochfeld 160 f.
Kochplatte 159 f.
Kokosteppich 107
Komfortwert 109
Kompakt-Küchenmaschine 175 f.
Kondensations-Trockner 140 f.
Konservierungsmittel 48
Kontaktgrill 169
Korbmöbel 119

Korkbelag 76, 95, 100
Körperhaltung 28 f.
Korrosion 48
Kristallglas 189, 191
Küchenmaschine 175 ff.
Küchenschränke 125 f.
Kühlschrank 150 ff.
Kunststoffbekleidung 76
Kunststoffbelag 99
Kunststoff-Deckenplatten 73
Kunststoffe 197 ff.
Kunststoffschwämme 225
Kupfer 213 ff.

Lackfarbenanstrich 75
Lamellen-Vorhänge 87
Lampen 77
Lederbezüge 113 ff.
Lederpflegemittel 57 f.
Lederwaren 217 ff.
Leimfarbenanstrich 75
Leistungskurve 15
Leuchten 77 ff.
Leuchtstofflampen 79
Licht 26
Linoleum 95, 100
Lösungsmittel 46 f.
Lösungsvermittler 47
Luftverbesserer 58

Marmor 98 f.
Maschinenspülmittel 59
Maßgedeck 156, 194
Massivholzmöbel 120
Matratze 129 ff.
Maximalprinzip 10
Messing 215 f.
Metallputzmittel 60 f.
Mikrowellengerät 166 f.
Minimalprinzip 10
Mixer 177
Möbelhölzer 116 ff.
Möbelpflegemittel 61
Mop 229
moppen 71

nacharbeiten 37
Nadelfilz 105, 107
Nadelvlies 105, 107
Nähmaschine 147 ff.
Natrium-Aluminiumsilikat 44
Naturschwämme 226
Naturwerkstein 95, 98 f.
Nesselbezug 143 f.
Neutralreiniger 61 f.
Nickel 200 f.
Nubuk 115

Oberbetten 128 ff.
Ordnungseinrichtungen 13

Pads 230
Parkett 95, 98
Pausen 16
Pflegemittel 38 f.
Phosphate 43
pH-Wert 40
Plattenheizkörper 88
Poliertücher 227
Polstermöbel 112 ff.
Polsterreiniger 65
Polsterstühle 121 f.
Polycarboxylate 44
Polymerdispersion 55 f.
Porzellan 192 ff.
Produkt-Information 22
Prospekte 21
Pulverreinigung, Teppich 106
Putzkissen 230
Putzmittel 39 f.
- Anwendung 42 f.
- Auswahl 41 f.
- Einkauf 39 f.
- Verpackung 41
Putzlappen 228
Putzschrank 66 ff.
Putztücher 228 f.
PVC-Beläge 99
- Verbundbeläge 89, 95
pyrolytische Reinigung 164

RAL-Prüf- und Gütezeichen 24
Rattanmöbel 119
Rauhleder
- Lederwaren 218 ff.
- Möbel 115 f.
Regeneriersalz 60
Reinigungsmittel 38 f.
Reinigungswirkung 39
Rohholz 195 ff.
Rohholzdielen 97
Rohholzmöbel 118
Rohrreiniger 49
Rolladen 86
Rührschüssel 176

Saftautomat 173
Saftzentrifuge 173
Sanitärreiniger 62
Saugglocke 94

Säuren 45
Schaumreinigung, Teppich 104
Scheuermittel 62 f., 93
Schiefer 98 f.
Schimmelbildung 74
Schlämmkreide 63
Schleiflackmöbel 119
Schlingenware 105 f.
Schmierseife 63 f.
Schneidgerät 178
Schreibtisch 123 f.
Schrubber 96, 223
Schuhbürste 224
Schwamm 225 f.
Schwarzblech 208 f.
Seifen-Allzweckreiniger 64
Selbstglanzemulsion 55
Semi-Anilinleder 114
Serienarbeit 37
Shampooniergerät 106
Sichtmauerwerk 75
Silber 209 ff.
- putzen 210 f.
- Tauchbad 211
Silberputzmittel 64
Sinnerkreis 42
Sisalteppich 107
Solnhofener Platten 98 f.
Sonnen-Rollo 87
Speziallöser 54
Spezialtücher 228
Spiegelschrank 93
Spinnenbesen 223
Spiritus 64 f.
Sprühextraktionsgerät 106
Spülbürste 222
Spüle 183
spülen
- in der Maschine 183 ff.
- von Hand 180 ff.
Spülmaschine
- Pflegemittel 59 f.
- Regeneriersalz 60
Spültücher 227
Stahlwolle 230
staubsaugen 70 f.
Staubsauger 133 ff.
- Funktionen 135
- Zubehör 134
Staubtuch 69, 227
Steinfußboden 98 f.
Steingut 193 f.
Steinzeug 193 f.
Steinzeugfliesen 98 f.
Stellmittel 49
Sterilisationsbäder 51
Sterlingsilber 213
Stiftung Warentest 21, 232
Strapazierwert 109
Strohteppich 107
Stufenmatte 102 f.
Stühle 121 f.
Styropor-Deckenplatte 73

Tapete 76
Tauwasser-Ablauf 154
Teakholzmöbel 119
Tenside 43
Teppich 103 ff.
Teppichfransen 108
Teppichkehrer 224
Teppichreiniger 65
Teppichsiegel 108 f.
Terrazzo 98 f.
Textile Fußbodenbeläge 103 ff.
Thermoplaste 197
Tisch 122 f.
Toaster 173
Topfbürste 222
Topfreiniger 230
Tragearbeit 31
Treibgas 49
Treppe 101 ff.
Treppenhaus 73 f.
Tücher 226 ff.
Türe 89 ff.
Türvorleger 107
TÜV-Prüfzeichen 23
Typenschild 22 f.

Überkopfarbeit 31
Umweltschutz 34
Umweltzeichen 24
Unfallverhütung 32 ff.
Universal-Küchenmaschinen 176 ff.

VDE-Zeichen 23
Velours 105, 107
Veloursleder 115
Verätzung 34
Verbraucherberatung 21
Verbraucherverbände 21, 232
Verbraucher-Zentralen 21, 231
Verkaufspersonal 22
Vertikal-Jalousien 87
Viskoseschwämme 225
Vorbereitungsarbeiten 35
Vorhänge 84 f., 87

Walzen-Grundbewicklung 144
Wandbekleidungen 76
Wandbespannung 77
Wände 74 ff.
Wandteppich 107
Wanne 229
Wannenreiniger 51
Warenkunde 21 ff.
Waschbecken 92 f.
Wäschetrockner 140 ff.
Waschmaschine 137 ff.
Wasserhärtebereich 186
WC 92 f.
- Beckensteine 65 f.
- Bürste 94
- Reiniger 66
- Wasserkastenautomat 66
Weißblech 208 f.
Werbung 41
Wiener Kalk 63
Wischglanzmittel 55
Wischlappen 228
Wischmop 96, 229
Wischpflegemittel 54 f.
Wischtuch 227
Wolldecke 130

Zahnbürste 222
Zimmer 216 f.
Zimmerdecke 72
Zimmerpflanzen 83
Zitruspresse 173 f.